电感应用分析精粹

从磁能管理到开关电源设计（基础篇）

龙 虎 著

机械工业出版社
CHINA MACHINE PRESS

本书系统阐述了磁学与磁性元件（含电感器、共模轭流圈、磁珠、变压器等）的基础知识，并通过“开关电源”与“无线射频”领域相关电路充分展示了磁性元件的经典应用，对相关行业的工程师合理且高效设计与应用磁性元件有着很大的参考价值。

本书通过“深度对比电感器与水电站的能量转换细节”洞悉磁能管理核心，并从“磁能形态及其高效转换条件的全新角度”重新构建磁学体系，不仅能够帮助读者透彻理解诸多看似复杂或矛盾的磁学工程应用现象，还可以提升读者对磁性元件设计与应用的理解层次。

本书可作为初学者学习电磁学与开关电源设计的入门读物，也可作为相关行业的工程师进行磁性元件应用与设计的参考书。

图书在版编目（CIP）数据

电感应用分析精粹．从磁能管理到开关电源设计：基础篇 / 龙虎著．－－北京：机械工业出版社，2024．11（2025.5重印）．－－ISBN 978-7-111-76641-4

Ⅰ．TN710.02；TP211

中国国家版本馆 CIP 数据核字第 2024ZE7418 号

机械工业出版社（北京市百万庄大街 22 号　邮政编码 100037）

策划编辑：吕　潇　　　　责任编辑：吕　潇　刘星宁

责任校对：丁梦卓　王　延　　封面设计：马精明

责任印制：常天培

河北虎彩印刷有限公司印刷

2025 年 5 月第 1 版第 2 次印刷

184mm × 260mm · 12.75 印张 · 284 千字

标准书号：ISBN 978-7-111-76641-4

定价：79.00 元

电话服务　　　　　　　　网络服务

客服电话：010-88361066　机　工　官　网：www.cmpbook.com

010-88379833　机　工　官　博：weibo.com/cmp1952

010-68326294　金　书　网：www.golden-book.com

　机工教育服务网：www.cmpedu.com

作者的话

本书有少部分章节内容最初发布于个人微信公众号“电子制作站”（dzzzzcn），并得到广大电子技术爱好者及行业工程师的一致好评，甚至在网络上被大量转载。考虑到读者对电感（电感器、共模扼流圈、磁珠、变压器等都是以电感为基础的磁性元件）应用与设计知识的强烈需求，决定将相关文章整合成图书出版，书中每章都有一个鲜明的主题。本书在将已发布的内容进行收录的同时，还进行了细节更正及内容扩充。当然，更多的章节是最新撰写的，它们对读者系统深刻地理解磁场、磁能及各种磁性元件的设计与应用有着非常实用的价值。

1. 神秘的磁学

电感器与电阻器、电容器被业界誉为三大无源（被动）基础元件，但是大多数工程师对电感器的了解程度却远低于其他两者，在应用与设计过程中也更难于得心应手，继而不可避免地使其蒙上了一层神秘色彩，造成这种现象的主要原因有三点：

其一，磁学的应用离生活更远一些（至少直观上是如此）。在科技蓬勃发展的当今世界，磁学的具体应用其实并不少，但人们显然对电学的应用更为熟悉，对“电”的直观认识途径也很多，因为“电”在现代生活中几乎不可或缺。一旦没有“电”，电子玩具、电视机、空调、手机、电动车、卫星等都成了废品，也就会给生活与工作带来诸多不便。相对来说，人们对磁学的应用却知之甚少。例如，很多能够活动的电子玩具中通常都有电动机，但有多少人关心（或知道）其中存在磁学的应用呢？大多数人只会在玩具无法动弹时很自然闪出一个念头：可能没电了！电感器、变压器、扬声器、电磁继电器、电动机等磁性元件在电子产品中也广泛存在，但又有多少人会关心其与磁学之间的关系呢？很少！也没有必要！换句话说，绝大多数普通老百姓几乎意识不到“磁”的存在，但对“电”的认识却非常具体（即便理性思考深度方面可能并不够）。

其二，电感器的使用量（或应用领域）远少于电阻器与电容器。可以这么说，稍微复杂点的电子产品几乎都会使用电阻器或电容器，但电感器的使用却并非如此。事实上，电感器仅在某些特殊领域（如开关电源、无线射频等）不可或缺。由于工作实践的非必要性，很多工程师对“电感器相关应用电路”的认识甚至都不太多，更别提深入理解电感器的特性或亲手计算参数并绕制电感器了。更具体点说，大多数工程师能够了解一些基本的开关电源拓扑，并有能力“根据单芯片开关电源电路的需求”完成电感器成品选型就已经很不错了（然而，完成这项工作并不需要透彻理解磁场与磁能）。

其三，深度且形象阐述磁性元件的图书很少。一般来说，越通俗易懂的事物越容易被普通大众所接受，就如同流行音乐的传播广泛程度总是会远高于古典音乐。同理，尽管网络能够让人们更加方便地获取各类资讯，但图书依然还是系统传播科学技术的主要媒介。如果形象阐述某科技话题的图书越多，说明市场存在相应的需求，这不但能够在侧面彰显大众对该话题的学习需求，同时也体现了该话题的普及程度。电学很明显符合“流行”的特点，所以形象阐述“电”的图书可谓层出不穷，但磁学却很不一样。现有的磁学相关著作几乎都是针对具备一定数学功底的大学生或研究生等群体，也几乎都是从数学推导的角度去认识磁学，而没有试图从直观角度帮助读者理解磁场与磁能，也就很难对从事开关电源等行业的实践工程师产生有效的指导意义。开关电源虽然是磁性元件应用的重点领域之一，但绝大多数相关图书几乎都聚焦在电路系统相关话题（如拓扑、控制、驱动、反馈环路等），而将“阐述磁性元件本身的特性”放在次要位置，思考深度也远远不够。少数图书则从材料学的角度阐述磁性元件，但对于“如何直观理解并有效利用磁能的机制”却少有涉及，很难提升工程师对磁性元件的理解层次。

总的来说，人们觉得电感器神秘的根本原因在于：对磁学体系不太熟悉（相对于电学而言），而不是因为磁学本身有多难。试想一下，如果生活在一个以磁学应用为主的世界，人们不应该对“磁”更熟悉吗？就如同语言一样，从小就生活在中文环境的人会对中文更熟悉，而在另一个语言环境中成长的人能够熟练应用的语言也会有所不同，也许这种语言对于使用中文的人们来说很难。同理，人们觉得电学相对容易一些，是因为早已从生活中获得了一些直观的感性认识，所以在学习过程中可以使用类比的方式轻松理解相关概念，知识的跳跃性并不大。例如，小时候玩游戏时就会感受到重力，而电场力与重力在很多方面的特性是相似的。但相对而言，磁学却不容易在生活中找到类比的对象（不代表没有），直观感觉相应的学习难度更大，也就间接加重了磁学的神秘色彩。

2. 缺失的磁学体系

在古代，人们认为雷电的出现代表着天神发怒，而导致这种认知的原因之一是：雷电很神秘，不易为当时的人们所理解。“神秘”一词往往意味着“未知”，而人们对“未知”现象很可能会持有不同的理解，继而无可避免地引发一些争议。神秘的磁学亦是如此，相对于电学而言，磁学相关的争议要多得多，究其根本原因还在于对磁场与磁能的理解不够透彻。

长久以来，人们几乎将“电感器储存磁能”作为通识，但是这种模糊的表达容易对“正确认识很多重要的磁学基本概念”产生很大的干扰，也就意味着无法回答诸多与磁能本质相关的问题，包括但不限于：磁能储存在哪里呢？磁能又是什么呢？磁能有哪些形态呢？磁能之间存在形态转换吗？如果有的话，磁能形态转换的条件有哪些呢？如何建立更有效的磁能形态转换条件？磁性元件中哪些位置可以转换磁能呢？所有磁性元件都需要高效磁能转换条件吗？磁能转换条件又是如何在厂商的数据手册中体现的？电感器储存的能量只是磁能吗？如果还存在其他能量，那又是什么呢？其与磁能之间有什么关联呢？如何能够直观判断磁心是否符合电感器的储能需求呢？

如果对磁学基本概念的理解不够透彻，很可能无法从基础知识的角度解释诸多看似矛盾或复杂的磁学工程应用问题。以“电感器的能量储存在哪里”为例，工程师就各自持有不同的观点（包括气隙、磁心、磁场、空气、磁阻等），但又无法完全反驳其他工程师给出的论述（甚至因此动摇自己原来坚持的观点）。实际上，如果能够深入思考并寻觅此问题的答案，并由此统一解释相关诸多磁学应用问题，你对磁性元件的理解层次会有极大的提升，对透彻掌握磁性元件的设计与应用也大有裨益。更进一步，如果在此基础上重新阅读以往看过的磁性元件相关图书，相信会有很多完全不同的感触。例如，能够清晰地意识到描述不正确的地方。

有人可能会想：为什么要理解这些基础问题呢？只要会设计就行了！

从实用的角度来看，似乎的确如此，然而，多尝试深入思考一些看似简单的基础问题能够提升自己的思维能力，也有助于借此建立相对完善的磁学体系，这表面上好像对实际工作没有直接益处，但是却能够帮助你“在纷繁芜杂且充满矛盾的工程应用现象中”快速找到问题的实质所在。反之，你会被诸多应用中的表面现象所困扰（即便视而不见），对磁学中很多基本概念的理解也很混乱，实际工作中也感觉摸不到其中的本质，此时你需要一本系统梳理磁学知识的图书来重新构建磁学体系，但目前市面上的图书很难高效完成此任务。

有人可能会说：有些图书讨论磁性元件相关的知识很细，知识量也很多，应该会对构建磁学体系很有用。

很多人会有这样的认知：书本越厚，知识点越多，知识体系就一定越全。其实这是一种误解！图书展现的知识体系并不仅仅是大量知识的简单集合，所以知识越多也并不总意味着知识体系越全，关键在于，图书中是否存在一种“能够揭示知识之间（或知识与实践之间）关联的”核心思想，并让读者在思路上有所启发。也就是说，知识体系就是核心思想的具体表现形式，它通过大量容易被大多数人忽略的关键枢纽（或细节）将庞大的知识有机结合起来，从而使得知识之间不再是零散关系。

如果一本书总是在照本宣科地阐述“某某概念是什么”“这时候该怎么样”等，但是没有从更深层的角度（不是指“数学推导”）分析其与磁能本质之间的关联，很难向实践工程师输出较大的价值。实际上，如果从磁能的角度来看，很多应用层面看似矛盾的现象并无任何矛盾之处，重点在于你是否能够抓住关键点（或者说，图书是否将关键点披露出来），而这些关键点才是磁学体系最重要的组成部分（而不在于磁学知识的多寡）。

在内容编排方面，市面上现有的同类图书通常是先阐述磁学相关的基础知识，再介绍磁性元件的基本结构、工作原理及应用，表面看起来似乎再合理不过了。然而实际上，在“磁学基础”与“磁性元件基础”之间还存在“磁能管理机制”的关键枢纽，这方面的介绍却少有涉及，从磁学体系的角度来看就是不完整的。换句话说，即便你拥有大量关于磁学与磁性元件的基础知识储备，甚至也能够应付相对复杂的考试题目，但对磁能的认知还远不够深刻。

3. 本书的特色

既然磁学如此神秘，是否存在相对合适的阐述方式呢？答案当然是肯定的！将熟悉的事物拿来类比总是理解陌生事物较好的方式。尽管不像“电”那样容易在生活中找到大量的类比对象，但是只要善于观察与思考，很多人们所熟悉的事物都可以用来辅助理解“磁”。处处留心皆学问，然也！万物之间或多或少存在一定的内在联系，关键在于是否有能力将其挖掘出来。例如，电与磁、电场与磁场、电容器与电感器、电路与磁路之间就存在一定的对应关系，大多数工程师对其也不陌生，本书也不会将其作为重点来阐述。

当然，人们不是仅通过“电”才能了解“磁”，生活中很多似乎完全不相干的事物也是直观认识磁学的好媒介。例如，水与磁场都能够储存一定的能量，它们也都可以被用来发电，那么，这两种能量之间是否存在相似性呢？答案也是肯定的！通过深度分析水电站与电感器的基本结构，并且对比两者能量转换细节之间的异同之处，就能够顺理成章地洞悉磁能形态及其高效转换条件，这就是本书（基础篇）的“核心”，也是工程师提升磁性元件理解层次的关键所在。

所谓的“核心”，其实就是一种观点，但是这种观点是否正确（或基本正确）呢？当然需要论证！只有经过论证后的观点才是有意义的，而将其用于指导工程实践就是比较好的方式。具体来说，如果某磁学应用领域内存在很多矛盾现象（工程师也各自持有不同的理解），此观点能否统一解释现象产生的原因，并且让工程师信服呢？如果能够做到，至少从某种程度上可以说明此观点的正确性。常言说得好：真金不怕火炼！借助实践应用复杂多变且争议较多的领域来考验“核心”，自然会更具有说服力，而磁性元件应用非常集中的“开关电源”显然是上上之选。

本书（基础篇）所述内容介于“电磁学”与“开关电源”之间（当然，“电磁学”与“开关电源”只是为了方便后续阐述磁能本质而准备的基础工具，因此均未做深入阐述，甚至并未涉及电感器的基本设计方法，初学者也不必急于了解这些内容），其中不存在“电磁学”中任何复杂数学推导或公式（不从复杂的公式理解磁性元件，而是反过来从直观角度理解公式），更多以逻辑论证、比喻、类比等图文方式引导读者从“工程师眼里看似简单的基础知识”中挖掘出“核心”，然后再以该“核心”统一解释“开关电源”中已经存在的诸多难以理解的磁学概念与应用问题，继而提升对磁性元件应用与设计的理解层次。换句话说，本书的主要目的是使用直观阐述的方式深度探讨“理论性极强的电磁学”与“实践性极强的开关电源”之间的关联，继而构建完整的磁学体系。

直观阐述是本书的主要特色，这意味着不需要数学推导也可掌握磁性元件核心。数学推导是从理性角度认识磁学，其最终目的还是为了理解或应用磁学（数学是一种将事物放在不同空间进行演绎的工具，而演绎的目的之一是便于从不同角度理解与应用我们所在空间的事物，就如同从时域和频域角度发展出不同的信号处理方法）。如果不去深入理解数学推导的物理意义而进行纯粹推导，对于实践工程师而言，无疑是本末倒置的做法。

在实际工作中，不少工程师不去理解设计公式代表的物理意义，反倒对其推导过程产生了浓厚的兴趣，甚至认为唯有如此才能成为资深工程师。然而，一旦不同项目在应用层面存在矛盾之处，他们就很难找到其中的根本原因。换句话说，如果只是局限于了解某个磁性元件的设计步骤，尽管有可能解决工程设计问题，但对工程师提升磁能认知与完善磁学体系并没有太大的意义，而这也正是目前市面上同类图书比较缺乏的内容。笔者认为，与其在图书中机械地展示各种磁性元件的设计步骤，不如先引导读者从全新的角度透彻理解磁场与磁能，而这将对“掌握磁性元件的设计与应用”起到事半功倍的效果。

总之，你可能做过不少开关电源相关的项目（基本都在成熟产品的基础上进行一些改进或借鉴，但其实对很多磁性元件相关基本概念的认识很混乱），或者你根本不从事开关电源相关的工作，又或者只是一位仅具备初高中物理学知识（完全没有磁性元件设计经验）的学生，但是都不要紧，只要对磁学与磁性元件感兴趣，本书都将是系统梳理相关知识的不二选择。

另外，本书为《电容应用分析精粹：从充放电到高速 PCB 设计》一书的姊妹篇，与电容器相关的细节可参考此书。

由于本人水平有限，书中难免有疏漏之处，恳请读者批评与指正。

作　者

目　录

第 1 章　磁学基础

在日常生活或工作中，是否遇到很多难以理解的磁学现象呢？

是否总是存在“这个磁学细节不太懂，那个磁学基本概念也不太明白”的感觉？

明明已经学习了很多磁学知识，是否始终觉得无法有效指导实践工作呢？

很多工程师对同一磁学问题持有截然相反的观点，是否无法清晰反驳呢？

如果你目前的状态符合上述任意一种，根本原因很可能是对“磁”的理解不够透彻。也就是说，你在阅读本书之前具备的磁学知识也许并不少，但其只是在脑海中机械堆砌（知识之间是零散的，未曾深度思考其中的内在关联），继而无法构建完整的磁学体系，自然也就无力透过纷繁芜杂的表面现象直达问题的实质所在。完整的磁学体系通常是以某种特殊思路将相关知识融合起来的整体（你有能力使用某种思想梳理所学到的磁学知识吗），其核心在于大量揭示知识之间内在关联的关键枢纽（而并非知识点的简单记忆），而关键枢纽通常总是通过“深入思考一些不起眼的细节”获得，这些细节的最初来源就是本章阐述的基础知识。

在初高中物理课程中，你应该初步学习了一些磁学基础知识，本章的主要内容也大致如此。那么，为什么要花费篇幅重复阐述这些看似很基础（或很简单）的知识呢？当然不是为了凑篇幅！很多人会忽视那些随处可见（或看似简单）的基础知识，对看似“高精尖”的科技却趋之若鹜。然而，无论技术应用从表面看上去如何“高大上”，基础知识总是最重要的。换句话说，无论后续章节涉及的磁学相关问题有多复杂，最基本的原理性答案都隐藏在本章中。当然，这个答案隐藏得很“深”，此处的“深”不是指难以理解或数学推导复杂的意思，而是隐藏得非常巧妙。一旦在阅读本书过程中找到理解磁学的关键枢纽，你将会非常惊喜地发现：基础知识竟然是透彻理解磁学与磁性元件的关键，同时也会成为解决（或理解，或分析）磁学问题的有力工具。

在阅读本章（甚至本书）时，如果能够始终做到“尝试从能量的角度理解磁学与磁性元件”，相信会有很多意想不到的效果。学习磁学知识的目的之一是为了理解与应用磁性元件，而磁性元件本质上就是一种管理（或储存，或传输，或转换，或消耗）磁能的工具，几乎所有基本概念都或多或少与磁能之间存在关联。当遇到某个新的基本概念时，你可以花点时间思考其与磁能之间的联系，这对于透彻理解磁能本质也有着非凡的意义。

1.1 磁场的产生

大家都知道，有些物体具有吸引铁、钴、镍等物质的性质，我们称之为磁性，而具备磁性的物体则称为磁体（Magnet）。磁铁是生活中最常见的磁体，其在电视机、音箱等电子产品的扬声器中几乎都存在（详情见 1.5 节）。磁体各部位的磁性强弱不一，而磁性最强的部位则称为磁极（Magnetic Pole）。指南针（Compass）就是磁体应用的典型，其中包含一个能够自由转动的针状磁体，而磁体静止时指南的磁极称为南极（South Pole）或 S 极，指北的磁极称为北极（North Pole）或 N 极，如图 1.1 所示。

图 1.1 指南针

将指南针靠近另一根磁体时，虽然磁体之间并没有接触，但两个磁体的磁极之间会产生相互作用力（也称为磁力），这种相互作用力遵循“同名磁极相互排斥，异名磁极相互吸引”的规律，如图 1.2 所示。

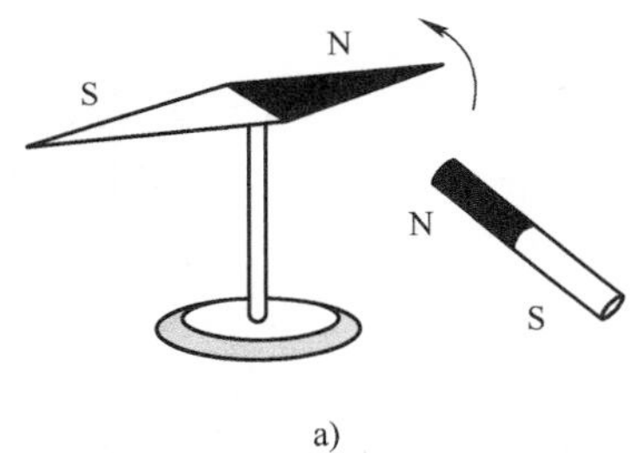

a)

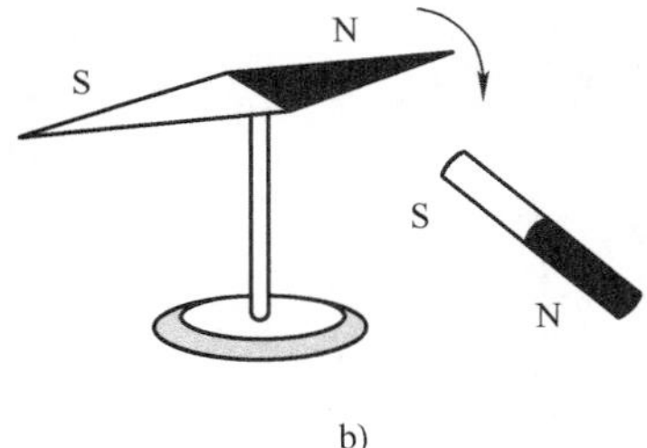

b)

图 1.2 磁极之间的相互作用力

a）同名磁极相互排斥 b）异名磁极相互吸引

磁体之间之所以存在相互作用力，是因为其周围存在一种看不见、摸不着的特殊物质，我们称为磁场（Magnetic Field）。假设在条形磁体周围放置多个可自由旋转的针状小磁针，小磁针静止时会指示不同的方向，这说明磁场具有方向性，如图 1.3 所示。

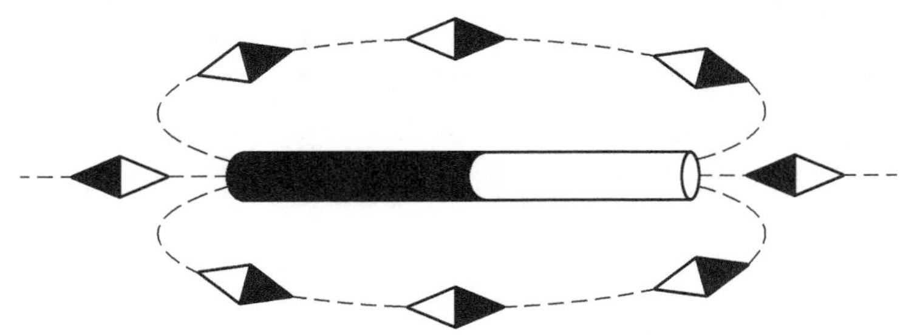

图 1.3 条形磁体的磁场分布

通常我们使用磁力线形象描述磁场，磁力线越密表示相应的磁场越强，并且规定：**在磁场中任意一点，小磁针 N 极的指向就是磁力线的方向**（极性以地球的磁场方向为参考，如果没有参考磁场，N 极或 S 极是没有意义的）。磁体内部磁力线方向由 S 极指向 N 极，而外部恰好相反。由于磁体的 N 极与 S 极总是成对出现，所以磁力线总是闭合的（无头无尾）。常见的条形磁体与蹄形磁体的磁力线分布如图 1.4 所示。

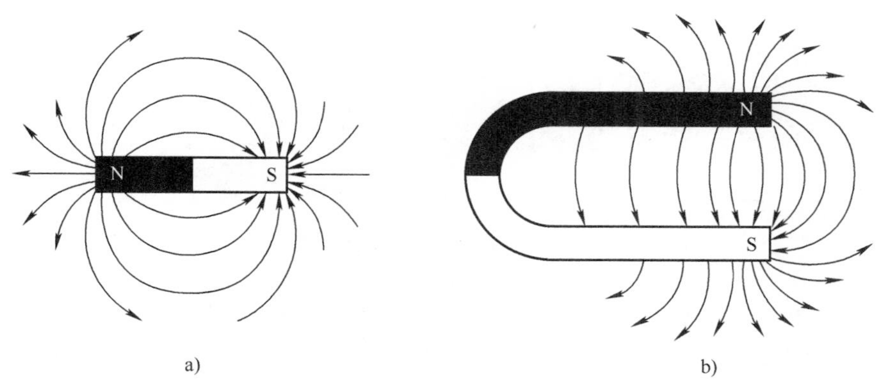

图 1.4　条形磁体与蹄形磁体的磁力线分布

a）条形磁体　b）蹄形磁体

当然，磁体并非磁场的唯一来源。如图 1.5 所示，将流过电流的导体（后续简称“载流导体”）平行放置在磁针上方，磁针就会发生偏转，这说明电流也能够产生磁场，而处在磁场中的载流导体也会受到磁场的作用力。导体中的电流是由电荷做定向运动形成的，因而不难理解载流导体的磁场是由**电荷运动**产生的。

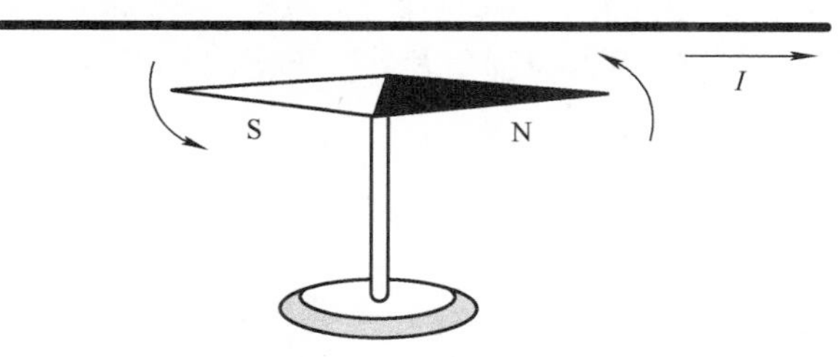

图 1.5　载流导体产生了磁场

电流越大，载流导体产生的磁场就越强，而磁场方向可以用“右手定则”判断，即右手握住该导体，并将大拇指指向电流方向，那么其他手指的指向便是磁场方向，如图 1.6 所示（“•”表示垂直纸面向外，“×”表示垂直纸面向里）。

为了衡量磁场的强弱，我们引入磁感应强度（Magnetic Induction Intensity）的概念，并用符号 B 表示，其国际单位为特斯拉（Tesla，T），简称“特”。穿过单位面积的磁力线越多，则表示相应的磁场越强。更进一步，我们将垂直通过某一面积内的磁力线数量定义为磁通量（Magnetic Flux），简称“磁通”，并使用符号 Φ 表示，见式（1.1）：

$$\Phi = BA \tag{1.1}$$

式中，A 表示面积，其国际单位为平方米（m^2）；Φ 的国际单位为韦伯（Weber，Wb），简称“韦”。工程中也常使用比韦更小的单位“麦克斯韦”（Mx），简称“麦”，它们之间的换算关系为 $1Mx = 10^{-8}Wb$。

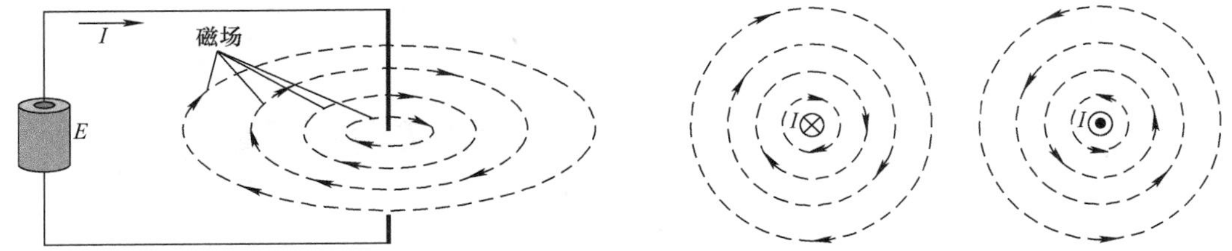

图 1.6　载流导体产生的磁场

值得注意的是，电磁计量存在几种不同的单位制，国际单位制与高斯单位制是其中常用的两种，前者为米（m）- 千克（kg）- 秒（s）单位制（MKS），后者为厘米（cm）- 克（g）- 秒（s）单位制（CGS），同一物理量在不同单位制下的单位名称并不相同。例如，当磁通与面积的单位分别为“Wb”与“m^2”时，磁感应强度的单位则为“Wb/m^2”，也就是刚刚提到的特斯拉（T），即 $1T = 1Wb/m^2$。如果磁通与面积的单位分别为“Mx”与“cm^2”时，磁感应强度的单位则为“Mx/cm^2”，也称为高斯（Gauss，Gs），简称“高”，其与特斯拉之间的换算关系为 $1T = 10^4Gs$。

很明显，单位面积的磁通越大，相应的磁感应强度也越大，所以很多资料也将磁感应强度称为磁通密度（Magnetic Flux Density），即表示垂直通过单位面积的磁力线数量。对于载流直导体而言，距离导体的垂直距离 r 越大，相应的磁感应强度越小，而在载流直导体内部，中心位置的磁感应强度最小，越靠近表面则相应的磁感应强度呈直线规律上升，大致分布情况如图 1.7 所示。

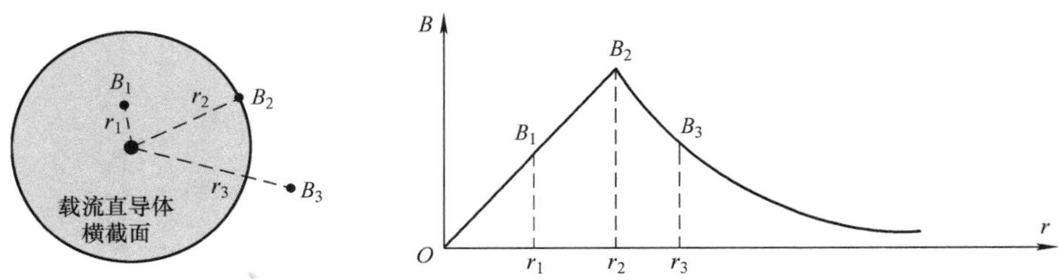

图 1.7　载流直导体内外的磁感应强度的大小

单独一根载流直导体周围产生的磁场可能比较小，但是当多根载流直导体平行且紧密靠近时，它们产生的磁场会相互影响，具体取决于电流的方向。以两条载流直导体为例，如果电流方向相同，各自产生的磁场因方向相同而强度增加，由此呈现的总磁场会比任意单独电流产生的磁场更强。相反，如果电流方向相反，各自产生的磁场因方向相反而强度减弱，总磁场比任意单独电流产生的磁场更弱，如图 1.8 所示。

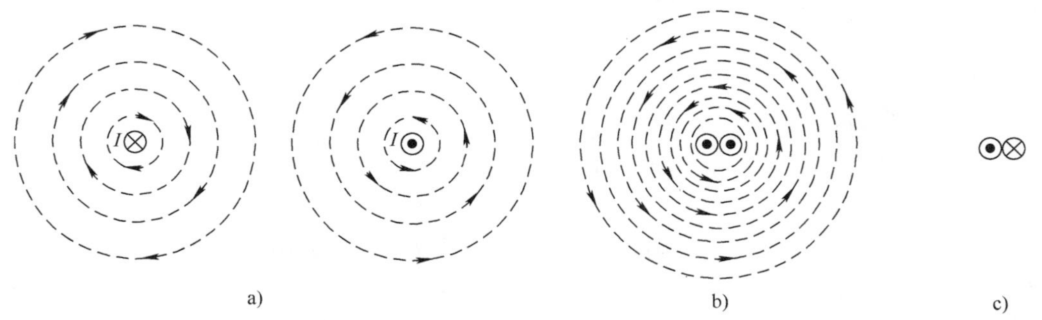

图 1.8 两根平行且靠近的载流直导体产生的磁场

a）两根相距较远的载流直导体产生的磁场

b）同向紧耦合载流导体产生的磁场 c）异向紧耦合载流导体产生的磁场

水是能量（势能）的载体之一，合适的结构（如水电站）就可以将其中储存的能量转换为其他能量（如电能）。磁场也是某种能量的载体之一，在合适的结构下也能够让其中储存的能量为我们所用，所以多数应用场合下都希望磁场能够更强一些（就如同更大的水库可以储存更多的水）。

在流过电流大小相同的条件下，如果直导体产生的磁场实在太小，则可以将导体多绕几匝（圈），多匝“流过方向相同的电流的线圈”产生的同向磁场叠加就能够增强磁场，这样就形成了常见的螺旋线圈，如图 1.9 所示。

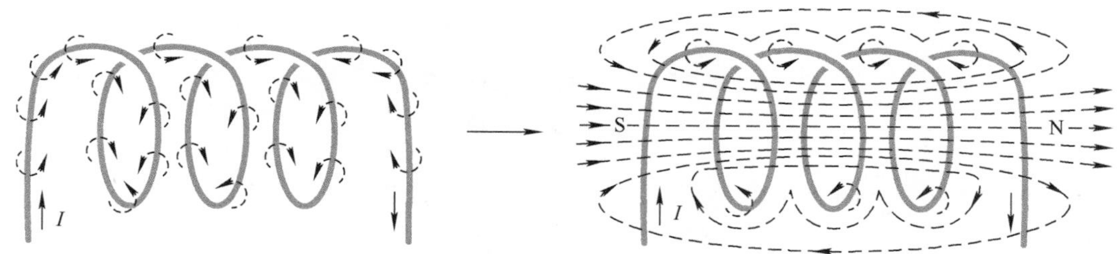

图 1.9 螺旋线圈

流过螺旋线圈的电流与磁场方向同样可使用“右手定则”确定，即右手握住该线圈，并将四指指向电流方向，则大拇指的指向便是磁场方向（“右手定则”判断载流直导体恰好相反，其大拇指的指向是电流方向，而四指指向磁场方向）。换句话说，通电螺旋线圈同样有 N 极与 S 极，这也就意味着，如果将其代替磁体放在指南针附近（见图 1.2），指南针也会因受力而偏转。

如果螺旋线圈的匝数为 N，而通过电流的每一匝线圈产生的磁通为 $\varPhi$，则穿过整个线圈的叠加总磁通称为磁通链（Magnetic Flux Linkage），简称“磁链”，并使用符号 $\varPsi$ 表示，即有式（1.2）：

$$\varPsi = N\varPhi \tag{1.2}$$

1.2　电磁的感应

前文已经提过，磁场是一种能量的载体，螺旋线圈能够增强导体周围的磁场，可以认为其储存了更多能量（相对于载流直导体）。能量有“储存”过程就必然有“释放”过程，螺旋线圈在能量储存或释放过程中体现的一些基本特性在应用电路中会非常有用。那么，这些基本特性具体是什么呢？我们可以通过实验观察获得。

将螺旋线圈两端与灵敏电流计（Galvanometer）（以下简称电流计）连接，在默认状态下，由于该回路中并不存在电源，所以电流计的指针并不会发生偏转。接下来，将一根磁棒做插入与拔出线圈的动作，如图 1.10 所示。

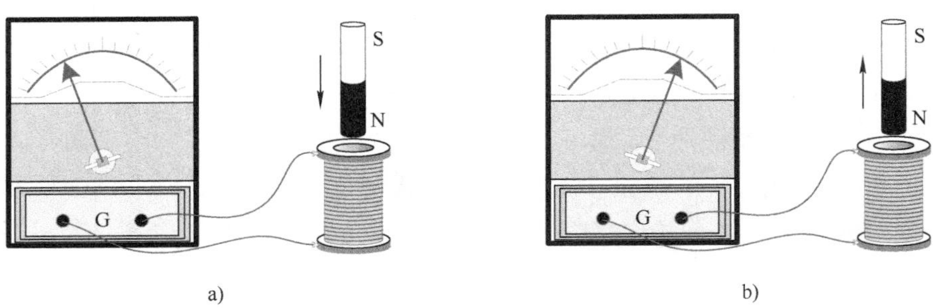

图 1.10　在螺旋线圈中插入或拔出磁棒的实验

a）插入磁棒　b）拔出磁棒

实验表明，只要磁棒在线圈中处于移动状态，电流计的指针就会发生偏转，也就意味着线圈中已经产生了电流。磁棒的移动速度越快，电流计指针的偏转角度也越大，产生的电流也越大。另外，当磁棒分别进行插入与拔出动作时，电流计指针的偏转方向恰好相反，说明电流方向与相对运动方向有关。但是，当磁棒位于线圈中静止不动时，电流计指针将不会偏转。也就是说，只有运动中的磁棒才能在回路中产生电流。

没有电源的回路中之所以能够产生电流，是因为穿过线圈的磁通发生了变化，我们将这种利用磁场产生电流的现象称为电磁感应现象，而将产生的电流称为感应电流（Induced Current）。另外，在电磁感应现象发生时，线圈两端也能够测量到一定的电压，我们称其为感应电动势（Induced Electromotive Force）。实践证明，线圈两端的感应电动势大小与线圈的匝数 N 及穿过线圈的**磁通变化率** $\Delta\Phi/\Delta t$ 成正比，这种规律称为法拉第电磁感应定律（Faraday’s Law of Electromagnetic Induction），可表达如下：

$$e=\left|N\frac{\Delta\Phi}{\Delta t}\right| \tag{1.3}$$

式中，当 $\Delta\Phi$ 与 Δt 的单位分别为韦伯（Wb）与秒（s）时，e 的单位为伏特（V）；绝对值符号表示不考虑感应电动势的方向。

更进一步，我们还可以确定感应电流与感应电动势的方向。当磁棒插入或拔出线圈时，由于线圈中产生了感应电流（也就会产生磁场），所以从效果上看，线圈本身与条形磁棒相似，也会有自己的两个磁极（具体取决于感应电流的方向）。由于磁棒本身也有磁极，所以其必然会与线圈发生相互吸引或排斥作用，无论作用力属于哪一种，此相互作用必然会**阻碍磁棒的运动**，因为线圈中的感应电流并不是凭空产生的，而是当外力支撑磁棒运动时克服磁场的阻碍做了功，继而转换成了电能（如果相互作用会**帮助磁棒运动**，磁棒就会在磁力的作用下加速，也就凭空获得了机械能与电能，这并不符合能量守恒定律）。

具体来说，当磁棒插入线圈时会受到排斥力，此时线圈靠近磁棒的一端呈现同名磁极。相反，当磁棒从线圈中拔出时会受到吸引力，此时线圈靠近磁棒的一端呈现异名磁极（通电线圈也有磁场与磁极，将其代替磁棒做实验的效果是相同的），如图 1.11 所示。

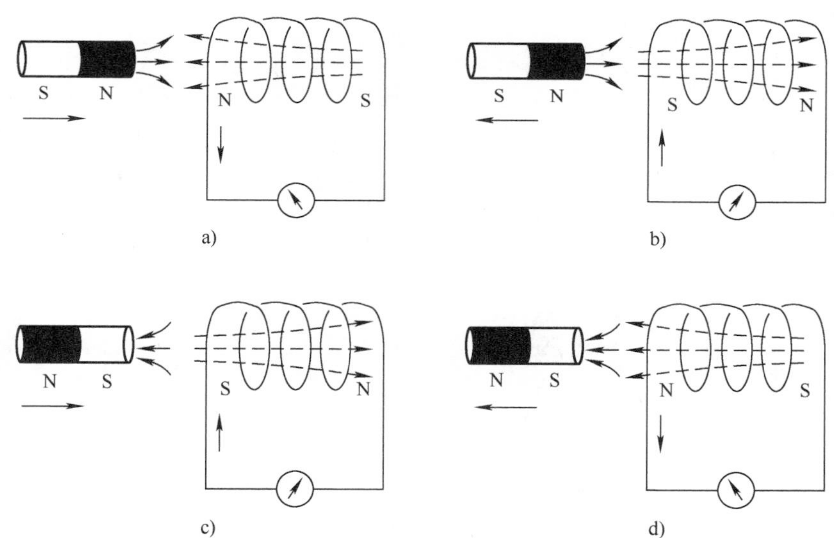

图 1.11　磁铁与感应电流产生的磁场方向

a）磁棒从 N 极插入　b）磁棒从 N 极拔出　c）磁棒从 S 极插入　d）磁棒从 S 极拔出

从磁通的角度来看，当磁棒插入线圈时，穿过线圈的磁通（称为主磁通）呈增加趋势，此时感应电流产生的磁场方向与磁棒本身的磁场方向相反，继而呈现阻碍主磁通增加的现象。相反，当磁棒拔出线圈时，主磁通呈减少趋势，此时感应电流产生的磁场方向与磁棒本身的磁场方向相同，继而呈现阻碍主磁通减小的现象。也就是说，**线圈产生感应电流的磁场总要阻碍主磁通的变化**，这就是著名的楞次定律（Lenz's law），将其与法拉第电磁感应定律结合在一起，式（1.3）可修正如下：

$$e=-N\frac{\Delta\Phi}{\Delta t} \tag{1.4}$$

式中，负号（“−”）表示线圈的自感电动势总会产生“用来阻碍主磁通变化的”感应电流。

当线圈的磁极确定之后，再根据“右手定则”即可确定感应电流的方向。如果将线圈当作一个电源，那么感应电动势的方向（**从负极指向正极**）与感应电流方向相同，如图 1.12 所示。

“线圈阻碍穿过其中磁通变化的能力”在实践应用中非常有用。例如，当变化的电流通过线圈时，线圈就会对其呈现一定的稳定效果（就相当于电容器对变化电压的滤波效果）。与“磁棒运动会引起线圈主磁通发生变化，继而使自身受到阻碍力”相似，流过线圈的变化电流也会使主磁通发生变化，继而使电流原来的变化趋势受到阻碍力。简单地说，线圈有一定稳定电流的能力。

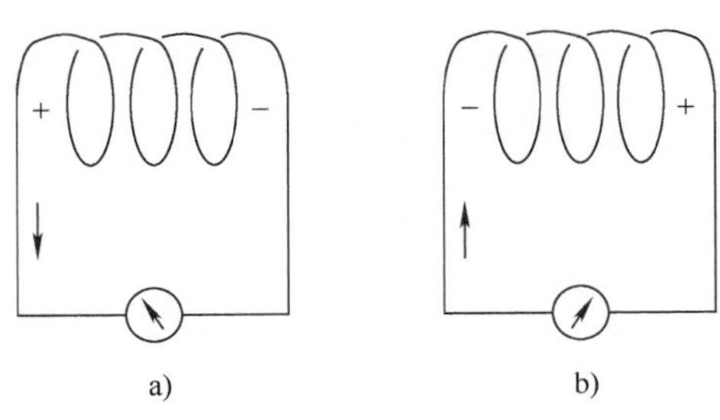

图 1.12　感应电流与感应电动势的方向

如图 1.13 所示，当流过线圈的电流（称为主电流）增大时，为阻碍线圈中主磁通的增加趋势，感应电流的方向会与主电流相反，所以线圈两端的感应电动势极性为“上正下负”。相反，当流过线圈的电流减小时，同样为了阻碍回路电流的减小趋势，感应电流的方向会与主电流相同，所以线圈两端的感应电动势极性为“上负下正”。需要注意的是：**两种情况下的电流方向总是相同，只不过电流变化趋势不同而已**。

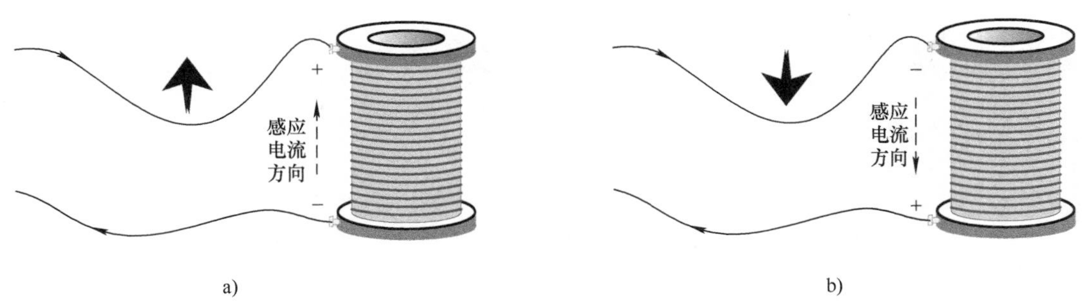

图 1.13　电流变化方向与感应电动势方向的关系

a）电流增大时　b）电流减小时

既然变化的电流能够产生变化的磁通，如果用通电螺旋线圈代替图 1.10 所示实验中的磁棒，是不是也能够使电流计的指针偏转呢？答案是肯定的！如图 1.14a 所示，即便保持两者的相对位置不变，当线圈 A 与 B 平行且靠近放置时，如果线圈 A 中流过的电流变化速度足够快，并且强度足够大，相应产生的变化磁通将会顺利穿过线圈 B，并在其中产生感应电流。换句话说，线圈 A 中储存的能量已经转移到线圈 B 中。当然，如果线圈 A 与 B 像图 1.14b 所示那样互相垂直放置，由于线圈 A 产生的磁通并没有穿过线圈，自然也就无法将能量顺利转移到线圈 B，其中也不会存在感应电流。

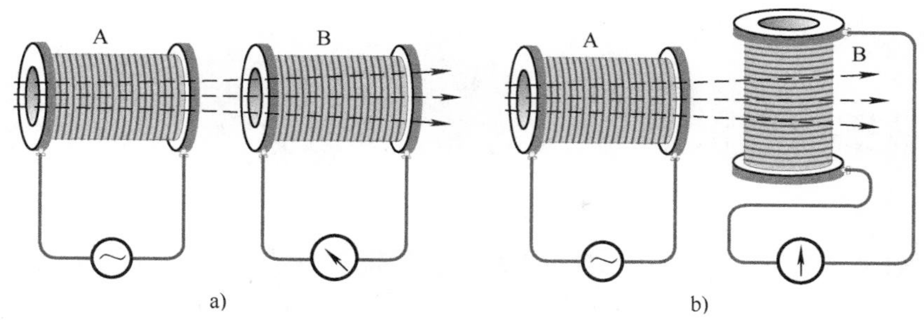

图 1.14　能量的发送与接收

a）线圈 A 与 B 平行且靠近放置时　b）线圈 A 与 B 互相垂直放置时

将磁棒（或通电螺旋线圈）插入或拔出线圈（或往线圈中通入变化电流）能够在线圈中产生感应电流，这一点比较好理解。但是，如果使用**软铁棒**代替磁棒重做图 1.10 所示实验，你会发现同样的电磁感应现象，这是为什么呢？软铁棒本身并没有磁性（也就没有磁场）呀？答案仍然是**运动电荷**（其产生了磁场）。从微观角度来看，软铁棒中电荷的相对位置并没有发生变化，但是从宏观角度来看，（处于运动状态的）软铁棒中的电荷也因此处于运动状态，而运动电荷会产生磁场，所以使用软铁棒做实验产生的效果与磁棒相似。

有些人可能对“移动软铁棒产生磁场”感到难以置信，事实上，我们从一出生就身处于毫无察觉的地磁场中，它就是由本身含有电荷的地球运动产生（与“软铁棒运动产生磁场”的原理相同），而自转与公转运动的叠加使得地磁场存在一定的磁偏，如图 1.15 所示。

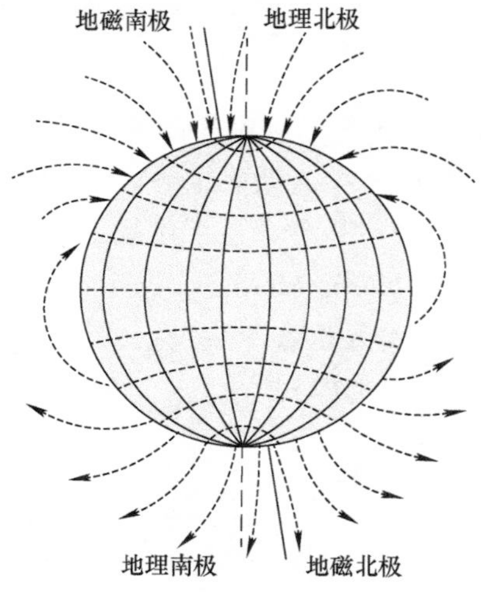

图 1.15　地磁场

那有人可能又会想：软铁棒材料有何独特之处呢？玻璃棒或木棒中也存在电荷，为什么将其插入或拔出线圈却没有观察到电磁感应现象呢？详情见下一节。

1.3 铁磁材料的磁化

通电线圈能够产生磁场，而增加线圈匝数则能够获得更强的磁场，也就可以获得更大的能量。但是对于能量需求比较高的应用场合，“单纯增加线圈匝数”的方式并不一定能够满足应用要求。例如，匝数过多导致线圈体积过大或导线的损耗过大（导线也有一定的电阻）。因此，积极探索其他高效增强磁场的方案显得尤为重要，而将前1节提到的“软铁棒”放置到线圈中就是最常见的一种。

通常将以增强磁场为目的而放置到线圈中的材料（类似“软铁棒”之类）称为磁心（Core），后续将“以软铁棒之类的材料作为磁心的线圈”称为磁心线圈（Magnetic Core Coil），而将“以空气作为磁心的线圈”称为空心线圈（Air Core Coil），常见的直棒磁心与环形磁心示意图如图1.16所示。

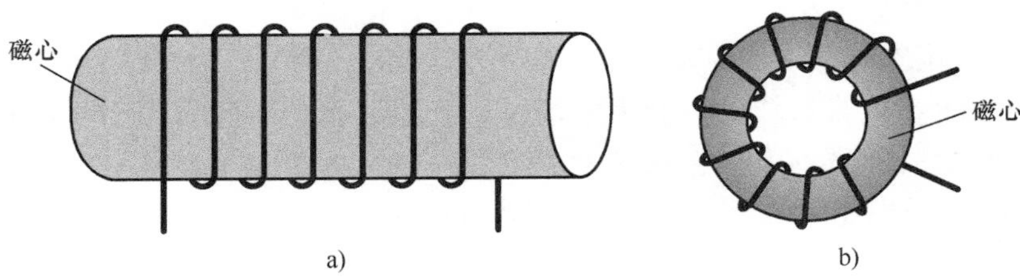

图1.16 常见的直棒磁心与环形磁心示意图

a）直棒磁心 b）环形磁心

为什么给线圈添加磁心后，其产生的磁场能够进一步增强呢？增强的那部分磁场又是从何而来呢？磁心中似乎并没有运动电荷呀？原因就在于（本来不具备磁性的）磁心受到磁场作用而具备了磁性（继而增强了磁场），这种现象称为“材料被磁化”，而相应的材料也称为磁介质（Magnetic Media）。图1.17a为原本没有磁性的材料，但将其置于磁场（外磁化场）中后，本身也会产生一定的磁场（呈现磁性），其与外磁化场叠加即可提升总磁场的强度，如图1.17b所示。

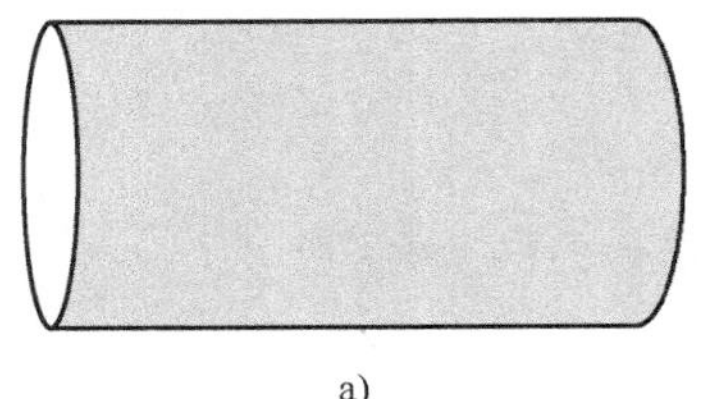

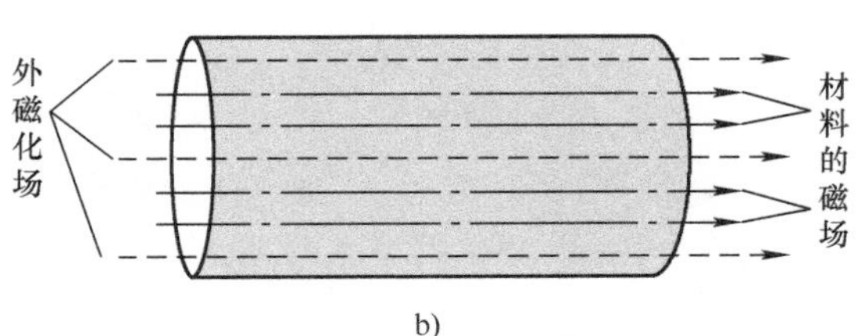

图1.17 物质被磁化前后的磁场

a）无磁性的材料 b）有磁性的材料

为了方便工程应用与计算，我们引入磁强场度（Magnetic Field Intensity）来描述外磁化场的大小，并使用符号 H 表示，而总磁场的强度仍然使用 B 表示。值得一提的是，H 不应该与 B 的概念混淆。首先，**H 与 B 是因果关系**，有了外磁化场才会有（更大的）磁感应强度（从方便理解的角度，你可以认为 H 与 B 是相同概念，只不过前者不考虑磁介质产生的磁场，其仅与线圈结构及流过其中的电流有关，对于结构已定的线圈，流过其中的电流越大，H 也通常越大，详情见 1.6 节）；其次，**B 才代表"磁场的强度"**，而不是 H，因为历史上，H 已经被定义为磁荷之间的作用力；再次，H 与 B 的度量单位不同，H 的国际单位为安培每米（A/m），其另一个高斯单位是奥斯特（Oersted，Oe），简称"奥"，两者的换算关系为 $1(\mathrm{Oe}) = 1000/4\pi(\mathrm{A/m}) \approx 80(\mathrm{A/m})$。

当然，并不是所有材料都适合作为线圈的磁心。磁心的目的之一就是（在外磁化场一定的前提下）提升磁感应强度，为了衡量"磁感应强度的增加程度"，我们引入磁导率的概念，并使用符号 μ 表示，其定义为 B 与 H 的比值，见式（1.5）：

$$\mu = B / H \tag{1.5}$$

式中，μ 表示磁导率，又称绝对磁导率（Absolute Permeability）或静态磁导率（Static Permeability），其国际单位为亨利每米（H/m）。在磁场强度相同的条件下，导体周围介质的磁导率越高，相应产生的磁感应强度就越大，所以**磁导率是代表材料导磁性能（或聚集磁通能力）的指标，也同时代表着材料磁化的难易程度**。越容易磁化的材料，相应的磁导率也越高。对于空心线圈而言，可以认为其磁心为空气（真空），其磁导率约为 $4\pi\times10^{-7}$H/m，通常使用符号 μ_0 表示。

值得一提的是，实际应用时通常不直接使用绝对磁导率，而代之以相对磁导率（Relative Permeability）的概念，其代表某材料磁导率与真空磁导率的比值，并使用符号 μ_r 表示，因此，材料的磁导率可表达如下：

$$\mu = \mu_\mathrm{r}\mu_0 \tag{1.6}$$

本书如无特别说明，接下来所述磁导率都是指相对磁导率。很明显，根据相对磁导率的定义，真空的 μ_r 值为 1。空气、水、铜、铝等材料的 μ_r 值也约为 1 左右，而镍、铁、钢等材料的 μ_r 值更高，小至几十或几百，大则超过数十万。常见材料的相对磁导率见表 1.1（仅供参考）。

表 1.1　常见材料的相对磁导率

材料	相对磁导率	材料	相对磁导率
空气	约为 1	镍锌铁氧体	10 ~ 2000
铜、铝、金、银	约为 1	锰锌铁氧体	300 ~ 50000
木材、橡胶、塑料	约为 1	铁硅合金	1500 ~ 3000
铸铁	200 ~ 400	坡莫合金	20000 ~ 200000
铸钢	500 ~ 2200	硅钢	2700 ~ 10000
铁	约为 5000	纯铁	约为 200000

根据导磁能力的差异，材料大体可分为反（抗）磁性、顺磁性及铁磁性。反磁性材料的μ_r<1，此类材料不容易被磁化，相同磁化条件下产生的磁场比真空更弱。顺磁性材料的μ_r>1，其能够被磁化到一定程度，在相同磁化条件下产生的磁场比真空更强一些。铁磁性材料的$\mu_r \gg 1$（并且不是常数），其在相同磁化条件下产生的磁场比真空强得多，也是电气设备中应用较广的磁心材料（前述“软铁棒”就属于铁磁材料）。

为了进一步细致观察磁心的磁化特性以方便应用，磁心厂商通常将其制造成磁环结构，并将线圈密绕于磁环上，再将其接入图 1.18a 所示的磁化曲线测试电路（K 为双刀双掷开关，可以切换注入线圈的电流方向，电位器 R 可以改变流过线圈的电流大小，磁环的横截面积为 A）。

假设磁心初始状态为未磁化状态，现在从零开始逐渐增大流过线圈的电流，相应的磁场强度 H 也将逐渐提升，然后记录每个 H 值及对应的 B 值（先使用磁通表测量通过磁环的磁通，再结合磁环的横截面积 A，计算得到 B 值），由这些 H 值与 B 值构成的曲线就是该磁心的磁化曲线。由于该磁化曲线是从磁心完全未磁化状态下得到，所以也称为起始磁化曲线，如图 1.18b 所示。

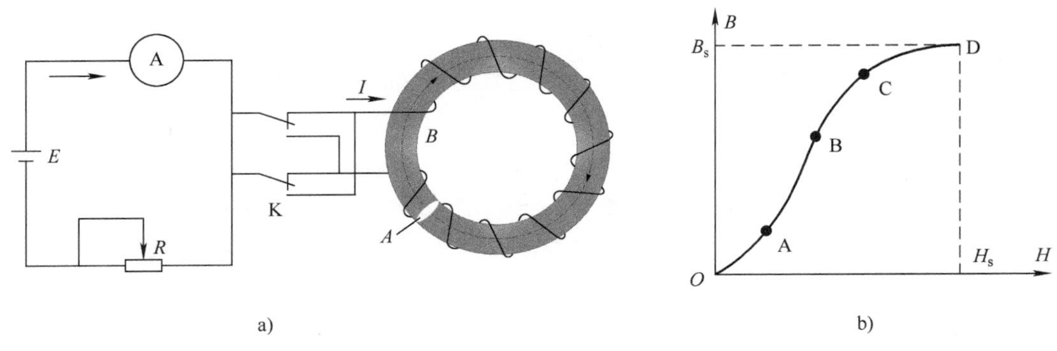

图 1.18　磁化特性

a）磁化曲线测试电路　b）起始磁化曲线

从起始磁化曲线可以看到，在 H 值逐渐增加的过程中，B 值也会随之增强，但不同阶段的 B 值增加速度略有不同。刚开始，B 值提升比较慢，称为起始磁化段（OA 段）。随着 H 值的持续增大，B 值有一段急剧增加的过程，称为直线段（AB 段）。当进一步提升 H 值时，B 值的增加速度又比较缓慢（BC 段）。而当 H 值增加到一定程度时，即便再进一步提升 H 值，B 值的提升幅度就很有限了，相应的曲线会变得平坦，称为饱和段（CD 段），而此时的 B 值为材料的饱和磁感应强度（或饱和磁通密度），通常使用符号 B_s 表示，相应的 H 值为饱和时的磁场强度，使用符号 H_s 表示。不同铁磁材料的 B_s 值可能不同，但对任意一种材料，其 B_s 值却是一定的。

值得一提的是，空心线圈永远不会饱和，并且其磁导率是固定不变的，相应的起始磁化曲线为一条直线，如图 1.19 所示。

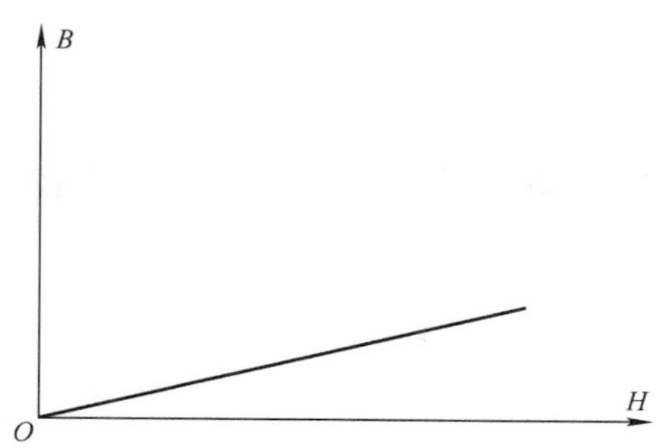

图 1.19　空心线圈的起始磁化曲线

为什么磁心在磁化后能够产生磁性呢？在原子、分子等物质微粒内部存在着一种环形电流，称为分子电流（也称为“磁偶极子”），它们来源于电荷的运动（包括绕原子核运动及电荷自旋运动），所以也会产生磁场（这一点与导体中电荷运动产生的磁场相同）。分子电流可以看作是微小的磁体，其两侧相当于两个磁极，在磁心未被磁化前，其内部各分子电流的排列是杂乱无章的，它们产生的磁场互相抵消，因此磁心对外界不显磁性。当磁心处于较强的外磁化场中时，大多数分子电流会朝着磁场强度的方向有序排列，磁心线圈增加的那部分磁场（相对于空心线圈）就来源于分子电流产生的叠加磁场，如图 1.20 所示。

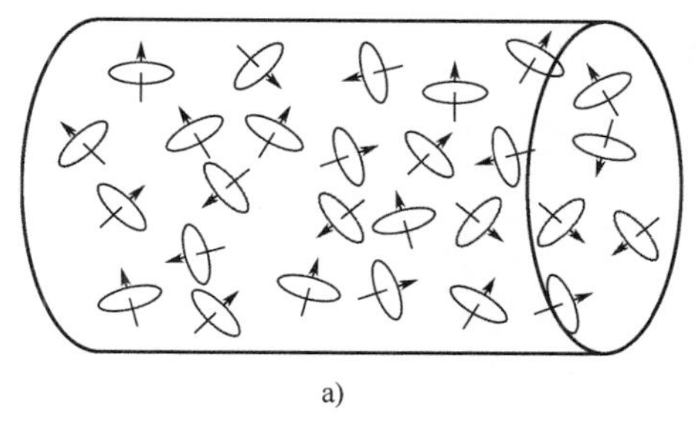

a)

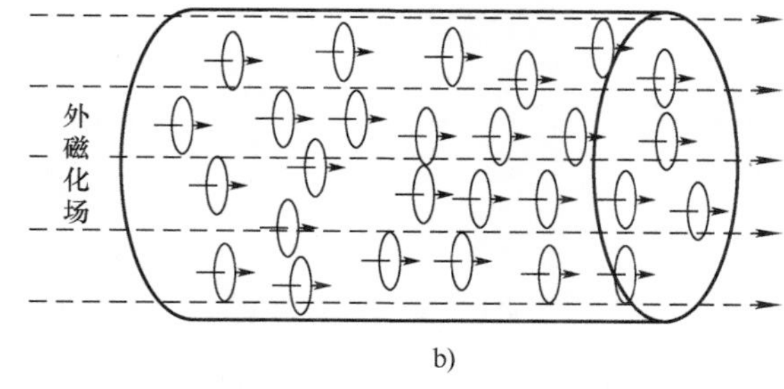

b)

图 1.20　磁化前后的磁心

a）杂乱无章的分子电流　b）排列有序的分子电流

为什么磁心线圈产生的 B 与 H 的关系不是线性关系呢？因为当磁心刚开始受到外界磁场的作用时，由于分子电流本身的惯性，只有少数会随着 H 值的增加而转向，所以 B 值增加得比较慢。当外磁化场进一步增加时，大多数分子电流开始转向，因此 B 值增加得较快。当分子电流几乎已经全部转向后，再提升 H 值，也不会有更多分子电流转向而提升磁场，此时相应的 B 值已经达到饱和值。

如果将起始磁化曲线上每个点对应的磁导率绘制成曲线，将得到类似如图 1.21 所示的曲线。很明显，在磁心磁化过程中，磁导率的变化并不是线性的。刚开始，磁心的磁导率比较小，随着外磁化场的增加，磁导率会达到最大值，之后磁导率逐渐下降，直到与空气磁导率相同。

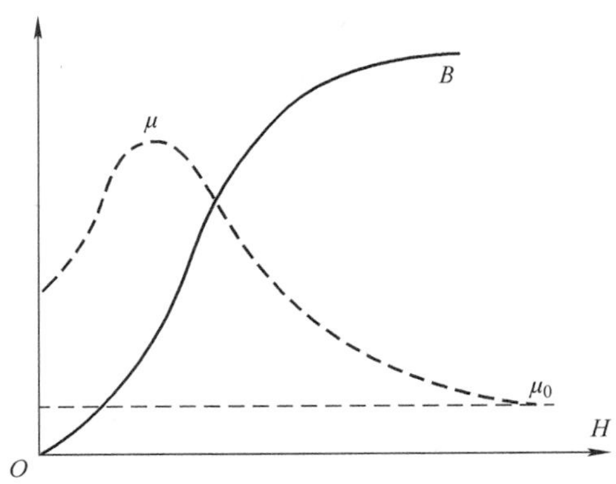

图 1.21　非线性的磁导率

理解了磁心线圈中磁心增强磁场的原理之后，我们回过头来讨论：为什么软铁棒在插入或拔出线圈的过程中也能够（像磁棒一样）感应出电流呢？主要原因并非是由“软铁棒”运动而产生的磁场，这部分磁场比较弱，但是该磁场成为“软铁棒”中分子电流的外磁化场，磁化后的分子电流使得总的磁感应强度提升了（简单地说，小磁场被定向排列的分子电流放大了）。换句话说，分子电流产生的磁场才是线圈感应出电流的主要原因。纸、玻璃、木头等材料的磁导率非常小，所以在实验过程中很难观察到明显的感应电流（理论上都会存在感应电流，只不过大小不同而已）。

1.4　磁心的损耗

上一节仅讨论了磁心在单个方向被磁化时的特性，但是在更多应用场合下（如开关电源、振荡电路等），流过线圈的是交流（或存在交流成分），相应产生的交变磁场会（在正反两个方向）将磁心反复磁化着（磁化与退磁），在此过程中可能会带来一定的能量损耗，它们会以热量的形式体现，继而导致磁心甚至周边元件的温度上升（相应的温度上升量简称“温升”），也就有可能降低电路工作的稳定性（严重情况下足以使磁心失去聚集磁通的能力），因此，交变磁化场下的磁心特性在交流应用中显得尤为重要，也是本节的阐述内容。

假设图 1.18b 所示的起始磁化曲线已经达到饱和点，现在持续减小电流值，当其降为 0 时，切换注入电流的方向，然后再缓慢提升电流值直至磁心饱和。紧接着又减小电流值，当电流值又降为 0 时，再次切换注入电流的方向……在前述步骤实施过程中，磁心不断被反复磁化着，相应的磁化曲线会形成一个闭合曲线，典型的铁磁材料磁化曲线如图 1.22 所示。

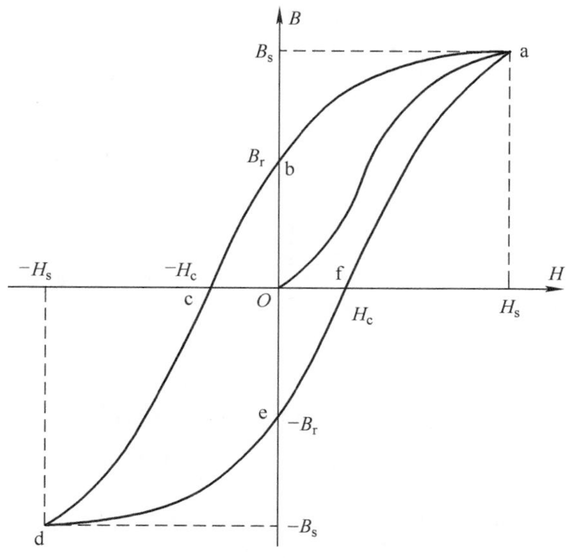

图 1.22　典型的铁磁材料磁化曲线

可以看到，当 B 值随 H 值沿起始磁化曲线达到饱和点以后，如果逐渐减小 H 值，相应的 B 值并未跟随起始磁化曲线变化，而是沿另一条 ab 段曲线下降。当 H 值降为 0 时，相应的 B 值也不等于 0，工程上将此时的 B 值称为剩余磁感应强度（Remanent/Residual Magnetism），简称“剩磁”，并使用符号 B_r 表示。为了消除剩磁，必须外加反向磁化场。随着反向磁化场的增强，铁磁材料逐渐退磁。当反向磁化场提升到一定值时，B 值重新降为 0，此时的剩磁完全消失，整个 bc 段称为退磁曲线。而此时的 H 值是为了克服剩磁所施加的磁场强度，也称为矫顽力（Coercive Force），并使用符号 H_c 表示，其大小反映了铁磁材料保存剩磁的能力。

当反向磁化场继续增大时，B 值从 0 开始往反方向增加，并沿 cd 段曲线变化，最终铁磁材料的反向磁化曲线同样会达到饱和点。如果在达到反向磁饱和点时使磁化场逐渐减弱至 0，B 值将沿 de 段曲线变化，当 H 值降为 0 时，相应的剩磁同样不为 0。如果再逐渐增大正向磁化场，B 值将随 efa 段曲线变化而最终到达正向磁饱和点。从整个磁化过程看，B 值的变化总是落后于 H 值的变化，工程上称为磁滞现象（Hysteresis），又由于多次反复磁化得到的磁化曲线是闭合的，所以也称为磁滞回线（外磁化强度幅值不同，相应获得的磁滞回线也会不同，它们是互相嵌套的关系）。

在交流应用场合中，铁磁材料被反复磁化着，由于分子电流需要不停地来回偏转，它们之间会发生摩擦现象，继而使磁心产生发热现象而消耗一定的能量，这部分能量损耗称为磁滞损耗（Hysteresis Loss），并使用符号 P_h 表示。实践证明，磁滞回线包围的面积越大，磁滞损耗也会越大，所以在高频应用场合下，通常会选择磁滞回线比较“瘦”的磁心。

根据磁滞回线的形状及其在工程上的应用，铁磁材料可进一步划分为软磁材料、硬磁材料和矩磁材料三大类，相应的典型磁滞回线形状如图 1.23 所示。

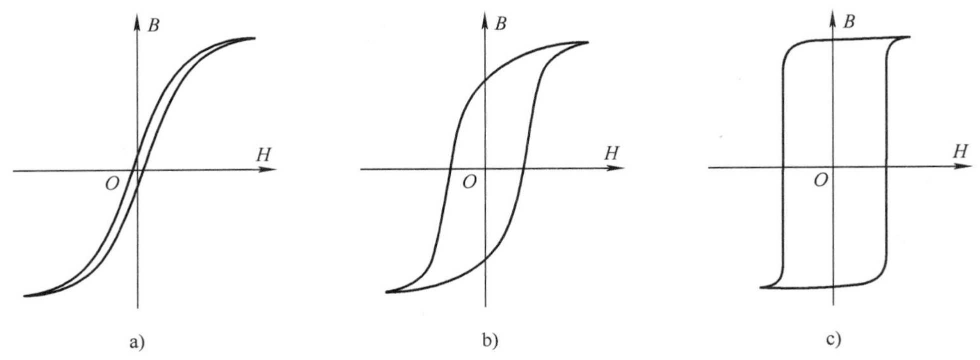

图 1.23　不同磁性材料的磁滞回线形状

a）软磁材料　b）硬磁材料　c）矩磁材料

1）软磁材料是本书的主要讨论对象，其磁滞回线窄而陡，所包围的面积比较小，因而在交变磁场中的磁滞损耗较小，比较容易磁化，但撤去外磁化场后，磁性基本消失（剩磁和矫顽力都比较小）。**软铁棒中的“软”指的就是容易磁化，并非质地软硬**。在工程实践中，软磁材料适合于需要反复磁化的场合，常用来制造电感器、变压器、电动机、仪表等元件或模块的磁心，其常用的材料也有很多，如硅钢、坡莫合金、铁氧体等。不同软磁材料具备不同的特性，适用的场合也不尽相同，后续有机会再详细讨论，现阶段只需要了解即可。

2）硬磁材料的磁滞回线宽而平，所包围的面积比较大，因而磁滞损耗较大，同时必须施加较大的外磁化场才能被磁化，然而一旦被磁化后，即便撤掉外磁化场，硬磁材料仍然能够保留较大的剩磁，而且不容易去磁（矫顽力较大）。这种材料适合于制作永久磁铁，典型的材料包括钨钢、铬钢、钴钢等。

3）矩磁材料的磁滞回线与矩形很接近，只需要在很小的外磁化场作用下就能够进入磁饱和状态，而撤掉外磁化场后，其剩磁与磁饱和状态下基本保持一致。电子计算机中“作为存储元件的环形磁心”使用的就是矩形材料，典型材料为锰镁铁氧体与锂锰铁氧体。

需要指出的是，以上所述磁滞回线是在施加低频磁化场时获得的，随着交变磁化场的频率提升，磁滞回线的磁化过程会逐渐趋近于椭圆形（因为 B 值跟不上 H 值的变化速度），相应的磁滞回线类似如图 1.24 所示。

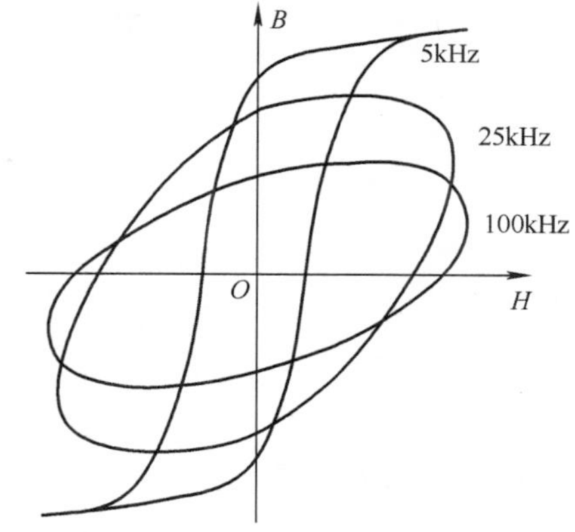

图 1.24　不同频率应用场合下的磁滞回线

磁滞损耗并非磁心损耗能量的唯一形式。前面已经提过，变化磁通会使处于其中的（有闭合回路的）线圈产生感应电流，而磁心线圈处于交变磁场中时，如果磁心的电阻率不是无穷大（事实上也是如此），变化磁通同样会在磁心中感应出电流，也就会产生能量损耗，工程上称为涡流损耗（Eddy Current Loss），如图 1.25 所示。

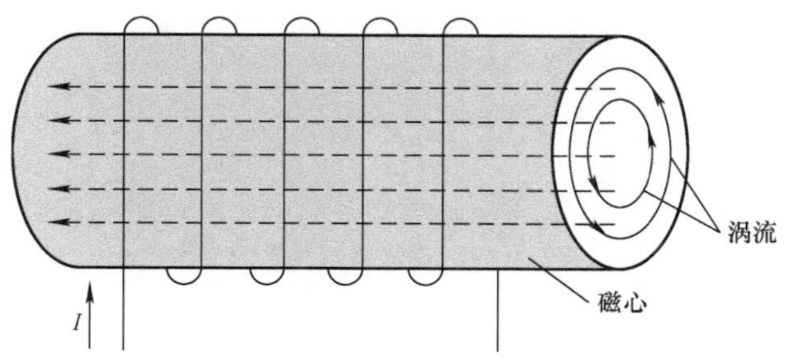

图 1.25　涡流损耗

涡流损耗通常使用符号 P_e 表示，其值与磁通变化率成正比，工作频率越高，涡流损耗也会越大，这些损耗会产生热量而使磁心发热，因此，实际应用时通常总会想方设法降低涡流损耗，而提升磁心的电阻率就是比较常用的一种方式。例如，在制造磁心时加入一些绝缘材料。很多磁心看起来是一个整体，实际上本身是由铁磁材料与绝缘性强的材料混合制作而成（如铁硅铝、铁氧体、硅钢等）。

当然，在制作工艺允许的前提下，还可以将整块磁心分割为多个叠片。相对于整个磁心而言，每个叠片表现的电阻率就会提升，由此产生的涡流损耗也就会更小。最常见的硅钢磁心就是如此，它并不是一个整体，而是由大量表面涂有绝缘漆的薄硅钢叠片交错放置而成，图 1.26a 是 E 形与 I 形硅钢片组成的硅钢叠片，图 1.26b 与图 1.26c 分别是多个叠片交错层叠后的磁心立体图与侧视图。

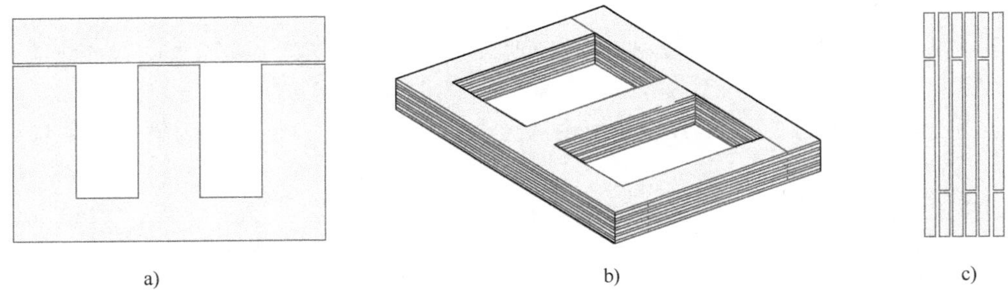

图 1.26　硅钢磁心

a）EI 形硅钢叠片　b）交错层叠后的磁心立体图　c）磁心侧视图

凡事总有好的一面，如果特殊场合中需要足够的热量，那么充分利用“涡流损耗产生的大量热能”也是一种不错的选择，同时可以实现非接触式加热。例如，（工厂冶炼合金时常用的）高频感应炉就是利用金属导体块中产生的涡流来熔化金属；现代家庭里用来炒菜的电磁炉也是同样的原理，如图 1.27 所示。

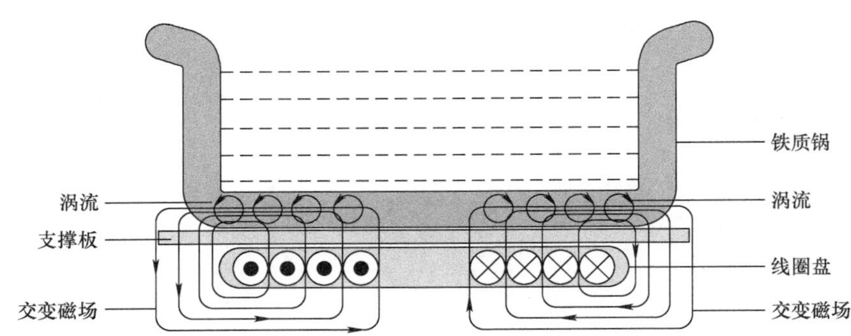

图 1.27　涡流效应的利用

除磁滞损耗与涡流损耗之外的损耗则统称为剩余损耗（Residual Loss），通常使用符号 P_r 表示。在磁化过程中，磁心的状态并不会随磁场强度的变化而马上进入最终状态（需要一定的反应时间），这种现象可以理解为磁滞效应，也是引起剩余损耗的原因。剩余损耗在弱磁化场且高频应用（大于 1MHz）下占据主导地位，但在低频应用中可以忽略。

总的来说，工程上将磁心的损耗统称为铁损（Iron or Core Loss），通常使用符号 P_{Fe} 表示。低频应用场合下的铁损以磁滞损耗与涡流损耗为主，高频应用场合下则以涡流损耗与剩余损耗为主。

1.5　电磁力的应用

到目前为止，我们已经对磁场与磁心有了初步认识，这对于理解工程中广泛使用的磁性元件已然足够，本节主要介绍电动式扬声器、电流表头、直流电动机和电磁继电器的基本结构与工作原理。

扬声器（或蜂鸣器）是一种能够将电信号转换为（人耳可以听得到的）声音的电声转换元件，经典的电动式扬声器主要由纸盆（振动膜）、线圈（音圈）、永久磁铁、支架构成，相应的基本结构如图 1.28 所示。扬声器的支架与永久磁铁是固定结合在一起的，主要用来支撑可以活动的纸盆，而纸盆则与线圈固定在一起并放置在永久磁铁中。大家都知道，声音是由物体的振动（挤压周围的空气）而产生，扬声器就是利用“通过交流电的线圈与永久磁铁之间的作用力”带动纸盆振动而发出声音。越大的交流电通过线圈，线圈产生的磁场越强，其与永久磁铁之间的作用力越大，继而使纸盆的振动幅度也更大，产生的声音就越大，反之亦然。

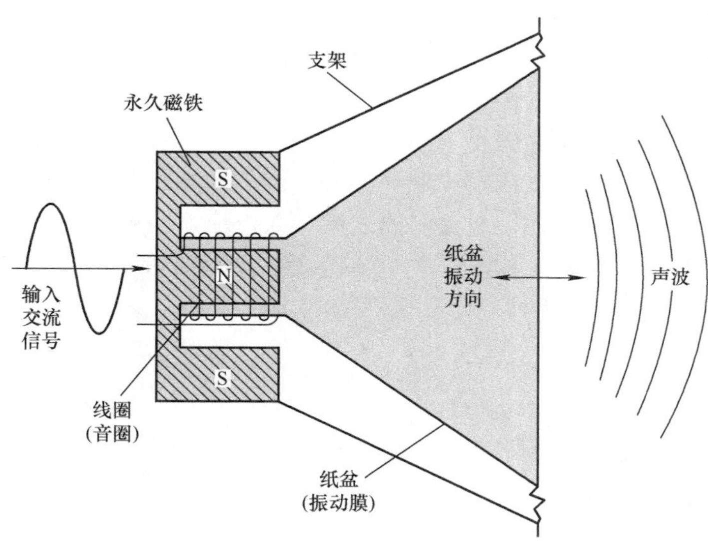

图 1.28　电动式扬声器的基本结构

1.2 节所述的电磁感应实验中使用的电流表也利用了磁心线圈与永久磁铁之间的相互作用力，其表头主要由磁心（软铁）、线圈、永久磁铁、螺旋弹簧、指针构成，基本结构如图 1.29 所示。表头中有一个 U 形永久磁铁，而线圈、磁心、指针是固定在一起并放置其中，两个螺旋弹簧可以往线圈注入电流（对线圈旋转有一定阻碍力）。通过线圈的电流越大，线圈产生的磁场越强，其与永久磁铁之间的作用力越大，指针的偏转角度就越大。在实际应用中，灵敏度相同的表头可以通过并联不同阻值的电阻器而实现不同量程，并联电阻器的阻值越小，相同被测电流通过线圈的那部分就越少，指针的偏移角度越小，能够测量的量程就越大。

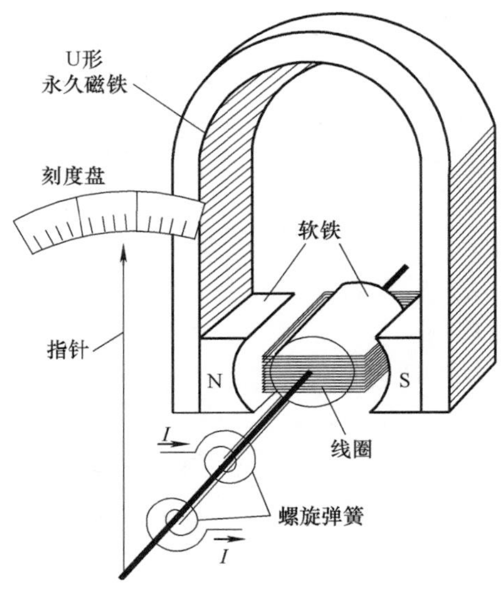

图 1.29　电流表的表头基本结构

直流电动机是一种将直流电能转换为机械能的常用电动机，其包括定子与转子两部分。定子的主要作用是物理支撑及产生主磁场，转子则是完成能量转换的主要部件，其主要由线圈、电刷与换向器构成，相应的简化示意结构图如图 1.30 所示。换向器与线圈是固定在一起的，其通过靠在一起并接触良好的电刷（弹性铜片，与电流表表头中的螺旋弹簧的作用相似）注入电流。当线圈注入电流产生磁场并与主磁场产生相互作用时就会发生偏转，当偏转角度超过 90° 时，换向器改变注入线圈的电流方向，使同一方向的作用力得以维持，继而使电动机不停地旋转。

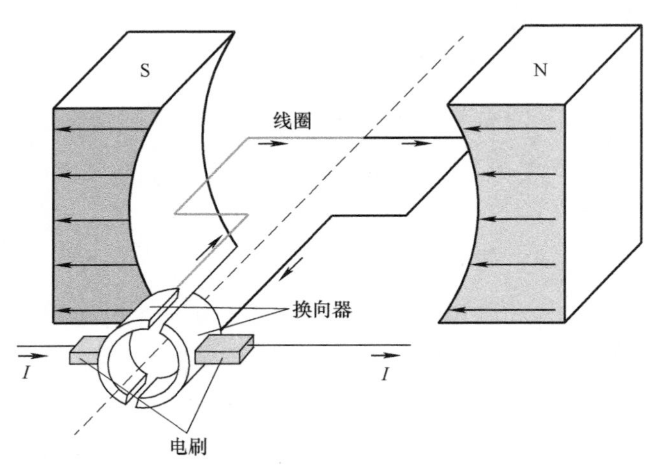

图 1.30　直流电动机的简化示意结构图

电磁继电器是一种具备电气隔离作用的电子控制元件，其输入回路用于产生磁场，而输出回路通过磁场的相互作用力完成开关通断动作，由于磁场之间的作用避免了物理接触，也就可以实现强电与弱电之间的隔离。电磁继电器主要由线圈、磁心、铁轭（支架）、衔铁、弹簧、触点（包含动触点和静触点）组成，其基本结构如图 1.31 所示。在线圈未施加直流电的情况下，弹簧牵引衔铁使得动触点（公共触点）与静触点 1（由于常态下处于闭合状态，也称为“常闭触点”）接触，而与静触点 2（由于常态下处于断开状态，也称为“常开触点”）分离。当线圈施加直流电后，磁心线圈产生较大的磁场，继而吸引衔铁使得动触点与静触点 2 接触，也就能够完成开关的通断转换，相应的状态如图 1.32 所示（铁轭与衔铁有一定导磁性能，其与磁心形成了闭合磁路，能够将更多磁力线聚集起来，以达到充分利用磁能的目的，关于磁路的详情，见 1.6 节）。

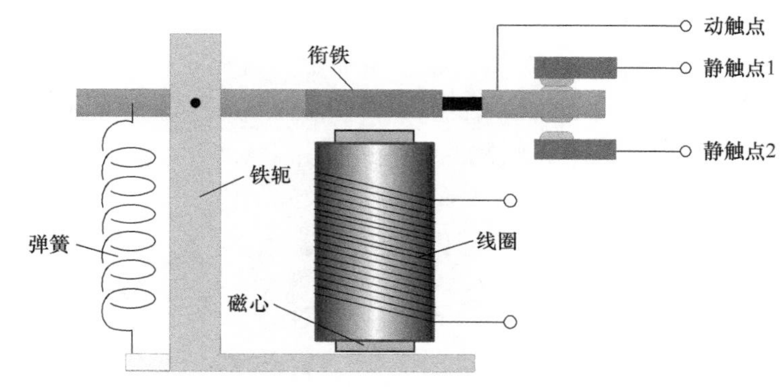

图 1.31　电磁继电器的基本结构

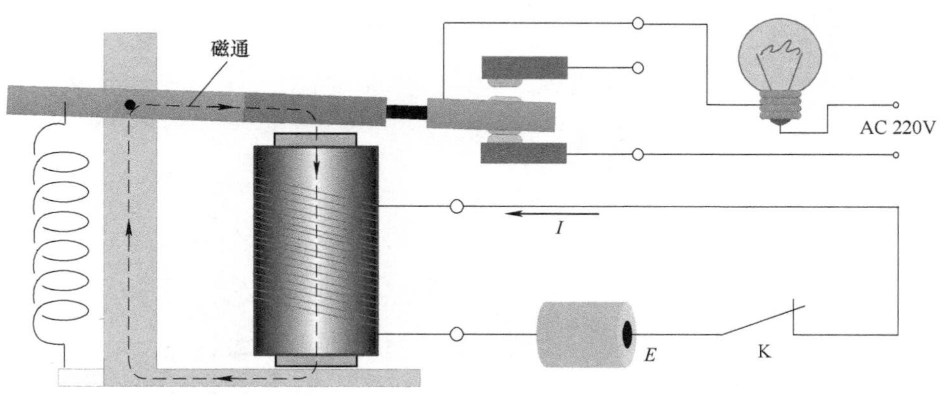

图 1.32　通电状态下的电磁继电器

1.6 电路与磁路

虽然水是能量（势能）的一种载体，但是为了有效利用水中的能量，我们必须使用合适的装置（如水电站）将其聚集起来再统一处理，因为水中有能量是一回事，能否将能量有效利用起来却是另一回事。简单地说，水能的有效利用离不开对水的管理。磁场也是某种能量的载体，为了有效利用其中的能量，也应该将磁场集中起来，而最常用来完成此任务的部件便是磁心。

我们通常会使用铁磁材料制造成特定形状的磁心，由于其磁导率比空气大得多，所以大多数磁力线（磁通）会被限制在磁心路径中，再配合线圈（及驱动电路）就可以实现能量的转换（或传输），而绝大多数磁力线经过的闭合路径则被称为磁路（Magnetic Circuit）。图 1.33 所示为常见电感器、变压器、电磁继电器、电磁式仪表、直流电动机的磁路。

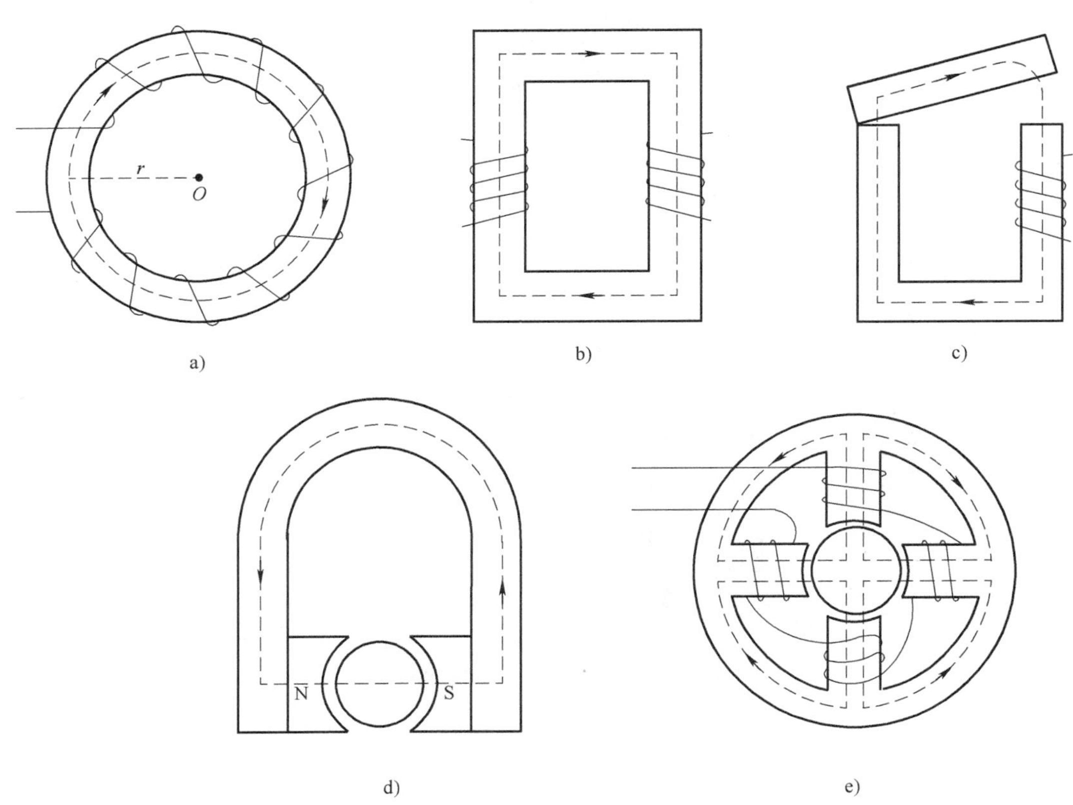

图 1.33　常见的磁路

a）电感器　b）变压器　c）电磁继电器　d）电磁式仪表　e）直流电动机

磁路的长度是衡量磁心性能的重要指标，（通过特定形状的磁心）确定磁路长度是使用磁心的目的之一，这样就能够在定量参数的基础上进行分析或设计。由于磁心都有一定的横截面积，不同位置的磁力线对应的磁路长度并不相同（B 与 H 也是如此）。为了简化磁路计算，磁路长度一般会取其平均长度（近似认为横截面上各点的 B 与 H 均相等）。例如，图 1.33a 所示环形磁心的磁路平均长度可按中心线路径计算，其值近似为 $2\pi r$。当然，对于很多形状比较复杂的磁心，其磁路平均长度计算并没有这么简单，但磁心厂商提供的数据手册中通常会给出该值，我们只需要查阅即可。

磁路与电路中的很多参数是对应的，分析方法也存在相通之处。大家都知道，电流在闭合回路中会受到一定的阻力，也称为电阻（Resistance），而导体的电阻 R 与其长度 l、横截面积 A 及衡量材料导电性能的电阻率 ρ（或电导率 σ）相关，见式（1.7）：

$$R=\frac{\rho l}{A}=\frac{l}{\sigma A} \tag{1.7}$$

式中，ρ 与 σ 的国际单位分别为欧姆米（Ω · m）与西门子每米（S/m），两者互为倒数关系。很明显，导体材料的长度越长（电流受到的阻力路径越长）、横截面积越小（电流能够通过的路径越少）、电阻率越大或电导率越小（单位体积材料对电流的阻力越大），则相应呈现的电阻也越大。

磁路中的磁通与电路中的电流相似，其在闭合磁路中也会受到一定的阻力，我们称为磁阻（Reluctance），其与电路中的电阻是对应的。磁力线（磁通）总是倾向于沿磁阻小的路径传导，而磁性材料的磁阻与其长度 l 成正比，与磁导率 μ、横截面积 A_c 成反比。为区别于电路中的电阻符号 R，本书使用符号 R_m 表示磁阻，相应的计算公式如下：

$$R_m=\frac{l}{\mu A_c} \tag{1.8}$$

式中，若磁导率、长度、横截面积的单位分别为 H/m、m、m^2，则磁阻的单位为 1/H。

流过一定电流的电阻两端总会存在一定的电压降，通常简称为"电压"，并使用符号 U 表示。同样，穿过一定磁通的磁阻两端总会存在一定的磁压降，简称为"磁压"，并使用符号 U_m 表示，其定义为某一段磁路的磁场强度 H 与该段磁路的平均长度 l 的乘积，则有

$$U_m=Hl \tag{1.9}$$

图 1.34 所示为磁性材料的磁阻与电阻的对应关系。

在闭合电路中，电动势 E 是产生回路电流 I 的"动力源"，而电阻 R 则代表导通（或阻碍）电流的能力。整个回路呈现的电阻越大，则回路的电流就越小，这种规律可由欧姆定律表达如下：

$$I=\frac{E}{R} \tag{1.10}$$

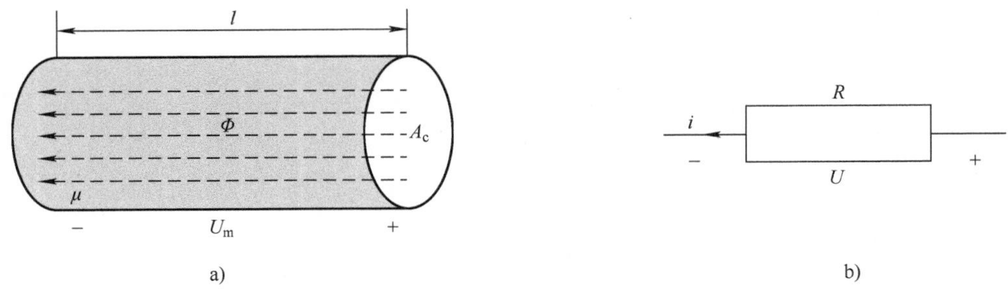

图 1.34　磁性材料的磁阻与电阻的对应关系

a）磁性材料　b）等效电阻

相应地，在闭合磁路中，磁通 Φ 就相当于电路中的电流，磁动势（Magnetomotive Force）则是产生磁通的“动力源”，简称“磁势”，并使用符号 F 表示，而磁阻 R_m 则代表磁通经过磁路时所受到的阻碍力。整个磁路呈现的磁阻越大，则磁路的磁通就越小，这种规律同样可表达如下：

$$\Phi = \frac{F}{R_m} \tag{1.11}$$

那么磁动势与什么有关呢？通电线圈要产生磁场（磁通），而电流是产生磁场的原因，所以电流越大，线圈中的磁通也越大。另外，通电线圈的每一匝都会产生磁场并相互叠加，因此，线圈的匝数越多，其在相同电流条件下产生的磁通也越大。也就是说，线圈产生的磁通随线圈匝数与流过其中的电流成正比例变化。我们把需要外部主动注入电流以产生磁场的线圈称为励磁（或激磁）线圈（简单地说，励磁线圈将电能转换为磁能），而将线圈的匝数 N 与流过其中的电流 I 的乘积定义为磁动势，见式（1.12）：

$$F = NI \tag{1.12}$$

在实际工程中，F 的单位是安 [培] 匝数（Ampere-Turn），简称“安匝（AT）”。但是，“匝”本身并不是量纲，所以磁动势的国际单位是“安培”，这与电动势的国际单位“伏特”是对应的。

值得一提的是，磁动势的高斯单位是吉尔伯特（Gilbert，Gi），其与国际单位之间的换算关系为 1A = 0.4π（Gi），所以有些资料上的磁动势表达式稍有不同，见式（1.13）：

$$F = 0.4\pi NI \tag{1.13}$$

另外，磁动势与磁场强度不应该相互混淆，它们是因果关系，有磁动势才会有磁场强度，继而才有磁感应强度。

电路按结构可分为无分支电路与有分支电路，磁路也同样如此，它们的对应关系如图 1.35 与图 1.36 所示。

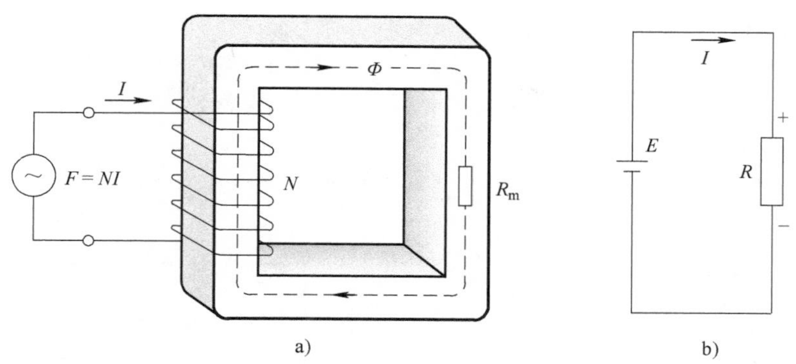

图 1.35　无分支磁路与电路的对应关系

a）磁路　b）等效电路

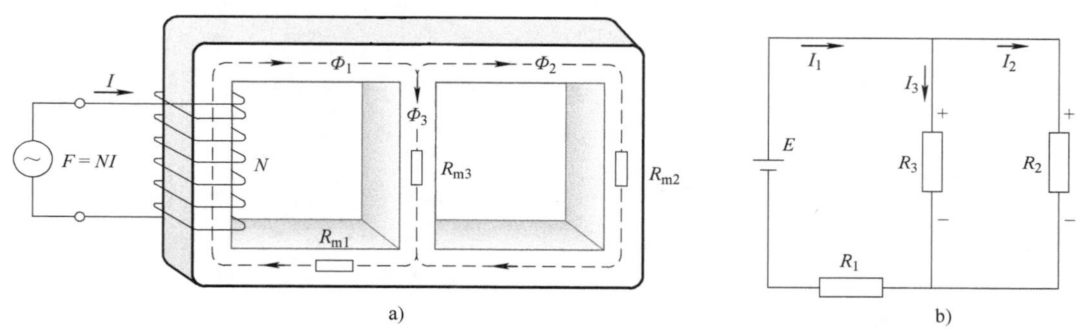

图 1.36　分支磁路与电路的对应关系

a）磁路　b）等效电路

电路分析的基本定律包括基尔霍夫第一定律（电流定律）与基尔霍夫第二定律（电压定律），磁路中同样也有。

图 1.37 给出了电路与磁路的基尔霍夫第一定律的示意图，也就是说，电路中任意节点的电流之和等于 0（即流入节点的电流等于流出节点的电流），而磁路中任意节点的磁通之和等于 0，即

$$\sum \Phi = 0 \tag{1.14}$$

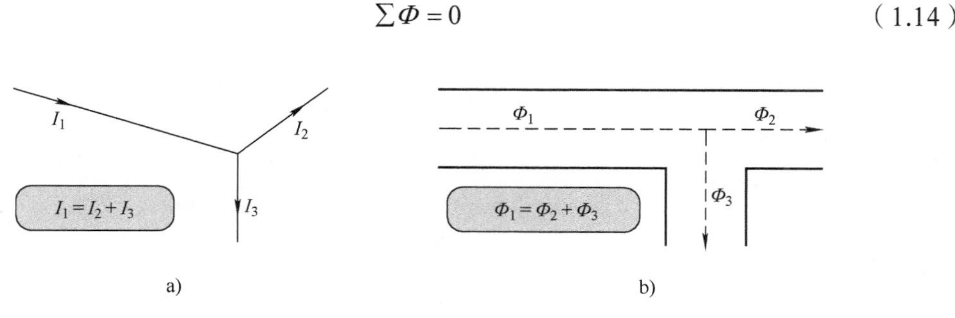

图 1.37　电路与磁路的基尔霍夫第一定律

a）电路的节点电流　b）磁路的节点磁通

图 1.38 给出了电路与磁路的基尔霍夫第二定律的示意图。也就是说，在电路中，“沿任意闭合回路的所有支路电压代数和”等于“沿该回路的电动势代数和”。而在磁路中，“沿任意闭合磁路的磁压代数和”等于“沿该回路的磁动势代数和”，即

$$\sum U_{\mathrm{m}} = \sum F \tag{1.15}$$

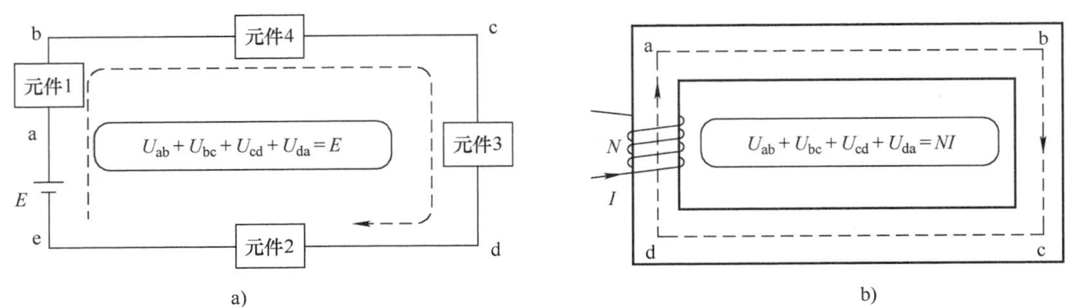

图 1.38　电路与磁路的基尔霍夫第二定律

a）电路的回路电压　b）磁路的回路磁压

很明显，如果某磁场强度 H 均匀的磁路（磁路长度为 l）仅存在一个励磁线圈，则线圈产生的磁动势 F 与磁路呈现的总磁压相等，结合式（1.12），则有

$$F = Hl \rightarrow H = \frac{F}{l} = \frac{NI}{l} \tag{1.16}$$

也就是说，磁场强度可以理解为每单位长度的磁动势。

1.7 磁心的气隙

磁心的磁导率越高，其在相同磁化场条件下聚集的磁通就越大，如果希望磁路中的磁通越大，理论上应该选择磁导率越高的磁心。然而，实际应用中也经常会将低磁导率材料插入到原来磁导率很高的磁路中，而空气就是低磁导率材料的典型。空气（或真空）可以理解为没有磁性物质，将其放置到磁路中就相当于在磁心中添加了一个缝隙（或缺口），工程上也称为空气隙（Air Gap），简称“气隙”。

气隙在磁路中是广泛存在的，对于像 UU 形、EE 形、EI 形等由两个分离部件构成的完整磁心，其结合部本身就存在一些小气隙。但是，气隙过小可能无法满足实践应用的需求，所以很多时候还会使用不同的方式刻意增大气隙的长度。例如，在结合部垫一块低磁导率的材料（如纸、塑料等），这样就相当于在每个单独磁路中添加了两个气隙，如图 1.39c、d 所示；当然，也可以如图 1.39e 所示，选择仅对中心柱进行研磨的方式；或者如图 1.39f 所示，将大气隙替换为若干个小气隙。而对于像磁环这样不方便分离与研磨的特殊结构，则可以通过切割方式添加气隙，如图 1.39a、b 所示。需要注意的是，气隙添加的方式不同，磁心表现的性能也会不一样。

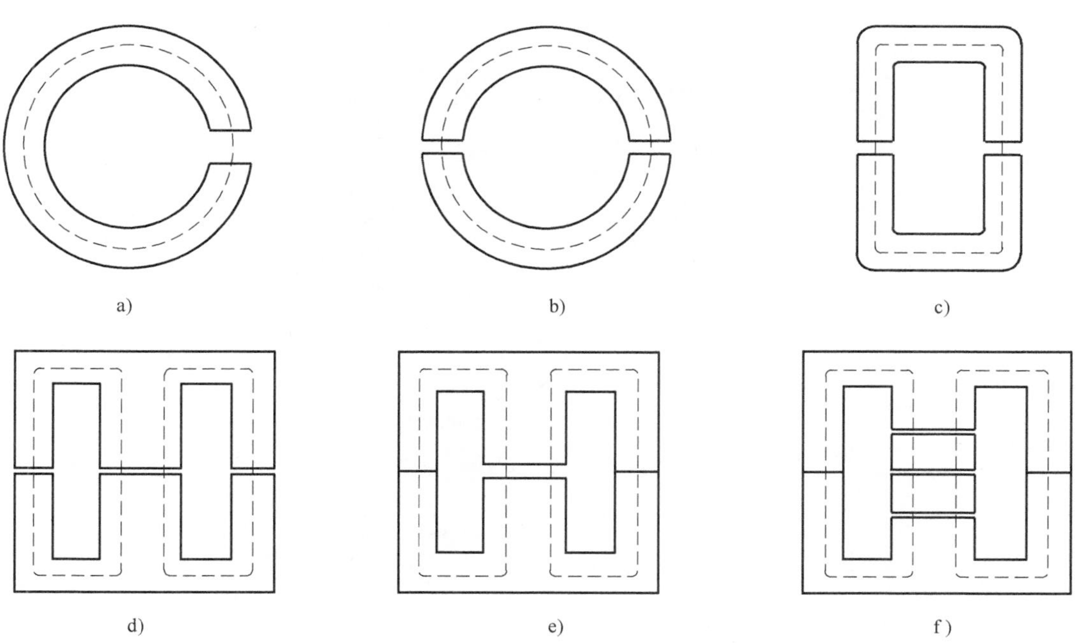

图 1.39 不同磁心添加的气隙

a）磁环气隙 1　b）磁环气隙 2　c）UU 形磁环气隙

d）EE 形磁心气隙 1　e）EE 形磁心气隙 2　f）EE 形磁心气隙 3

为什么要在磁路中添加气隙呢？我们先来观察一下，添加气隙后的磁心有什么特性被改变了。当为磁心材料添加气隙之后，磁路中存在不止一种磁导率的材料串联，相应的磁路与等效电路如图 1.40 所示，其中 l_c 与 l_g 分别表示磁心与气隙的磁路长度，R_m 与 R_g 分别表示磁心与气隙呈现的磁阻。

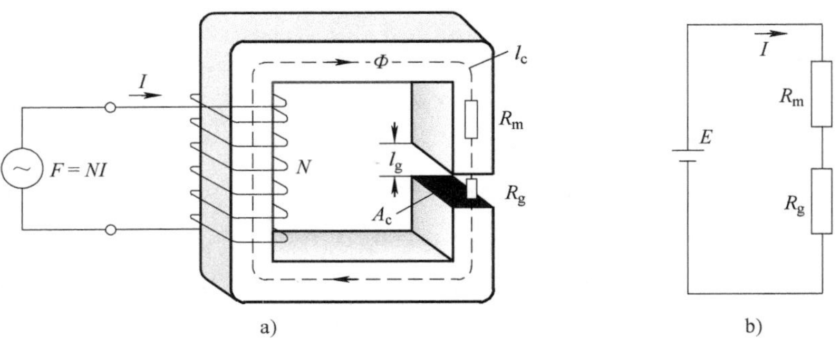

图 1.40　添加气隙的磁路及其等效电路

a）添加气隙的磁路　b）等效电路

当磁路中存在多种不同磁导率的材料时，我们更关心整个磁路的有效磁导率（Effective Permeability），并使用符号 μ_e 表示。换句话说，整个磁路可以认为没有添加气隙，而是由（单一）有效磁导率材料构成的；从磁动势的角度看，磁阻并没有任何变化，如图 1.41 所示。

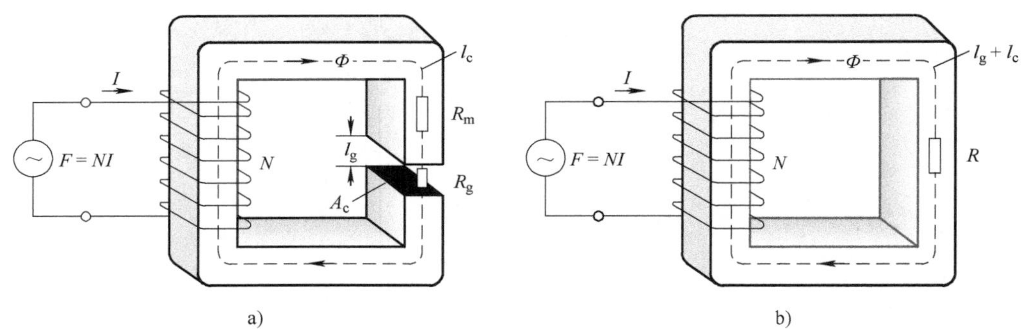

图 1.41　有效磁导率的定义

a）添加气隙的磁路　b）未添加气隙的等效磁路

那么，图 1.41b 所示磁路的有效磁导率是多少呢？我们可以简单推导一下。

已知总的磁路长度 l_t，见式（1.17）：

$$l_t = l_c + l_g \tag{1.17}$$

从磁动势的角度看，磁阻就是两个不同磁阻的串联，根据式（1.8），则有

$$\frac{l_t}{\mu_e A_c} = \frac{l_c}{\mu_0 \mu_r A_c} + \frac{l_g}{\mu_0 A_c}$$

化简后则有

$$\frac{l_t}{\mu_e}=\frac{l_c}{\mu_0\mu_r}+\frac{l_g}{\mu_0}$$

从中求得 μ_e，见式（1.18）：

$$\mu_e=\frac{\mu_0\mu_r l_t}{l_c+\mu_r l_g} \tag{1.18}$$

通常情况下，气隙的长度总会远小于磁心的磁路长度（一般小于 1/10 就可以认为是远小于，即 $l_g \ll l_c$），所以式（1.18）可进一步简化为

$$\mu_e \approx \frac{\mu_0\mu_r l_c}{l_c+\mu_r l_g}=\frac{\mu_0\mu_r}{1+\dfrac{\mu_r l_g}{l_c}} \tag{1.19}$$

很明显，在添加气隙的条件下，磁心的有效磁导率变小了，因为式（1.19）中的分母总是大于 1，那么在相同的磁动势条件下，产生的磁通就越小（因为磁阻变大了），所以气隙是控制磁通的常用方式。

我们可以简单推导出直流磁通的表达式。结合式（1.5）、式（1.16）、式（1.19），则有

$$B=\mu H \approx \mu_e \cdot \frac{NI}{l_c}=\frac{\mu_0\mu_r}{1+\dfrac{\mu_r l_g}{l_c}} \cdot \frac{NI}{l_c}=\frac{\mu_0 NI}{l_g+\dfrac{l_c}{\mu_r}} \tag{1.20}$$

磁心添加气隙后的性能有什么变化呢？我们可以观察磁心添加气隙前后相应的磁滞回线，如图 1.42 所示。

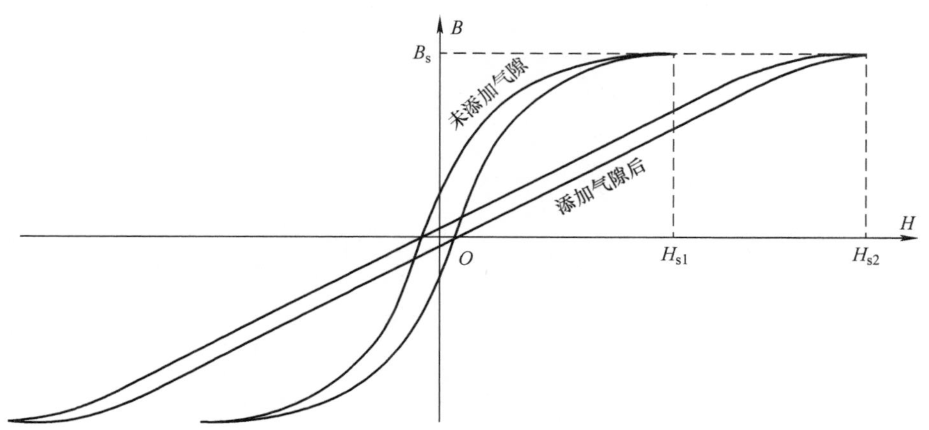

图 1.42　磁心添加气隙前后的磁滞回线

很明显，磁心添加气隙之后，其磁滞回线的倾斜度更缓了，从磁导率的角度来看，磁心呈现的磁导率更小了，这看起来不是好事（因为现阶段的我们基本还是认同：磁导率越高越好）。然而，从另外一个角度来看，添加气隙能够使磁心的磁导率更稳定。因为在添加气隙之前，磁心的磁导率虽然很大，但在整个磁化过程中呈现明显的非线性，这也就意味着，当励磁线圈产生变化磁动势后，磁心两端的磁压也会随之变化，但同样的磁场强度变化量产生的磁通变化量是不同的，这对于需要稳定产生磁场的应用场合可不是什么好事。但是在为磁心添加气隙后，同样的磁动势变化量引起的大部分磁压都施加在气隙两端（因为气隙的磁阻远大于高磁导率磁心），对磁心两端磁压的影响反而小得多，也就间接降低了磁动势对磁心材料的影响。换句话说，（添加气隙后的）磁心的磁导率更不容易受到外界因素（如磁场、温度等）的影响，其能量储存与释放过程也更稳定。

从图 1.42 中还可以观察到，对于同样的磁饱和感应强度 B_s，磁心添加气隙前的 H_{s1} 比添加气隙后的 H_{s2} 要小得多，为什么呢？因为磁动势产生的大部分磁压都施加在气隙两端，磁心材料两端的磁压却比较小（相应产生的磁感应强度也更小），这也就意味着，你可以在磁心材料饱和之前给磁路施加更大的磁动势（磁心材料本身的磁饱和感应强度不会因气隙的添加而改变），而磁动势可以衡量磁心材料储存能量的大小（后续还会详细讨论）。

1.8　简单的磁路分析

前面已经初步介绍了不少关于磁学与磁路的基础知识，本节通过一个简单磁路的分析过程来加深对相关概念的理解。假设某硅钢磁路结构与尺寸如图 1.43a 所示，硅钢的磁化曲线如图 1.43b 所示，求在磁路中获得$\Phi = 10\times10^{-4}$Wb所需的磁动势（长度标注单位：mm）。

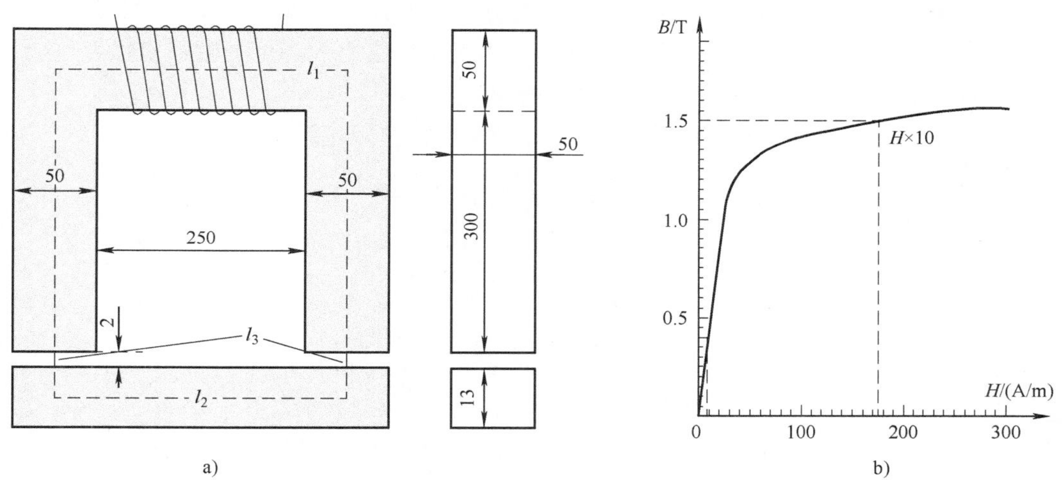

图 1.43　磁路结构尺寸及磁化曲线

a）结构与尺寸　b）磁化曲线

首先，根据磁路中磁阻的不同将其划分为不同段（分段求解）。该磁心由上侧 U 形磁心、下侧 I 形磁心以及中间的两段气隙（缺口）构成。由于上下两侧的磁心横截面积并不相同，所以将整个磁路分为三段计算其磁路长度与横截面积。为简化计算，此处将磁心中心线作为磁路长度计算的依据，即有

$$
\begin{aligned}
l_1 &= [(300+25)\times2+(250+50)]\text{mm}=950\text{mm}=0.95\text{m}\\
l_2 &= [13+(250+50)]\text{mm}=313\text{mm}=0.313\text{m}\\
l_3 &= 2\times2\text{mm}=4\text{mm}=0.004\text{m}\\
A_1 &= 50\times50\text{mm}^2=2500\text{mm}^2=25\times10^{-4}\text{m}^2\\
A_2 &= 13\times50\text{mm}^2=650\text{mm}^2=6.5\times10^{-4}\text{m}^2\\
A_3 &= A_1 = 25\times10^{-4}\text{m}^2
\end{aligned}
$$

其次，根据式（1.1）分别计算出各磁路段相应的磁感应强度，即有

$$B_1 = \frac{\Phi}{A_1} = \frac{10 \times 10^{-4}}{25 \times 10^{-4}} = 0.4\text{T}$$

$$B_2 = \frac{\Phi}{A_2} = \frac{10 \times 10^{-4}}{6.5 \times 10^{-4}} \approx 1.5\text{T}$$

$$B_3 = B_1 = 0.4\text{T}$$

实际磁场（磁力线）在磁心横截面的分布并不是均匀的，但为了简化分析过程，此处假定为均匀磁场，这也是测试磁化曲线的思路（即，先使用磁通计测试磁通，再根据已知横截面积计算磁感应强度）。同时也容易预料到，如果磁动势逐渐上升，磁路中磁导率最大且横截面积最小的磁路段（此处对应 I 形磁心）产生的磁感应强度也会最大，也就意味着，该磁路段将率先进入磁饱和状态。

接下来，根据图 1.43b 所示磁化曲线获得各段对应的磁感应强度，即有

$$H_1 \approx 80\text{A/m}$$

$$H_2 \approx 1740\text{A/m}$$

$$H_3 = \frac{B_3}{\mu_0} = \frac{0.4}{4\pi \times 10^{-7}}\text{A/m} \approx 3.2 \times 10^5\text{A/m}$$

最后，根据式（1.15）将所有磁路段的磁压求和，即可获得需要的磁动势，即有

$$\begin{aligned} F &= H_1 l_1 + H_2 l_2 + H_3 l_3 = (80 \times 0.95 + 1740 \times 0.313 + 3.2 \times 10^5 \times 0.004)(\text{AT}) \\ &= (76 + 544.62 + 1280)(\text{AT}) = 1900.62(\text{AT}) \end{aligned}$$

从计算数据可以看到，虽然气隙的磁路长度非常小（约占总磁路长度的 0.3%），但是其磁压反而占总磁动势的一半以上（约 67%），因为空气的磁导率远比硅钢要小得多（从电路的角度来看，硅钢与空气分别相当于小电阻与大电阻）。另外，如果励磁线圈的匝数已知，还可以根据式（1.12）求出相应所需的电流，此处不再赘述。

1.9　边缘磁通与泄漏磁通

在前面的简单磁路分析过程中，我们假定穿过气隙的横截面面积与相邻高磁导率磁心相同，但是根据磁路的基尔霍夫第一定律（电流定律），串联磁路中的磁通总是相等的，那么根据式（1.1），相应的磁感应强度也是一样的，这不就相当于在表达“气隙的磁导率与磁心相同”吗？因为只有两者聚集磁通的能力相同，才能够达成两者在（横截面面积相同时）磁感应强度方面的一致，对不对？然而，这肯定并不符合事实，问题出在哪里呢？

实际上，由于气隙的磁导率远低于磁心，所以磁心聚集的磁力线在经过气隙时会散开，然后再被气隙另一侧的磁心聚集起来。也就是说，在磁力线穿过气隙时，磁通对应的有效横截面面积增大了，相应的磁感应强度也会下降，前面磁路分析过程中只是为了简化而假定横截面面积相同。

我们通常将磁心中的磁通称为主磁通，而将分布在气隙周围的磁通称为边缘磁通（Fringing Flux）。边缘磁通的产生可以从“磁力线相互作用的角度”来看。前面已经提过，磁场总是有方向的，而相同磁路中的磁力线方向相同，所以产生了相互排斥的作用力。在高磁导率磁心中，这种排斥力被磁心聚集磁通的能力抵消了，然而一旦进入低磁导率的气隙中，磁力线就会因其本身的排斥力而散开，也就使得总磁通的有效横截面面积增加了，根据式（1.8）可知，气隙呈现的磁阻也下降了（相对于完全没有边缘磁通的理想气隙）。

磁路中的气隙长度不同，相应产生的边缘磁通大小也会不一样，如图 1.44 所示。

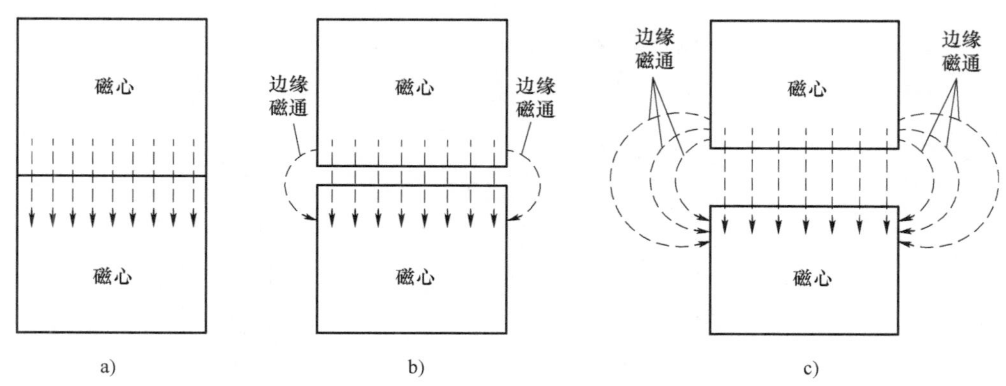

图 1.44　不同气隙长度对应的边缘磁通

a）很小的气隙　b）较小的气隙　c）较大的气隙

很明显，为磁心添加的气隙长度越大，相应产生的边缘磁通也越大，也就更容易影响气隙附近的线圈（或元件）。所以，在需要为磁心添加气隙时（尤其气隙长度比较大时），要特别注意避免在气隙周围放置金属类物件，因为交变磁场同样会在其中感应出涡流，继而导致一定的温升。当然，也要尽量避免在气隙附近放置铁磁类物件，因为添加气隙的目的就是为了增加磁阻，铁磁类物件对磁场而言属于低磁阻材料（相当于减小了本该比较大的气隙磁阻），也就更容易使磁心进入磁饱和状态，继而引发工作异常。

另外，在为磁心添加气隙时，还要考虑不同方案引起的边缘磁通对性能产生的影响。以 EE 形磁心为例，励磁线圈通常缠绕在中心柱（**假定磁路气隙长度需求一定**）。图 1.39d 在 3 个磁心柱上添加气隙，因为左右两个磁路都添加了两个气隙，所以减小了单个气隙的长度，每个气隙产生的边缘磁通也相对较小，但是，如果边缘磁通没有屏蔽措施，很可能会产生比较大的电磁干扰。图 1.39e 所示仅在中心柱上添加气隙的方案会使气隙长度更大，所以产生的边缘磁通也更大，而线圈本身也是导体，变化磁通会在导体上产生相对更大的涡流损耗。当然，这种方案能够大幅降低可能的电磁干扰，这主要是由于励磁线圈本身能够强迫边缘磁通回到磁心。线圈越紧密绕制在磁心上，相应的边缘磁通也会越小，但是线圈的能量损耗也会越大，如图 1.45 所示。图 1.39f 所示添加气隙的方案能够适当平衡前两种添加气隙方案带来的优点，但是磁心需要特殊加工，成本相对会高一些。

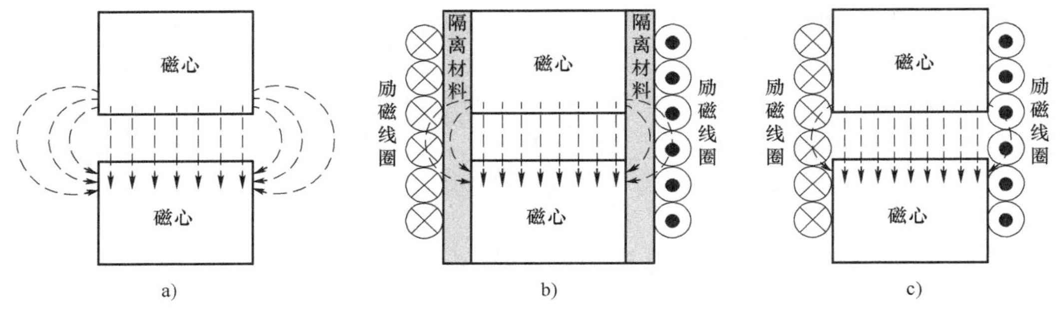

图 1.45　不同绕线方案对应的边缘磁通

a）气隙处没有励磁线圈　b）气隙处通过隔离材料绕制了励磁线圈　c）气隙处直接绕制了励磁线圈

值得一提的是，电路中导体（或元件）的电导率非常高（与电路周围绝缘材料的电导率比值可达 10^{12}），因此电流被限定在导体（或元件）内。然而，磁路中的磁心与其周围介质（典型介质就是空气）的磁导率比值却远小得多（从磁路的角度来看，相对磁导率能达到数千就可以认为是高磁导率），所以尽管磁心的磁导率通常比较高，即便并未添加气隙，高磁导率磁心仍然或多或少存在边缘磁通，它们会从磁心中发散出来，通过外部空气再回到磁心，如图 1.46 所示。

图 1.46　未添加气隙的磁心产生的边缘磁通

除边缘磁通外，泄漏磁通（Leakage Flux）也很常见，其定义为在磁路中不遵循特定预期磁路的磁通，简称为“漏磁”。励磁线圈周围通常就存在漏磁，如图 1.47 所示。

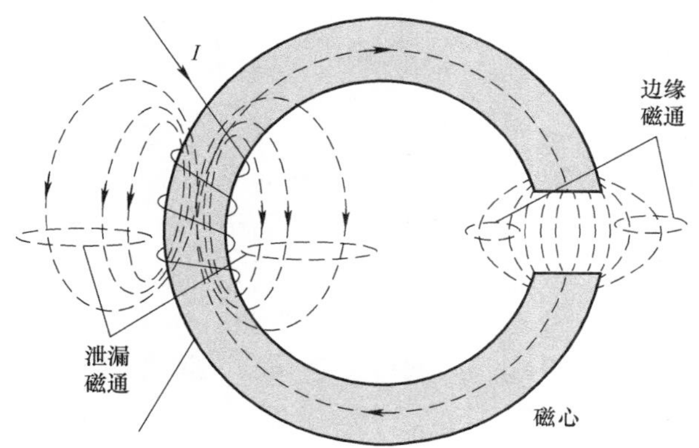

图 1.47　泄漏磁通与边缘磁通

漏磁会倾向于寻找“从线圈一侧回到另一侧的”最短路径，也就相当于将（预定义的）磁心磁路旁路了，所以也称为旁路磁通（Bypass Flux）。由于其与主磁通是并联关系，如果漏磁能够避免绕过更长的磁心磁路，也就减小了磁路的总磁阻，继而提升了磁心表现的磁导率。

在实践应用中，线圈的绕制方式会直接影响漏磁的大小，图 1.48a 所示为整周均匀绕线方案，磁环产生的漏磁会跟随线圈的路径环绕整个磁环，也就意味着其磁路会更长；图 1.48b 所示为大半周绕线方案，其中一部分漏磁会直接跨过磁路更长的磁环而直接回到线圈另一侧，这使得磁心表现的磁导率相对更高一些；图 1.48c 所示为小半周绕线方案，这种方案产生的漏磁就更严重了。

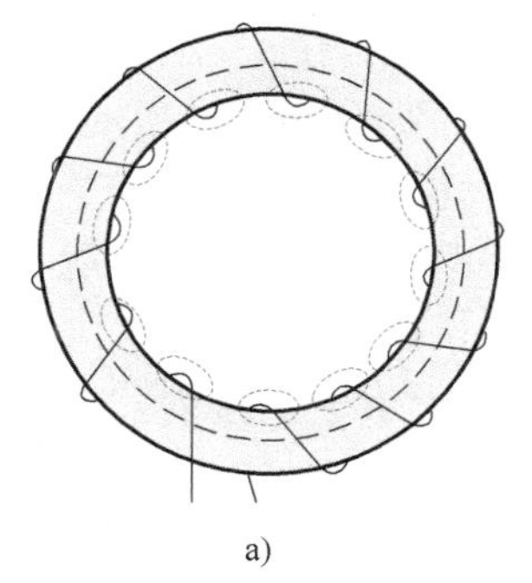

a)

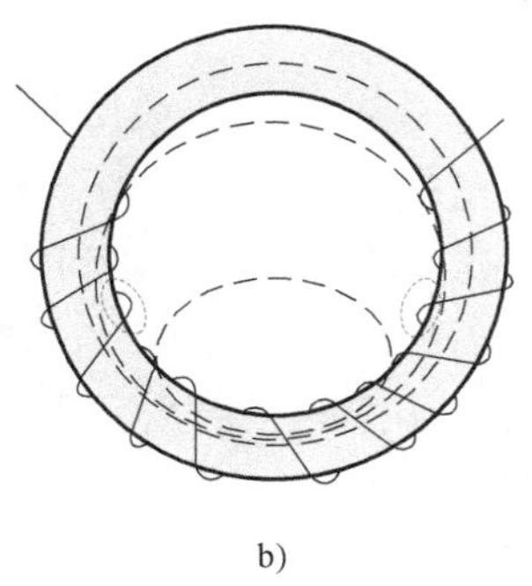

b)

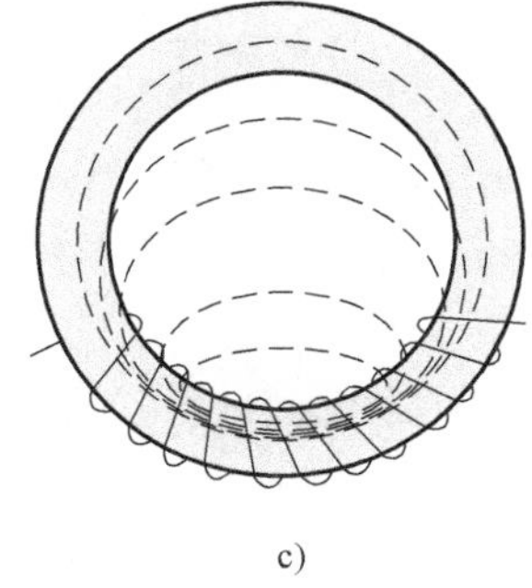

c)

图 1.48　不同绕线方案的泄漏磁通

a）整周均匀绕线　b）大半周绕线　c）小半周绕线

1.10 趋肤效应

磁性元件通常至少包含磁心与线圈两个部件，它们都会损耗一定的能量。1.4 节仅讨论了磁心的损耗（铁损），其仅在交变磁场中才存在（直流应用中不需要考虑，如电磁继电器）。然而，线圈流过电流（无论直流或交流）也会存在一定的能量损耗，通常统称其为铜损（Copper Loss），并使用符号 P_{Cu} 表示。铜损的来源之一便是线圈呈现的直流电阻，从式（1.7）可以看到，线圈越细越长，其呈现的电阻就越大，在电流相同条件下消耗的能量也会更大。

需要注意的是，线圈的铜损随流过电流的增大而增加，并以热量的形式表现出来，在线圈散热能力不够的情况下会导致过高的温升（ΔT），继而影响元件的工作稳定性，严重时还会烧毁线圈。温升是磁性元件正常工作的重要指标，我们总是需要将其控制在一定的范围。换句话说，对于散热条件与规格已定的导体，其能够流过的电流大小是有限的。

为了衡量导体能够流过电流的大小，我们引入电流密度（Current Density）的概念，并使用符号 J 表示，其定义为每单位时间通过“选定横截面的单位面积”的电荷量。由于“单位时间内通过导体横截面的电荷量”就是电流量，所以电流密度就是通过导体单位横截面面积的电流量，可表达为式（1.21）。

$$J = \frac{I}{A} \tag{1.21}$$

式中，I 表示电流的大小，其国际单位为安培（A）；A 表示电流通过的横截面面积，其国际单位为平方米（m^2），所以电流密度的国际单位是安培每平方米（$\mathrm{A/m}^2$）。很明显，在电流相同的条件下，横截面面积越小，电流密度就会越大。我们在工作或生活中通常会有类似“导体太细了可能会被烧掉，换个更粗的导体（或多根细导体并联）”的操作，其目的就是为了提升导体的横截面面积以降低电流密度。

当线圈中仅通过恒定电流时，导体的全部横截面都会用来传输电荷，从宏观上可以认为电流均匀分布在整个横截面，所以电流密度的计算比较简单。当然，你也可以根据已知电流大小与电流密度反推出所需圆导体的直径 D，见式（1.22）：

$$J = \frac{I}{A} = \frac{I}{\pi (D/2)^2} \rightarrow D = 2\sqrt{\frac{I}{\pi \times J}} \tag{1.22}$$

当线圈中通过交变电流时，情况会变得复杂起来，因为电荷会随着频率上升而出现“往导线表面附近集中”的趋势，我们称之为趋肤效应（Skin Effect），此时导体表面通过的电荷量比内部更多，相应的电流密度也更大，如图 1.49 所示。

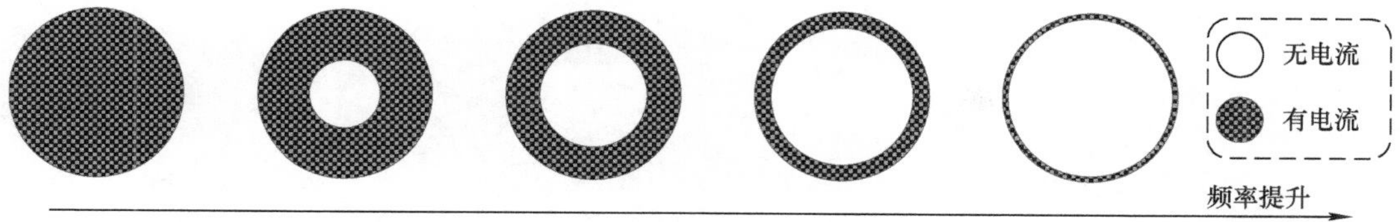

图 1.49　圆形导体横截面面积的趋肤效应

趋肤效应是由于交变磁场在导体中产生的涡流所引起，当交变电流（以下简称“原电流”）通过导体时，其在导体内会产生垂直于原电流方向的交变磁场，继而在导体内沿长度方向产生涡流，如图 1.50 所示（图中仅以两个涡流 ABCD 与 EFGH 为例，前者方向为逆时针，后者方向为顺时针）。很明显，靠近导体中心处的涡流方向（B-C 与 E-F）与原电流相反，也就意味着原电流被涡流抵消了，而靠近导体表面的涡流方向（D-A 与 G-H）与原电流相同，原电流反而被涡流加强了。换句话说，原电流被强迫流向导体表面，电荷因此在导体表面“堆积”而呈现更大的电流密度。

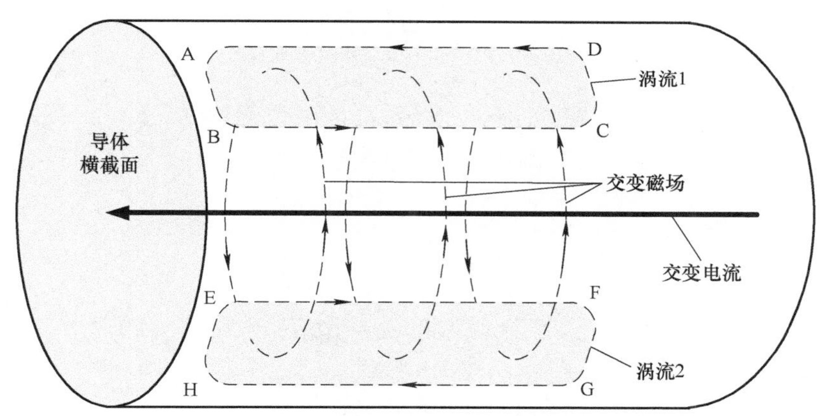

图 1.50　趋肤效应的产生原理

也就是说，在趋肤效应的影响下，导体整个横截面并不全是有效的交变电流通道，越靠近中心的横截面越不容易传导电荷（电阻更大）。交变电流的频率越高，导体内部没有电荷经过的横截面也会越大，交变电流通道也会越小（从导体中心到表面的电流密度越来越大）。换句话说，导体内部对交变电流的阻碍作用比表面更大，也就意味着此时导体呈现的交流电阻大于直流电阻。

工程上将“电流密度下降到导体表面电流密度的 37%（即 $1/e$）处”到“导体表面”的距离定义为趋肤深度，并使用符号 δ 表示。假设某圆形导体的直径为 D，其内部直径为 d 的圆形横截面完全不流过电流（将其挖空不会影响交变电流的传输），则相应的趋肤深度为（$D-d$）/2，如图 1.51 所示。

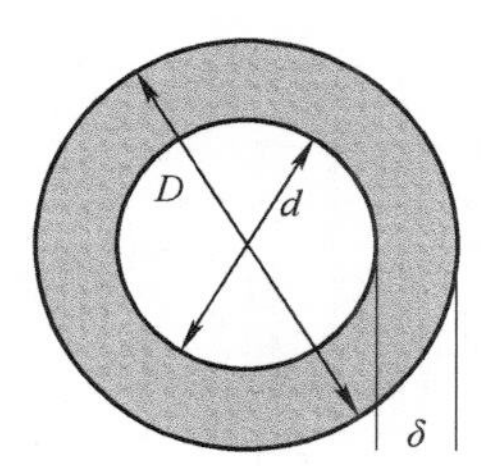

图 1.51　趋肤深度

趋肤深度主要与交变电流的频率 f 以及导体物理性质有关，可用式（1.23）表示：

$$\varepsilon=\sqrt{\frac{2k\rho}{\omega\mu}}=\sqrt{\frac{k\rho}{\pi f\mu}} \tag{1.23}$$

式中，ω 为交变电流的角频率（$\omega=2\pi f$）；μ 为导体的磁导率；ρ 为导体的电阻率；k 为导体电阻率的温度系数。常用的线圈材料是铜，其磁导率可视为与空气相同，其值为 $4\pi\times10^{-7}$H/m。在温度为 20℃时，铜的电阻率约为 $1.724\times10^{-8}\Omega\cdot m$，而其温度系数可用式（1.24）估算（以 20℃为参考）：

$$k=1+\frac{T-20}{234.5} \tag{1.24}$$

式中，T 为导体温度（单位：℃）。将 20℃与 100℃分别代入式（1.24）中，即可计算出相应的 k 值分别为 1 与 1.34。同样将已知数据代入式（1.23）中，即可得 20℃时铜材料的趋肤深度计算公式如下：

$$\delta=\frac{6.61}{\sqrt{f}} \tag{1.25}$$

式中，当频率的单位为赫兹（Hz）时，趋肤深度的单位为厘米（cm）。线圈温度越高，趋肤深度也会有所增加，100℃时铜材料的趋肤深度计算公式如下：

$$\delta=\frac{7.65}{\sqrt{f}} \tag{1.26}$$

表 1.2 为在不同频率下（温度分别为 20℃与 100℃时）计算的铜导体趋肤深度值（单位：cm），仅供参考。

表 1.2　不同频率和不同温度下的铜导体趋肤深度值　　（单位：cm）

温度 /℃	频率 /kHz					
	25	50	100	150	200	500
20	0.041805311	0.02960819	0.020902655	0.017066947	0.014780409	0.009347952
100	0.048382848	0.03421184	0.024191424	0.019752215	0.01710592	0.010818734
温度 /℃	频率 /MHz					
	1	10	100	1000	5000	10000
20	0.00661	0.002090266	0.000661	0.000209027	0.000093479	0.0000661
100	0.00765	0.002419142	0.000765	0.000241914	0.000108187	0.0000765

趋肤效应的存在使得通过导体的交变电流的有效横截面面积减小，可以选择比原来所需横截面面积（纯直流时）更大的导体以降低电流密度，但是这样一来，靠中心的那部分导体没有被充分利用（浪费了），所以也可以选择"半径恰好等于趋肤深度"的导体，此时导体呈现的交流电阻近似为直流电阻。换句话说，当所有横截面恰好都

用来传导交变电流时，所需导体的直径 d 可表达为式（1.27）：

$$d = 2\delta \tag{1.27}$$

举个简单的例子，假设温度为 20℃，工作频率为 100kHz，根据式（1.25）可得

$$\delta = \frac{6.61}{\sqrt{100000}}\text{cm} \approx 0.0209\text{cm}$$

根据式（1.27）可得，导体交直流电阻比为 1 时的直径为

$$d = 2\delta = 0.0418\text{cm}$$

根据圆面积计算公式，也可得到所需导线的横截面面积为

$$A = \pi \cdot \delta^2 \approx 3.14 \times 0.0209^2\text{cm}^2 \approx 0.00137\text{cm}^2$$

当然，根据式（1.27）选择导体规格是不考虑电流密度大小的，这也就意味着，如果导线载流过大，其电流密度很可能超过上限值，此时可以采用多股细小且绝缘良好的单线并联绕制而成，利兹线（Litz Wire，源于“编织线”的德语单语“Litzendraht”，）就是由多股细线绕制而成，如图 1.52 所示。

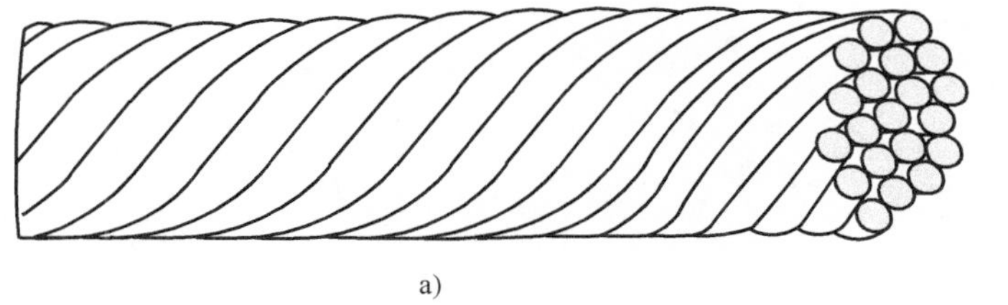

a)

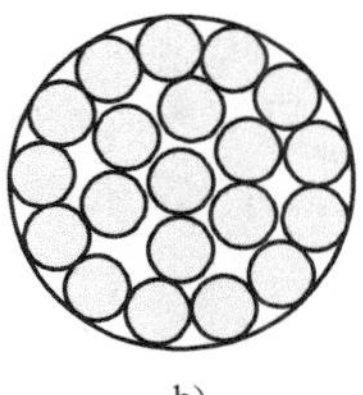

b)

图 1.52　利兹线

a）侧面　b）横截面

多股细线并联代替单根导线所需要做的工作便是计算细线的股数 N。假设原来规格的单根导线（其直径为 D）流过恒定电流，并且相应的电流密度是符合要求的，而用来代替的细线直径符合式（1.27），那么所需多股细线（其直径为 2δ）的横截面面积之和也应该不小于原来单根导线（其直径为 D）的横截面面积，而股数应该为“原来规格单根导线的横截面面积”与“单股细线的横截面面积”的比值，可用式（1.28）表达：

$$N = \frac{\pi(D/2)^2}{\pi\delta^2} = \frac{1}{4}\left(\frac{D}{\delta}\right)^2 \tag{1.28}$$

同样使用前述示例的工作条件。假设电流大小为 10A，电流密度为 5A/mm^2，如果使用原来的单根导线，根据式（1.22）计算出所需导线的直径为

$$D \approx 2\sqrt{\frac{10}{3.14 \times 5}}\text{cm} \approx 0.16\text{cm}$$

根据式（1.28）可得单股细线的股数为

$$N = \frac{1}{4}\left(\frac{0.16}{0.0209}\right)^2 \approx 14.7$$

将计算所得值向上取整数，则有 $N = 15$。

当然，也可以使用扁状导体代替圆导体，厚度减小就能够使中心无效的导体横截面更小（节省材料）。特殊情况下（如微波频段）还可以使用铜管或铝管等，此处不再赘述。

在很多应用场合下，线圈流过的电流可能同时包含直流与交流两个成分，可以近似认为直流分布于导线中心附近，交流则分布于导线表面附近，此时应该努力使趋肤效应面积的电流密度不大于直流面积的电流密度。

最后提一下，虽然电流密度过大会导致过高的温升，但温升最终多大还与散热条件有关（在电流密度相同的情况下，不同散热方式导致的温升也不同）。也就是说，温升才是磁性元件应用与设计时最终关注的指标，电流密度只是一种设计手段，其与温升并不是固定的关系。一般设计磁性元件时都是根据经验确定某个参考电流密度（作为已知条件），如果设计结果经过验证后不符合需求，则需要再重新设定与验证，依此循环，也就是所谓的“迭代设计”。

1.11　邻近效应

趋肤效应是交变电流在导体自身产生的涡流对自身电荷分布的影响，如果导体产生的涡流是由附近另一个导体所引起的，其同样也会导致导体内的电荷分布发生变化，这种现象称为邻近效应（Proximity Effect）。假设两根平行且靠近的圆导体（1 与 2）中流过大小相同、方向相反的交变电流，它们都会产生交变磁场并产生涡流。导体 1 产生的交变磁场在导体 2 中产生的涡流如图 1.53a 所示，其左侧（靠近导体 1 的 A-D）方向与流过导体 2 的原电流相同，而右侧（远离导体 1 的 C-B）方向与原电流相反，这也就意味着，导体 2 中的电荷存在往左侧聚集的趋势。同样的道理，导体 2 产生的交变磁场在导体 1 中产生的涡流如图 1.53b 所示，其右侧（靠近导体 2 的 G-F）方向与流过导体 1 的原电流相同，而左侧（远离导体 2 的 E-H）方向与原电流相反，所以导体 1 中的电荷存在往右侧聚集的趋势。也就是说，两根导体中的电荷都会往“两导体靠近的方向”聚集，从而影响了电荷分布（电流密度）。当然，如果两根导体中流过的交变电流方向相同，则两根导体的电荷都会往远离“两导体靠近的方向”聚集。

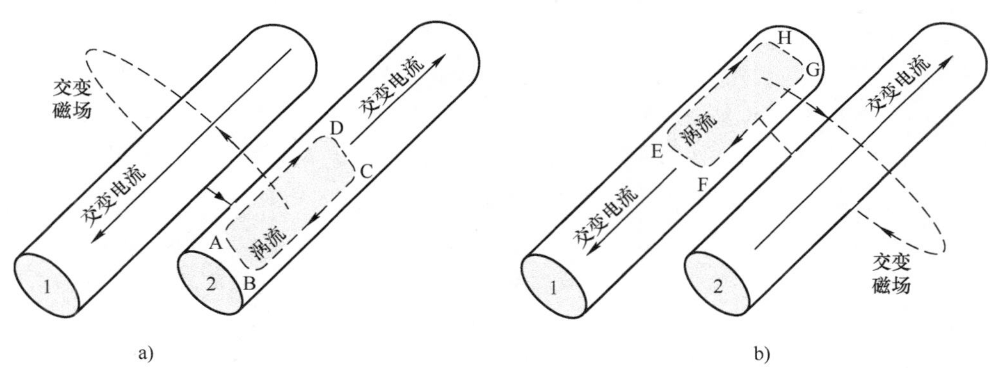

图 1.53　邻近效应的产生原理

a）导体 1 产生的交变磁场对导体 2 的影响　b）导体 2 产生的交变磁场对导体 1 的影响

邻近效应产生的涡流大小随绕线层数增加呈指数增加，因为每一根导体会受到大量相邻导体产生叠加交变磁场的影响，所以在高频应用中，多层绕制线圈产生的邻近效应危害比趋肤效应更大。

第 2 章　磁性元件基础

第 1 章已经初步探讨一些磁学基础知识，但由于其本身的理论性比较强，试图直接利用其有效指导实际工程应用并不太容易，因此，需要进一步详细阐述电路系统中的经典磁学应用，这对于理解磁学基础知识也会有一定的帮助。

任何一个电路系统都可以分解为“仅完成某个单一功能的”基础元件（也更容易为人们所理解与应用），磁性元件也是其中一部分。不同磁性元件的工作原理或具体应用电路或许会有所不同，但是其设计的根本目标仍然还是管理（或储存，或转换，或传输，或消耗）磁能。当然，由于磁能管理的侧重点不尽相同，物理层面的实现也需要借助不同的磁心材料与结构，相应也就诞生了不同的磁性元件，本章主要讨论几种结构比较简单且应用广泛的基础磁性元件（电感器、磁珠、共模扼流圈、变压器），它们也是磁学最经典的应用。

虽然磁能管理是磁性元件设计的主要目标，但是在实际制造过程中，磁性元件都不会是理想的，或多或少存在一些可能影响其正常使用的极限参数或占用过多已有资源，在特定条件下，它们甚至会破坏磁能管理本来的意图，继而使磁性元件处于失效状态。例如，电感器可以用来储存或转换能量，但是电流过大就可能使磁心饱和，线圈之间呈现的过大寄生电容可能降低应用频率，线圈呈现的过大直流电阻可能影响能量的转换效率，温度过高则可能使电感器失效，体积过大则不适宜空间窄小的场合，成本过高则不适合以出货量为目标的产品等。也就是说，对磁性元件的深刻认识不仅涉及磁能，还与电路拓扑、效率、质量、温度、体积、成本等多方面的因素相关。在实际应用时，磁性元件的选型考量总是多方面折中的过程，因为任何磁性元件都不可能（也没有必要）实现“所有指标都是最佳”这一理想目标，而应该根据需求重点关注某方面的指标，其他非重点指标只要不超出允许值（不影响磁能管理目标）即可。

磁性元件的合理选型必然离不开对相关指标的深刻理解，由于适用的场合不同，不同磁性元件的设计目标从一开始就存在差异，而数据手册就是全面理解磁性元件指标较好的文档，因为其是厂商提供给客户用来参考的设计资源，通常情况下已经包含最重要的部分（至少对于应用是如此）。值得一提的是，本章所述磁性元件选型相关指标均以标准成品为例，自行绕制的磁性元件则是另一个更复杂的话题，有机会将在其他系列图书中再详细讨论。

另外，本书虽然将“磁性元件基础”安排在“磁学基础”之后（其他同类图书基本也是如此），但是实际上，这两个话题之间还存在关于“磁能管理机制”的关键枢纽，这是第 4 章将要讨论的内容，也是同类图书少有涉及但却是全书最重要的内容。当然，你也可以尝试在本章阅读过程中洞察“磁能管理机制”的奥秘，如果能够做到“使用某种核心思想理解各种磁性元件的磁能管理本质”，说明构建的磁学体系已经相对完整，这对于透彻理解磁性元件应用与设计也有着非凡的意义。

2.1　电感器基础知识

电感器（Inductor）与电阻器、电容器被业界并称为三大基础无源（Passive）元件，虽然其在电子产品中的使用场合与数量远不及后两者，但在诸如开关电源、无线射频等特殊领域却不可或缺。在电路原理图设计过程中，电感器通常使用字母“L”作为文字符号，其常用电路符号如图 2.1 所示。其中，L_1 表示通用固定电感器；L_2 表示带抽头（Tap）固定电感器；L_3 表示固定磁心电感器；L_4 表示可调磁心电感器。

图 2.1　电感器常用电路符号

电感器是一种可以将电能转化为磁能储存起来的元件，其基本组成部分是线圈。电流通过线圈就会产生一定的磁通，如果流过其中的电流发生变化，磁通也会产生相应的变化，继而使线圈本身产生感应电动势以阻碍电流发生变化，这就是电感器最基本的特性。

一根直导体就是最简单的电感器，但是其产生磁通的效率实在太低了，所以通常会将导体多绕几匝（圈），这样多匝线圈产生的磁通叠加就能够提升磁感应强度。为了更方便地绕制电感器，一般会使用圆柱体（或类圆柱体）的隔离材料作为物理支撑，常见环形螺旋电感器的基本结构如图 2.2 所示。

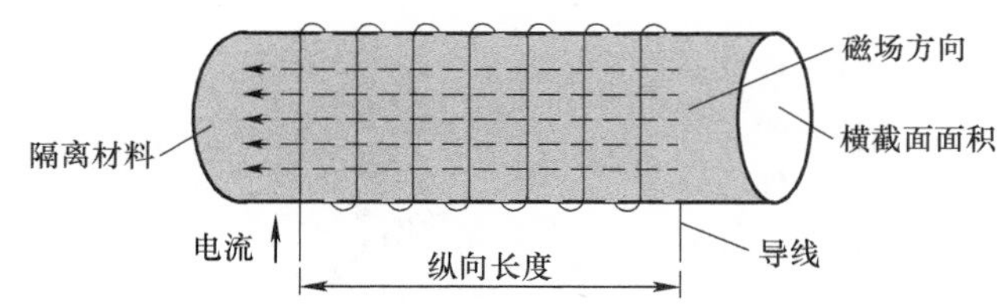

图 2.2　常见环形螺旋电感器的基本结构

理想环形螺旋电感器聚集的磁力线可认为都集中在线圈内部，已知线圈匝数 N、纵向长度 l，当线圈中流过电流 I 时，线圈内部的磁场强度 H 可近似由式（1.16）获得（假设线圈内部磁场强度均匀）。

第 1 章已经提过，流过电流的每一匝线圈都会产生一定的磁通，称为自感磁通，并使用符号 Φ_L 表示，而 N 匝线圈产生的磁通则称为自感磁链，使用符号 Ψ_L 表示。同样大小的电流通过结构不同的线圈时，相应产生的自感磁链也不尽相同。为了衡量线圈产生自感磁链的能力，我们将“线圈产生的自感磁链”与“流过线圈的电流”的比值定义为自感系数，也就是常说的电感（Inductance）或电感量，并使用符号 L 表示，

即有

$$L = \frac{\Psi_L}{I} \tag{2.1}$$

结合式（1.1）、式（1.2）、式（1.5）、式（1.16）、式（2.1），即可近似推导出环形螺旋电感器的电感量表达式如下：

$$L = \frac{\Psi_L}{I} = \frac{N\Phi_L}{I} = \frac{NBA}{I} = \frac{N\mu HA}{I} = \frac{N\mu A}{I}\frac{NI}{l} = \mu\frac{N^2 A}{l} \tag{2.2}$$

式中，A 表示线圈的横截面面积（单位：m^2）；N 表示线圈的匝数；l 表示整个线圈的纵向长度（单位：m）；μ 表示磁心的磁导率（对于空心线圈即为空气的磁导率）；电感量 L 的国际单位为亨利（H），简称“亨”。

“亨”是一个相对较大的单位，实际使用起来不是很方便（就像老百姓很少论“吨”去买菜一样），所以工程应用中常采用诸如毫亨（mH）、微亨（μH）、纳亨（nH）等较小的单位，它们之间的换算关系如下：

1 亨（H）= 10^3 毫亨（mH）= 10^6 微亨（μH）=10^9 纳亨（nH）

从式（2.2）可以看出，如果想提升电感器的电感量，可以增加线圈的横截面面积或匝数，或者提升磁心的磁导率（插入高磁导率磁心），也可以减小电感器的纵向长度，如图 2.3 所示。需要提醒的是，在实际应用中，磁心呈现的磁导率并不是越大越好，因为相对于低磁导率磁心而言，高磁导率磁心通常对磁场、温度等因素更敏感，而电感器的稳定性也是电路设计过程中需要考量的重要因素。

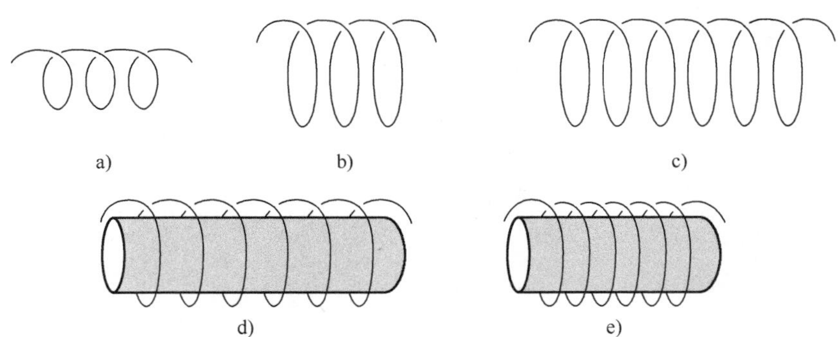

图 2.3　提升电感量的几种方法

a）原始线圈　b）增加横截面面积后的线圈　c）增加匝数后的线圈
d）加入磁心后的线圈　e）纵向长度减小后的线圈

值得一提的是，本质上，**磁场能量相对集中之处就可以等效为一个电感器**（相似地，电场能量相对集中之处就可以等效为一个电容器），所以电感器未必一定由线圈构成。例如，在射频（Radio Frequency，RF）或微波（Microwave，MW）频段应用电路中（“频段”是指一个连续的频率范围，RF 频段通常为 300kHz ~ 300GHz，其中的高频段 300MHz ~ 300GHz 则定义为 MW 频段），由于信号的波长很短，波的传导已经成为主流，通过对波的磁场分量引入一个障碍物（如膜片）使磁力线变形或压缩（从而导致磁场能量相对集中），就可以获得一个电感器。当然，你只需要了解一下即可，本书主要讨论由线圈构成的电感器，其也是更容易看得见、摸得着且广泛应用的形式。

电感器的电感量越大，阻碍流过其中电流变化的能力越强，这是由于变化电流 ΔI 产生了变化的自感磁链 $\Delta\Psi_L$，继而在电感器两端产生自感电动势，而该电动势总是试图阻碍流过其中电流的变化。实践证明，自感电动势的大小与电流的变化率成正比。

如图 2.4 所示，当流过电感器的电流增大时，为阻碍回路中电流的增加趋势，电感器两端会感应出极性为“左正右负”的电动势（如果将其看作一个电压源，其在回路中的方向恰好与供电电源 E 的方向相反，也就能够起到削弱回路电流原本将要增加的趋势）。相反，当流过电感器的电流减小时，同样为了阻碍回路电流的减小趋势，电感器两端的感应电动势极性为“左负右正”。需要注意的是：**两种情况下的电流方向总是相同，只不过电流变化趋势不同而已**。

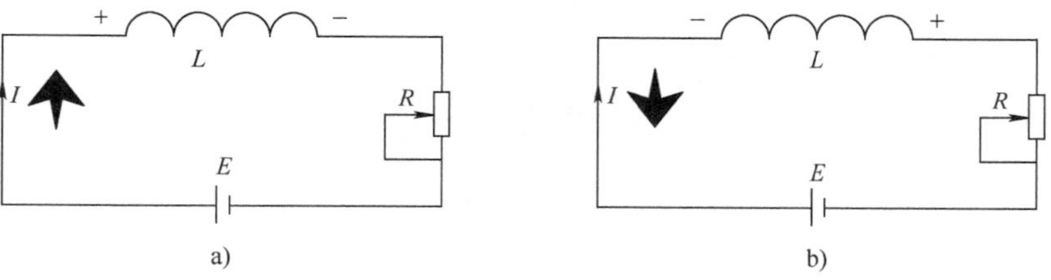

图 2.4 电流变化趋势与自感电动势方向之间的关系

a）电流增大时 b）电流减小时

电感器对变化电流的阻碍作用称为感抗（Inductive Reactance），通常使用符号 X_L 表示。如果在电感器两端施加正弦交流电压源，则流过其中的电流波形为正弦波，那么电感器呈现的感抗与其电感量 L 及正弦波频率 f 成正比，见式（2.3）：

$$X_L = \omega L = 2\pi f L \tag{2.3}$$

式中，X_L、ω、f、L 的国际单位分别为欧姆（Ω）、弧度每秒（rad/s）、赫兹（Hz）、亨利（H）。例如，对于电感量为 100mH 的电感器，当交流电的频率分别为 50Hz 与 1kHz 时，相应的感抗分别约为 31.4Ω 与 628Ω。直流电的频率为 0，电感器对其呈现的感抗为 0。

顺便提一下，容抗（Capacitive Reactance）是电容器对交流电的阻碍作用，通常使用符号 X_C 表示，相应有

$$X_C = \frac{1}{\omega C} = \frac{1}{2\pi f C}$$

容抗与感抗合称为电抗（Reactance），通常使用符号 X 表示。阻抗（Electrical Impedance）是电路中电阻器、电感器、电容器对变化电流呈现阻碍作用的统称，通常使用

符号 Z 表示。

另外，式（2.3）仅包含大小信息，如果还需要相位信息，则可以使用复数表达。对于理想电感器而言，其两端的电压超前电流 90°，使用复数可表达如下：

$$X_{\mathrm{L}} = \mathrm{j}\omega L$$

对于理想电容器而言，其两端的电压滞后电流 90°，使用复数可表达如下：

$$X_{\mathrm{C}} = \frac{1}{\mathrm{j}\omega C} = -\mathrm{j}\frac{1}{\omega C}$$

复数表达的阻抗也称为复阻抗，其包含电阻、感抗与容抗，则有

$$Z = R + \mathrm{j}X = R + \mathrm{j}\left(\omega L - \frac{1}{\omega C}\right)$$

复数与复阻抗的概念只需要了解即可，本书仅在少数地方简单提及，详情可参考《三极管应用分析精粹：从单管放大到模拟集成电路设计（基础篇）》，此处不再赘述。

电感器储存的能量 W 与流过其中的电流及电感量有关，可用式（2.4）表达：

$$W = \frac{1}{2}LI^2 \tag{2.4}$$

式（2.4）说明，电感器储存的能量随电感量与电流存在，两者缺一不可。在电感器中建立磁场需要储存能量，这是由施加外部电流的操作实现。相反，使磁场消失则需要将能量释放，这是由撤销外部电流的操作实现。但是前面已经提过，电感器有阻碍电流变化的能力，所以能量的完全储存或释放都需要一定的时间（不可能在瞬间完成）。也就是说，流过电感器的电流不能突变，这与“电容器两端的电压不能突变”的道理是相通的。

2.2　从数据手册认识电感器

根据不同的应用场合，电感器总体可划分为“功率处理”与“信号处理”两大类，相应的电感器也称为“功率电感器”与“信号电感器”。功率电感器主要用于对储能量要求较高的场合（如电源系统），从式（2.4）可知，其通常对电感量及承受电流的要求较大，相应的体积自然也较大，但工作频率不会太高（一般最高约为 MHz）。信号电感器则恰好相反，其对储能量要求相对较低，相应的电感量及承受电流相对较小，体积也相对更小，但工作频率可能会非常高，广泛应用于信号滤波、匹配、调谐等等场合（如调幅广播、业余无线电、智能手机、卫星通信、雷达等）。由于信号电感器在整个 RF 频段都有其应用场景，也因此称为 RF 电感器，有时也称为高频电感器，因为从实用的角度来讲，“射频”一词更侧重高频（有时甚至是“高频”的代名词）。

由于应用领域不同，功率电感器与信号电感器在制造时侧重的电气参数也会有所差异。实际生产厂商通常把同一类型的电感器汇集在同一份数据手册中描述，表 2.1 为某系列功率电感器的主要电气参数。

表 2.1　某系列功率电感器的主要电气参数

100kHz，0A 时的电感量 /μH	25℃时的直流电阻 /mΩ	温升电流 /A	饱和电流 /A	自谐振频率 /MHz
0.10	7.03	11.62	11.86	436
0.15	9.12	10.36	9.12	327
0.22	11.15	8.79	6.56	234
0.33	15.39	6.51	5.27	166
0.47	23.28	5.89	5.06	137
0.68	34.82	4.59	4.12	112
0.82	43.12	4.35	3.98	97
1.0	46.36	4.09	3.87	88
1.2	54.47	3.95	3.64	83

首先必须重点提醒的是，**对于厂商数据手册给出的任何电气参数，一定要注意相应的测试条件，这对于电路系统中所有元件的选型都是适用的，也是初级工程师容易忽视的地方。这也就意味着，如果实际应用条件与厂商给出的测试条件不一致，元件某方面的性能很有可能与数据手册有所出入，甚至大相径庭。**

厂商数据手册中给出的标称电感量通常是在纯交流（无直流）成分的条件下测量得到的，而关注电感量的测试频率也非常重要，因为电感量会随着测试频率的变化而变化，图 2.5 给出了某功率电感器与信号电感器的电感量随频率变化的曲线（仅供参考）。

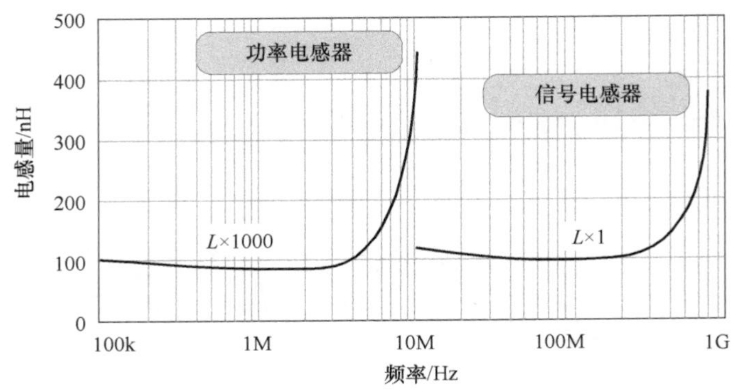

图 2.5　电感量随频率变化的曲线

不同厂商、不同类型电感器的测试频率也会有所不同，这与其侧重的应用频率范围有关。例如，功率电感器的测试频率通常会比信号电感器低得多。表 2.1 所示功率电感器的电感量是在频率为 100kHz 的纯交流（数据手册中的“0A”表示直流成分为 0）条件下测量得到的。

电感器在厂家批量制造的时候，不可能所有电感量都是精确相等的，而是存在一个电感量偏差范围，我们称其为**电感偏差（Inductance Tolerance）**，通常使用百分比表示，也可以使用字母代号表示，相应的定义在标准文件 IEC 61605《电子和通信设备用固定电感器 - 标志代码》（*Fixed inductors for use in electronic and telecommunication equipment-Marking codes*）中，见表 2.2。

表 2.2　电感偏差的字母代号

允许偏差	代号	允许偏差	代号	允许偏差	代号
± 0.05nH	W	± 1%	F	± 10%	K
± 0.1nH	B	± 2%	G	± 15%	L
± 0.2nH	C	± 3%	H	± 20%	M
± 0.3nH	S	± 5%	J	± 30%	N
± 0.5nH	D	—	—	—	—

例如，对于电感量为 100μH、允许偏差为 ± 10% 的电感器，其测试电感量在 90 ~ 110μH 都是符合要求的。但是请特别注意：**电感器的字母代号（W、B、C、S、D）的含义与电阻器（电容器）并不相同**，后者字母代号定义在另一个标准文件中，详情可参考《电容应用分析精粹：从充放电到高速 PCB 设计》。

与电容器存在额定工作电压相似，电感器也有对应的额定工作电流（Rated Current），有所不同的是，功率电感器的额定工作电流通常包含饱和电流（Saturation Current，I_{sat}）与温升电流（Heat Rating Current，I_{dc}）两个参数。什么是饱和电流呢？刚刚已经提过，厂商给出的标称电感量通常是在纯交流的条件下测量得到的，因为直流成分会影响电感量（施加直流就相当于施加了磁化场，而材料磁导率与磁化场相关）。通常流过电感器的直流成分越大，相应的电感量也就会越小，饱和电流就是当电感量下降到一定程度时（不同厂商的测试标准不同，常用 10% ~ 30%）对应的直流值。温升电流又是什么呢？线圈都存在一定的直流电阻（Directive Current Resistance，DCR），表 2.1 中给出了 25℃时测量得到的线圈 *DCR*，它们都不为 0，所以电流通过线圈时必然会消耗一定的功率，产生热量可能会导致一定的温升。电流越大则温升也越高，而温升电流通常就是以某个温升值（40℃较常用）作为测试条件。

简单地说，饱和电流与温升电流都是最大允许直流，只不过前者的确定依据是电感量的变化，后者则是温升的变化。有些厂商还会给出不同直流偏置下对应电感量与温升的变化曲线，如图 2.6 所示（A 点对应的温升为 40℃，此时直流电流稍大于 10A，电感量约为 0.4μH）。

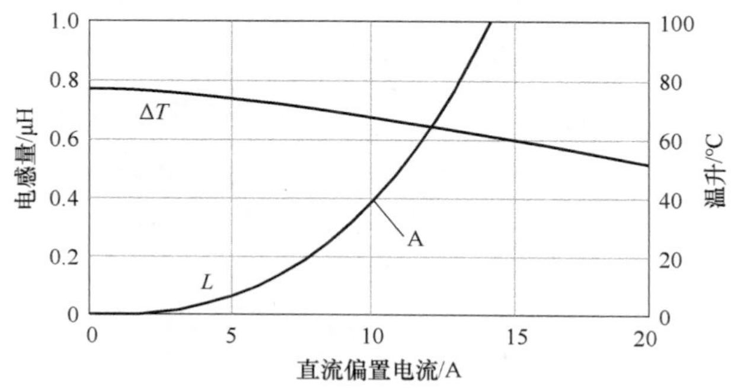

图 2.6　电感器的直流偏置电流与电感量、温升的变化关系

有时候，你可能会发现一些功率电感器数据手册给出了饱和电流与额定电流两个参数（没有温升电流），此时的额定电流通常指温升电流。当然，也有些数据手册仅给出一个额定电流（没有饱和电流与温升电流），此值通常是取饱和电流与温升电流中较小者。

值得一提的是，额定（温升）电流是基于温度变化条件测量得到的，而温升是相对温升，但电感器都有额定工作温度范围（绝对温度），实际使用时不能超过此范围，否则可能会由于过热而损坏。假设某电感器的工作温度范围为 −55 ~ 125℃，而环境温度为 100℃，虽然标称额定电流的测量温升条件为 40℃，但 140℃已经超过允许工作温度。所以，在环境温度超过 85℃时，我们必须使实际工作电流低于额定电流，以保证电感器的实际工作温度处于正常范围内，也就是所谓的“降额（Derating）”，图 2.7 所示曲线可表达电流降额的要求。

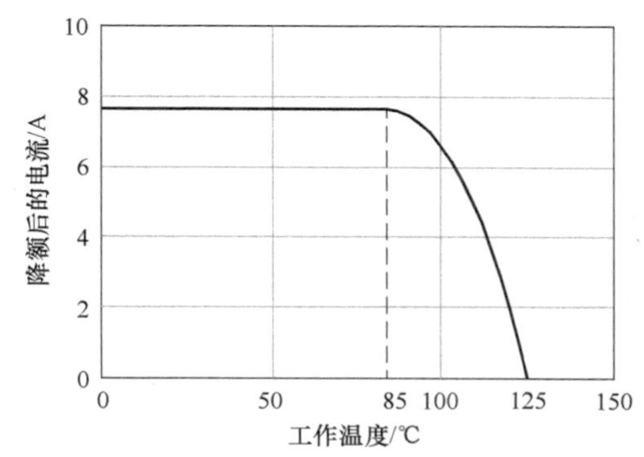

图 2.7　电流降额使用曲线

实际使用的电感器并不是理想的，电感器本身存在一定的电阻（不仅仅是线圈的 *DCR*，还包括由线圈趋肤效应与邻近效应引起的等效电阻及磁心损耗等效电阻）

值，线圈之间也存在一定的寄生电容（Parasitic Capacitance），所以高频应用时的电感器等效电路如图 2.8 所示。

很明显，电感器的高频等效电路是一个 LC 并联电路，所以存在一个并联谐振频率点，我们称为自谐振频率（Self-Resonant Frequency，SRF），其值可由式（2.5）计算：

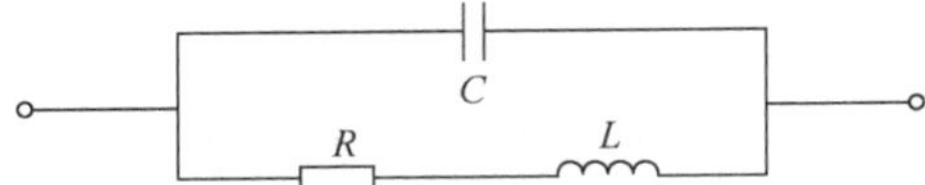

图 2.8　实际电感器的高频等效电路

$$SRF = \frac{1}{2\pi\sqrt{LC}}\sqrt{1-\frac{CR^2}{L}} \tag{2.5}$$

式（2.5）说明，电阻 R 也会对线圈的 SRF 产生一定影响（R 值越大，则 SRF 越小），尤其当 $R>\sqrt{L/C}$ 时，电感器由于损耗太大而不会发生谐振。例如，某电感器的电感量 $L=1\mu\text{H}$，寄生电容量 $C=3.3\text{pF}$，如果希望避免发生谐振，R 值必须大于 $\sqrt{1\times10^{-6}\text{H}/3.3\times10^{-12}\text{F}}\approx550\Omega$。当然，实际电感器在制造时通常都会保证线圈的 R 值足够小，因为 R 值越大就意味着消耗的能量越大，这与“电感器本身作为能量储存与转换元件”的设计目标是背道而驰的（从表 2.1 可以看到，相应的 DCR 远小于 1Ω，虽然不同型号电感器的 DCR 会有所差别，但不会达到数百 Ω 这么离谱），所以其总会存在相应的 SRF。

当 $R\ll\sqrt{L/C}$ 时（这也是常态），电感器的 SRF 可近似由式（2.6）计算：

$$SRF = \frac{1}{2\pi\sqrt{LC}} \tag{2.6}$$

将前述 L 与 C 值代入式（2.6），即可获得相应的 $SRF\approx88\text{MHz}$。当然，实际应用时，你并不需要自己手工计算 SRF，厂商的数据手册中已经给出了相应的测试值（见表 2.1）。

理想电感器的 SRF 为无穷大，其阻抗随频率变化而线性变化，实际电感器则有所不同，如图 2.9 所示。

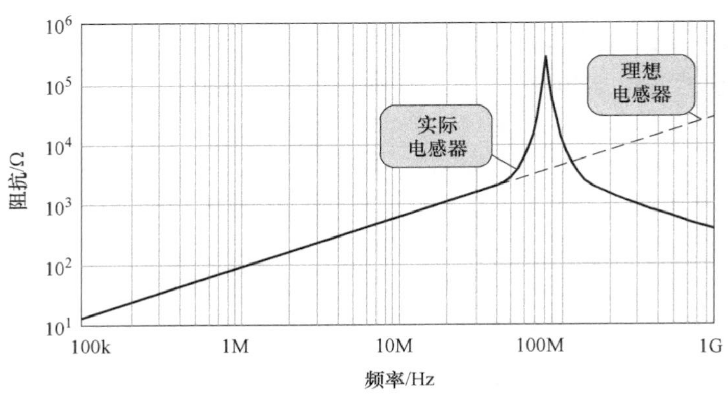

图 2.9　实际电感器的频率特性曲线

很明显，当工作频率 $f \ll SRF$ 时，寄生电容带来的影响比较小，此时电感器确实表现为电感器（呈现感性）。随着 f 的上升，电感器本应该对信号呈现越来越大的感抗，但是寄生电容对信号呈现的容抗却越来越小，它是并联在线圈两端的，所以会逐渐削弱电感器呈现的感抗。换个角度来看，随着 f 的进一步提高，线圈对交变电流的阻碍作用似乎也应该会增强，但是寄生电容对交变电流的容抗却越来越小，所以更多交流成分会从寄生电容所在路径通过，线圈对交变电流实际起到的阻碍作用自然就下降了。当 $f = SRF$ 时，寄生电容与电感器呈现的阻抗完全抵消，此时电感器相当于一个纯电阻。而当 $f > SRF$ 时，寄生电容的作用已经占据主导，此时电感器则表现为一个电容器（呈现容性）。也就是说，由于实际电感器的非理想性，其在整个频率范围内并不都呈现感性，所以在为高频电路选择电感器时，一定要避免工作频率超过其 *SRF*。

值得一提的是，表 2.1 中给出了 *SRF* 参数，说明你还可以将其当作信号电感使用，只要不超过 *SRF* 参数即可。但是请特别注意，*SRF* 参数仅对信号电感器才有意义，功率电感器的主要作用就是储能，其都有一个最佳的储能上限频率，其值远低于 *SRF*（一般最多为数 MHz），对于同时可以作为信号与功率应用的电感器，数据手册通常会给出该值。

很多功率电感器的数据手册并没有给出 *SRF* 参数，这也就暗示着：**正常使用情况下（按照厂商制造该电感器的市场定位），你不需要考虑谐振的可能性（虽然 *SRF* 比较低，但对于指定的应用而言完全足够），因为该电感器只能作为功率电感使用，而相应的工作频率肯定（也应该）远小于 *SRF*（如果不是这样，选型肯定出了问题），所以就没有给出该值的必要。**例如，某功率电感器主要用于数百 kHz 应用，那么即便其 *SRF* 低至数 MHz，但应用起来却并没有问题。

表 2.3 为某功率电感器的电气参数，其中并没有给出 *SRF* 参数，但其电感量相对表 2.1 却普遍更大，这也符合功率应用的特点。

表 2.3　某功率电感器的电气参数（无 *SRF* 参数）

电感量 /μH	直流电阻 /mΩ	温升电流 /A	饱和电流 /A
1	9	9.1	6.8
2.2	12	7.1	6.1
4.7	18	5.4	4.8
6.8	27	4.6	4.4
10	38	3.7	4.0
22	85	2.6	2.7
47	140	1.6	1.8
100	280	1.2	1.3

总的来说，功率电感器与信号电感器的电气参数侧重点会有所不同，后者总是会给出 *SRF* 参数，但是却通常仅会给出额定工作电流。某信号电感器的电气参数见表 2.4，其参数与表 2.1 也相似。

表 2.4 某信号电感器的电气参数

50MHz 时的电感量 /μH	直流电阻 /Ω	额定直流电流 /A	自谐振频率 /MHz	品质因数（最小值）
0.047	0.20	0.30	330	15
0.056	0.20	0.30	310	15
0.068	0.20	0.30	290	15
0.10	0.30	0.26	280	20
0.15	0.40	0.26	230	20
0.22	0.50	0.25	200	20
0.33	0.55	0.25	170	25
0.47	0.65	0.20	150	25

等等，表 2.4 中多了一个品质因数（Quality Factor，Q），它是指什么呢？品质因数通常简称为“Q 值”，顾名思义，Q 值是用来衡量电感器品质的参数，其定义为电感器所呈现的感抗与等效损耗电阻（含铜损与铁损）的比值，可由下式表达：

$$Q=\frac{X_L}{R_c}=\frac{\omega L}{R_c}=\frac{2\pi fL}{R_c} \tag{2.7}$$

由于电阻是耗能元件，而电感器是储能元件，所以 Q 值越高，电感器的能量损耗会越低，也就代表电感器品质越好。同时也可以看到，与电感量一样，Q 值也会随频率变化而变化。

有人可能想问：为什么功率电感器不给出 Q 值呢？

Q 值代表元件（或电路）对能量的损耗程度。能量损耗越小，相应的 Q 值越高。电感器损耗的能量包括铁损与铜损，信号电感器主要应用在高频领域，铁损与铜损可能都不小，因此给出 Q 值是必要的。而功率电感器主要应用在低频领域，此时铁损的占比相对比较小，由于工作电流相对较大，铜损反而占据主导位置，所以通常给出 DCR 参数就已经足够了。

当然，功率电感器的 Q 值肯定是客观存在的，有些厂商为方便客户选型而开发了一些工具，从中可以查到数据手册中没有披露的细节。图 2.10 为某功率电感器的阻抗与 Q 值随频率变化的曲线，可以看到，当阻抗值为最大时，Q 值反而是最小的。

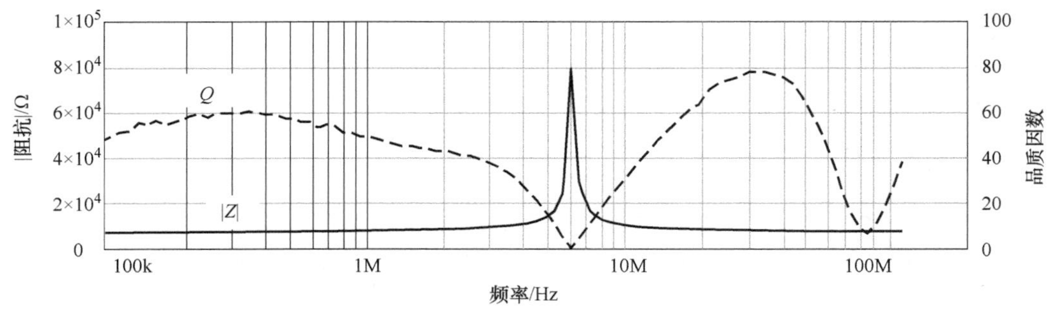

图 2.10 功率电感器的阻抗与 Q 值随频率变化的曲线

2.3　电感器的制造工艺

从制造工艺角度，电感器主要可划分为绕线电感器（Wire-Wound Inductor）、叠层陶瓷电感器（Multi-Layer Ceramics Inductor，MLCI）、薄膜电感器（Thin-film Inductor）三大类，前两者更是目前主流应用形式。

绕线电感器是应用最早也最广泛的一种，其基本结构就是此前一直讨论的线圈，其插件与贴片封装形式应用都很广泛。色环电感器与工字电感器（由于其磁心结构像汉字“工”而得名）是应用最早的插件电感器，其基本结构是将绝缘铜线绕在磁心上，然后用外壳封装并从中引出两个引线，如图 2.11 所示。一般情况下，色环电感器主要用来做信号处理，而工字电感器则更侧重功率应用。

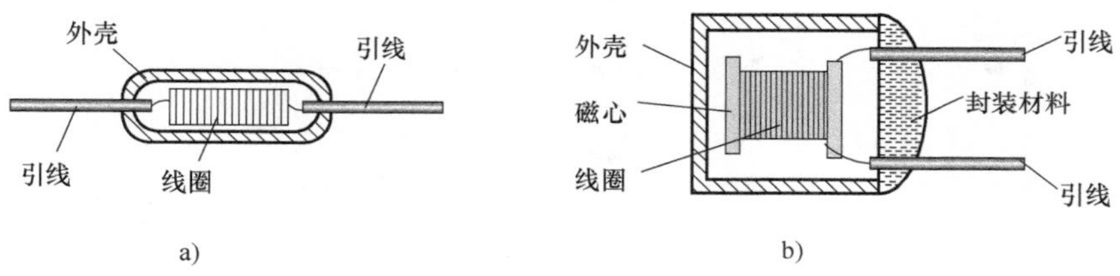

图 2.11　色环电感器与工字电感器的基本结构

a）色环电感器　b）工字电感器

随着科技的发展，设备小型化的需求越来越迫切，继而发展出贴片式绕线电感器，其同样也分为功率应用与信号应用。贴片绕线功率电感器根据磁屏蔽状态可分为无屏蔽、半屏蔽及全屏蔽（一体成型），按磁屏蔽状态划分的功率电感器的基本外观与磁路示意图如图 2.12 所示。无屏蔽电感器的磁路包含磁心与较大的气隙（空气），属于开放式磁路的磁心结构，相应产生的磁场会发散开来（边缘磁通与漏磁较大），容易干扰外部电路，也容易受到外部干扰，但体积相对较小。半屏蔽电感器在无屏蔽电感器结构的基础上增加了外围磁屏蔽材料（将开放式磁路的磁心放置在环形磁心中），减小了气隙尺寸，所以边缘磁通与漏磁更小。全屏蔽电感器则将线圈与磁心一次铸造而成，磁路中的气隙尺寸很小。

贴片式绕线电感器的体积更小，其电感量约为 1 ~ 6800nH，并且能够使用粗线实现很低的直流电阻与大电流承载能力，相应的 Q 值也可以做得非常高（超过 100），基本结构如图 2.13 所示。

叠层陶瓷电感器是一种新型的非绕线电感器，它将电极导体印刷在高频用陶瓷（磁心）膜片上，然后层层交叠在一起并共同烧制而形成（内部形成螺旋式导电线圈），其基本结构如图 2.14 所示。叠层陶瓷电感器的 Q 值虽然比绕线电感器低，但由于性价比更高而获得广泛应用。

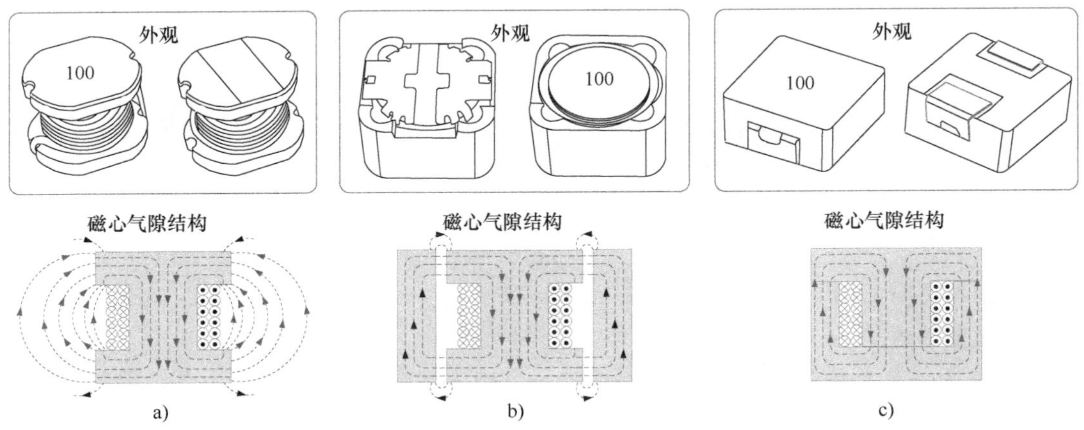

图 2.12　按磁屏蔽状态划分的功率电感器的基本外观与磁路示意图

a）无屏蔽　b）半屏蔽　c）全屏蔽

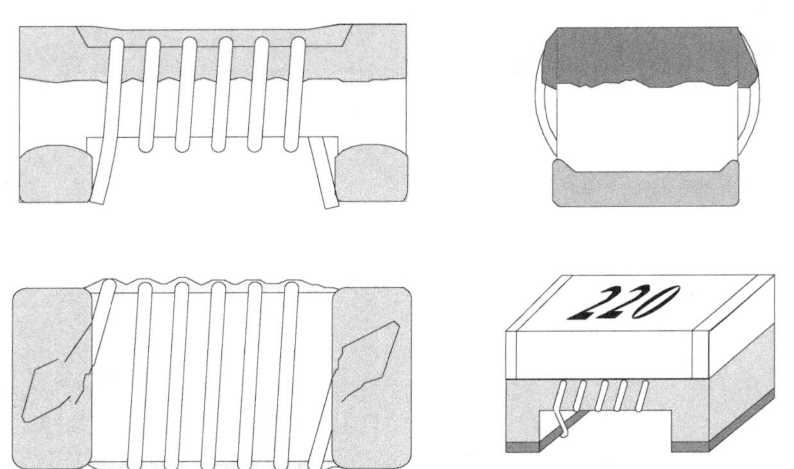

图 2.13　贴片式绕线电感器的基本结构

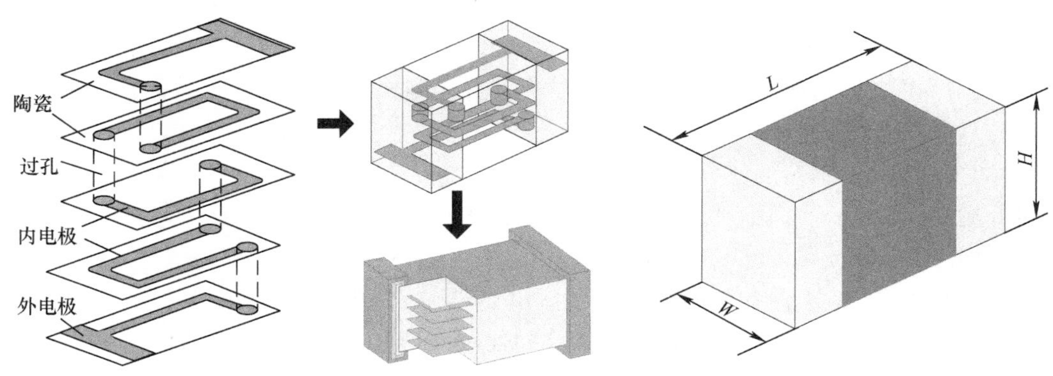

图 2.14　叠层陶瓷电感器的基本结构

叠层陶瓷电感器与叠层陶瓷电容器一样主要以贴片封装的形式存在，其常用封装尺寸信息见表 2.5，其中的数据最初来源于美国电子工业联盟（Electronic Industries Alliance，EIA）制定的标准，虽然 EIA 已经解散，但叠层陶瓷电感器仍然参考了 EIA-198 标准，其使用英制（如，in[㊀]）测量，尺寸范围从“0.016in × 0.0079in”到“0.8in × 0.6in”（长 × 宽，即 $L \times W$），具体尺寸则用 EIA 编码（即英制编码）代表，国内业界工程师也习惯以此编码区分不同尺寸的封装。例如，“0.08in × 0.05in”的尺寸被编码为“0805”。当然，国际电工委员会（International Electrotechnical Commission，IEC）/ 欧洲标准（European Standards，EN）则使用公制测量，所以每种封装尺寸也有对应的公制编码。例如，英制编码“0805”对应公制编码“2012”，表示的尺寸为“2.0mm × 1.25mm”。值得一提的是，表 2.5 中未涉及元件高度信息，因为具体高度随应用而异（取决于所需要的电感量，其决定所需叠层数量）。

表 2.5　叠层陶瓷电感器的常用封装尺寸信息

尺寸（$L \times W$）				尺寸（$L \times W$）			
in	英制编码	mm	公制编码	in	英制编码	mm	公制编码
0.016 × 0.0079	1005	0.4 × 0.2	0402	0.18 × 0.063	1806	4.5 × 1.6	4516
0.016 × 0.016	15015	0.4 × 0.4	0404	0.18 × 0.079	1808	4.5 × 2.0	4520
0.024 × 0.012	0201	0.6 × 0.3	0603	0.18 × 0.13	1812	4.5 × 3.2	4532
0.02 × 0.02	0202	0.5 × 0.5	0505	0.18 × 0.25	1825	4.5 × 6.4	4564
0.03 × 0.02	0302	0.8 × 0.5	0805	0.20 × 0.098	2010	5.0 × 2.5	5025
0.03 × 0.03	0303	0.8 × 0.8	0808	0.20 × 0.20	2020	5.08 × 5.08	5050
0.05 × 0.04	0504	1.3 × 1.0	1310	0.225 × 0.197	2220	5.7 × 5.0	5750
0.039 × 0.020	0402	1.0 × 0.5	1005	0.225 × 0.25	2225	5.7 × 6.4	56/5764
0.063 × 0.031	0603	1.6 × 0.8	1608	0.25 × 0.13	2512	6.4 × 3.2	6432
0.079 × 0.049	0805	2.0 × 1.25	2012	0.25 × 0.197	2520	6.4 × 5.0	6450
0.098 × 0.079	1008	2.5 × 2.0	2520	0.29 × 0.197	2920	7.4 × 5.0	7450
0.11 × 0.11	1111	2.8 × 2.8	2828	0.33 × 0.33	3333	8.38 × 8.38	8484
0.126 × 0.063	1206	3.2 × 1.6	3216	0.36 × 0.40	3640	9.2 × 10.16	9210
0.126 × 0.10	1210	3.2 × 2.5	3225	0.40 × 0.40	4040	10.2 × 10.2	100100
0.14 × 0.10	1410	3.6 × 2.5	3625	0.55 × 0.50	5550	14.0 × 12.7	140127
0.15 × 0.15	1515	3.81 × 3.81	3838	0.80 × 0.60	8060	20.3 × 15.3	203153

薄膜电感器是将线圈蚀刻在薄膜上，其生产工艺相对复杂一些，电感量与体积也比较小，主要应用于射频领域，目前还在不断发展中。

㊀ 1in = 25.4mm，后文同。

2.4 共模电感器基础知识

在正式讨论共模电感器之前，我们先来介绍共模（Common Mode）信号与差模（Differential Mode）信号的概念。差模信号也称差分信号，它是指两个**数值相等**而**极性相反**的信号。例如，两个幅值相同而相位相差 180° 的正弦波就是差模信号。当然，差模信号的具体波形不必一定是很多资料上给出的正弦波，只要符合其特性即可，图 2.15 给出了几种差模信号。

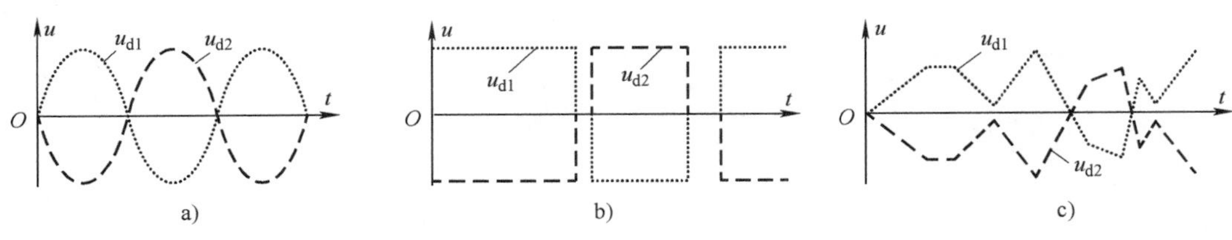

图 2.15 差模信号

a）正弦波 b）矩形波 c）任意波

共模信号则是两个**数值相等**且**极性相同**的信号。例如，两个幅值相同且相位相等的正弦波就是共模信号，图 2.16 也给出了几种共模信号。

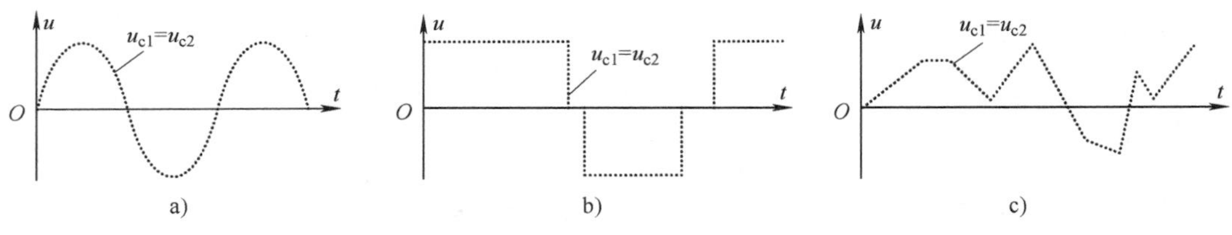

图 2.16 共模信号

a）正弦波 b）矩形波 c）任意波

值得一提的是，即便两个信号不是严格的差模或共模信号，我们也可以将其理解为差模与共模信号的叠加。为方便理解，此处举一个简单的例子（更复杂的信号也是相似的）。图 2.17a 给出了两个信号（u_1 为正弦波，u_2 一直固定为零），你可以将其分解为图 2.17b 所示的差模信号 u_{d1} 与 u_{d2}（幅值均为 u_1 的一半）及图 2.17c 所示的共模信号 u_{c1} 与 u_{c2}（幅值均为 u_1 的一半）。很明显，u_1 为 u_{d1} 与 u_{c1} 的叠加，由于幅值与相位完全相同，所以幅值增加 1 倍，u_2 为 u_{d2} 与 u_{c2} 的叠加，由于幅值相同而相位相反，电压值全部抵消归零。

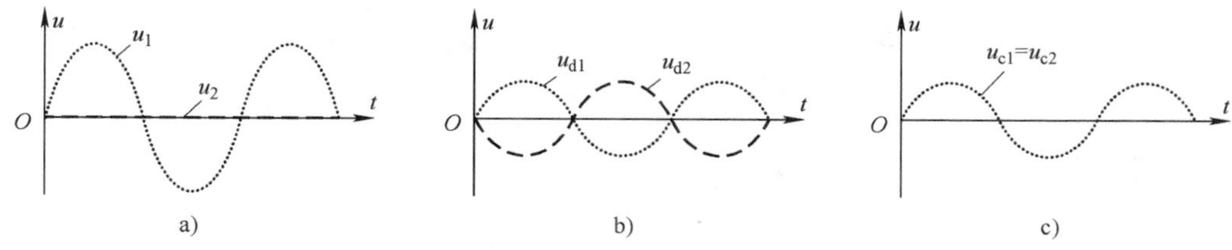

图 2.17　两个信号分解为差模信号与共模信号

a）两个任意波　b）差模信号　c）共模信号

共模与差模信号都是针对两个信号而言，因此，只要存在两条导线就有可能存在共模与差模信号，无论是单端传输还是双端传输。单端传输（Single-Ended Transmission）也称非平衡传输，是指信号仅在一条导线上传输，而另一条导线则作为参考（如公共地 0V），相应的传输示意图如图 2.18a 所示。也就是说，单端传输的对象是导线上的电压与参考电压之间的差值，这也是比较常见与简单的通信与控制方式。例如，单片机通用输入 / 输出（Input/Output，IO）引脚输出的控制电压就是这样。双端传输（Double-Ended Transmission）也称平衡传输，是指信号（在传输前）首先会被分解为两个相反的信号（差模信号），然后分别在两条导线上传输，而第三条导线则作为参考。由于双端传输的对象通常是差模信号，所以也称为差模（差分）传输，相应的传输示意图如图 2.18b 所示。

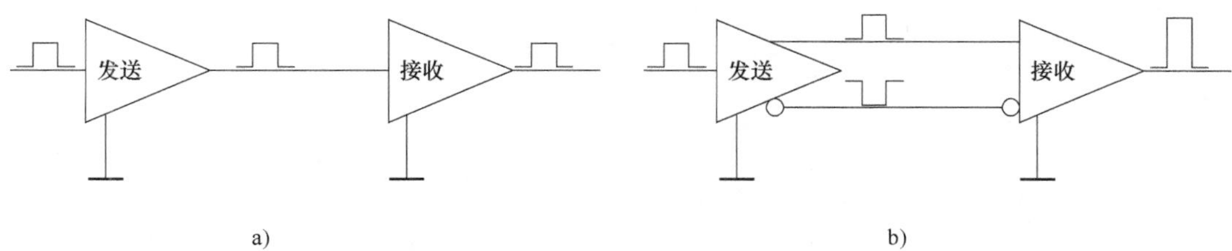

图 2.18　单端传输与双端传输

a）单端传输　b）双端传输

双端传输中的两条信号线之间通常是紧耦合的，这也就意味着，外部空间可能存在的噪声会同时反应在两条信号线上（产生了共模信号），而接收信号的一方只需要使用减法操作就能够将噪声抵消，而差模信号经减法操作后幅值就翻倍了，不会对传输的有用信息带来不良影响，所以双端传输的抗干扰能力远高于单端传输，相应抑制噪声的基本原理如图 2.19 所示。

双端传输因抗干扰能力更强而被广泛应用于高速传输场合，典型应用实例包括电脑或手机的通用串行总线（Universal Serial Bus，USB）、数字电视机用来全数字化传输音视频信号的高清多媒体接口（High Definition Multimedia Interface，HDMI）、硬盘上的串行高级技术连接（Serial Advanced Technology Attachment，SATA）、显示屏上的移动产业处理器接口（Mobile Industry Processor Interface，MIPI），双倍速率同步动态随机存储器（Double Data Rate Synchronous Dynamic Random Access Memory，DDR SDRAM）等。

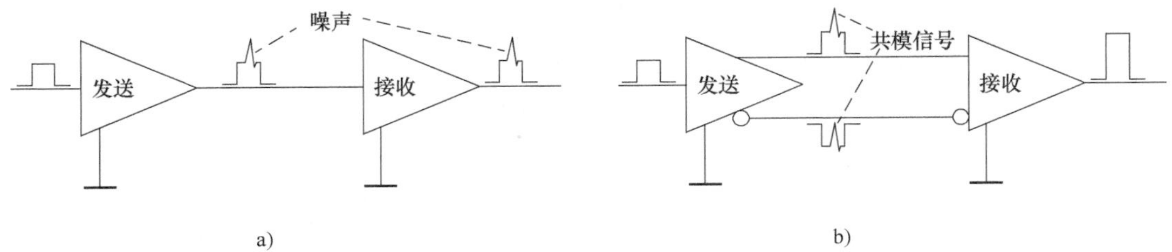

图 2.19　双端传输抑制噪声的基本原理

a）噪声反应到一条信号线上　b）噪声同时反应到两条信号线上

从前文描述也可以得知，共模信号通常是无用的（因为两条信号线上的信号变化趋势完全相同，从接收方来看，其中并未包含有用的信息），甚至是有害的（幅值过大很可能会影响系统的正常工作），所以实际应用时总会想办法将其抑制（或滤除）。差模信号通常是需要传输的有用信号，但是有害的噪声也会以差模形式出现，如图 2.19a 所示。

对于双端传输而言，差模与共模信号很容易理解，两条导线传输两个信号，只需要观察两个信号的特征即可。那么对于单端传输而言，差模与共模信号又是什么呢？其实抓住信号特征即可！假设从信号源往负载发送单端信号，这个信号发送过程就产生了差模信号。

有人可能会想：这不就只有一个信号吗？因为另一个是公共地（电位固定不变）呀！

不，存在两个信号！取决于从哪个角度去看待。如图 2.20 所示，如果把参考地也当作一根导线（本来就是如此），当电流 i_{d1} 从信号源发送到负载 R_L 的同时，也会存在从负载流向信号源的返回电流 i_{d2}，很明显，这两个电流数值相同而方向恰好相反，正符合差模信号的定义。

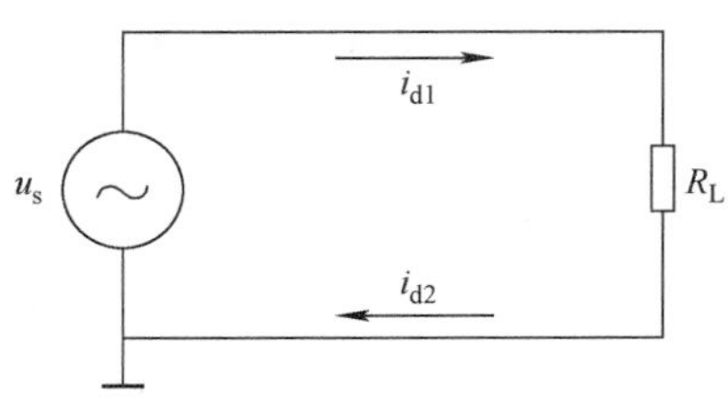

图 2.20　差模电流

当然，你也可以从电压的角度去看，但是请将公共参考电位取在负载中间，如图 2.21 所示。现在无论信号源的电压幅值为多大，电阻上端与下端的电位总是数值相同而方向相反（如信号源幅值为 2V 时，电阻两端的电位分别为 +1V 与 −1V），这也正符合差模信号的定义。

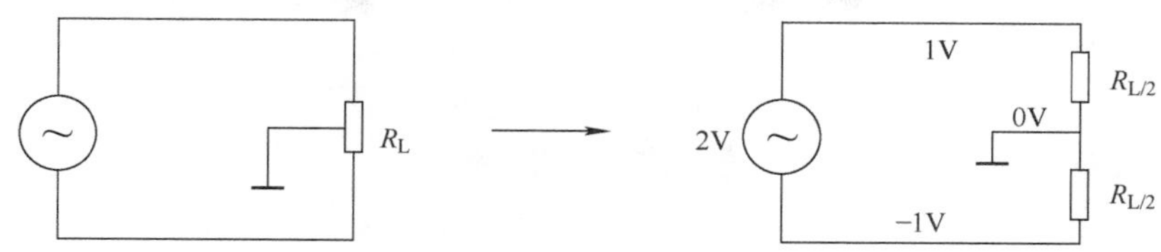

图 2.21　差模电压

那么单端传输时的共模信号又是什么呢？共模信号不一定从信号输入端施加。例如，当电源电压发生变化时，整个系统中的电位都会呈现相同的变动趋势（都上升或都下降），这种变动等效在信号输入端就相当于共模信号输入。同理，环境温度变化、元器件老化等因素都可以认为是共模信号产生的来源（都是由不期望因素变动而导致，所以共模信号通常是有害的）。

再例如，空间噪声耦合到电路系统后，出现在各个支路的噪声变化趋势是相同的，所以其也是共模信号，如图 2.22 所示。

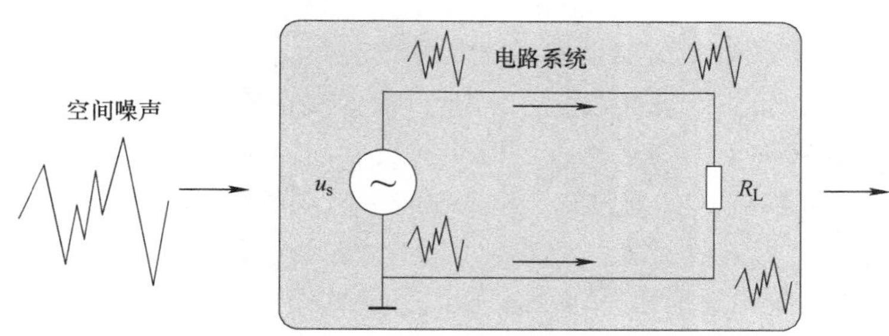

图 2.22　外加的共模信号

值得一提的是，从电路系统的角度来看，空间噪声是共模信号。但是，如果从大地（不是电路的公共地）的角度来看，空间噪声则是差模信号，因此，信号属于差模还是共模，与选择的参照物有关，而**信号的传输方式并不影响共模与差模存在（并不意味着差模与共模信号仅存在于双端传输）**。更进一步，我们也可以获得这样的结论：**在信号线与公共地之间并联电容器，或者在信号线中串联电感器都可以抑制差模噪声，而在信号线与大地之间并联电容器则可以抑制共模噪声**。

总的来说，共模信号通常是无用甚至有害的，而有用的信号通常为差模形式，但是有害的噪声也会表现为差模形式。电子设备在自身工作过程中产生的无用（或有害）的信号（**无论表现形式为共模还是差模**）都统称为噪声，这些噪声的一部分可能仅局限于电子设备中，也不至于影响设备的正常工作，而另一部分则以传导（通过导线等媒介传播）或辐射（通过空间以电磁波形式传播）的方式对设备其他部分（或外部其他设备）造成干扰，我们称为电磁干扰（Electromagnetic Interference，EMI）。

电子设备对电磁场方面的干扰大小与抗干扰能力的综合评定统称为电磁兼容性（Electromagnetic Compatibility，EMC），各个国家与地区相关的标准也不尽相同，其主要包含两个方面：其一，避免外部（其他电子设备产生的）噪声入侵电子设备而影响其正常工作，即**提升电子设备的电磁抗干扰能力**（Electromagnetic Susceptibility，EMS）；其二，避免电子设备本身产生的噪声影响同一电磁环境下其他电子设备的正常工作，即**减少电子设备对外的电磁辐射**，也就是刚刚提到的 EMI。

值得一提的是，滤除 EMI 噪声虽然可以让设备更稳定地工作，但在更多情况下是为了获得市场准入资格，即必须让电子设备符合销售地区的 EMC 标准（从产品的角度看，这才是电子设备需要抑制 EMI 噪声的主要原因，如果没有强制 EMC 标准，绝大多数厂商会坚定不移地奉行“能免则免”的制造策略以节约成本）。

例如，出口到欧盟的多媒体设备必须获得欧洲统一（Conformity with European，CE）认证，其中的电磁发射和抗扰度必须满足 EMC 标准 EN 55032（CISPR 22，即对外干扰标准），传导发射测试频率范围在 150kHz ~ 30MHz 进行，辐射发射测试频率范围则在较高的 30MHz ~ 1GHz 进行（内部振荡器高达 500MHz、1GHz 时，分别扩展到 2GHz、5GHz），并且对各项测试允许的 EMI 峰值作出了详细规定，有兴趣的读者可自行参考相关文件，此处不再赘述。

共模电感器（Common Mode Inductor）也称共模扼流圈（Common Mode Choke Coil，CMCC），它就是为了应对共模 EMI 噪声而诞生的（也因此称为 EMI 滤波器）。那么共模电感器又是如何滤除共模噪声的呢？答案就在于其基本结构！共模电感器是在某种磁性材料的磁环上**同向对称绕制两个**“尺寸与匝数相同的”线圈，所以其具备 4 个引脚，具体的绕制方式有分段式（Sectional）与双绞线式（Bifilar）两种，前者适用于高压高速场合，但漏磁较大，后者适用于低压低速场合，但漏磁较小，相应的基本结构分别如图 2.23a 与 b 所示（本书主要以分段式结构进行讲解），而相应的原理图符号如图 2.23c 所示（两个黑点是用来标识线圈绕制方向的同名端，关于同名端详情见 2.8 节）。

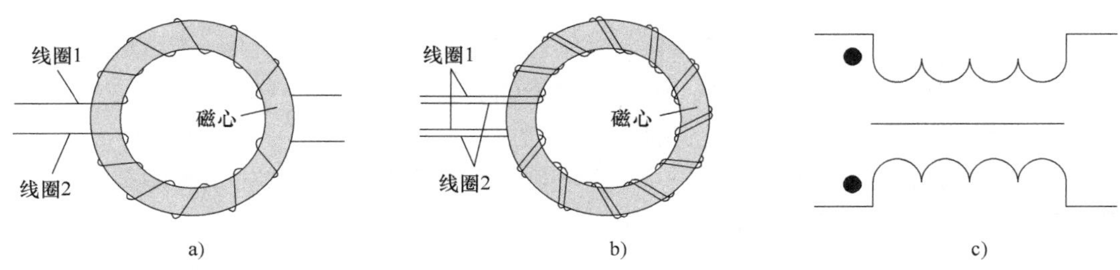

图 2.23　共模电感器的基本结构和原理图符号

a）分段式　b）双绞线式　c）原理图符号

由于共模电感器具备两个线圈，所以相当于两个电感器，当交变电流通过电感器时，它们各自会在磁环中产生交变磁通，而共模电感器正是因磁通的相互作用而获得抑制共模噪声的能力。

当差模电流通过共模电感器时，两个线圈产生的磁场大小相同，而方向恰好相反，两个磁通相互抵消，继而呈现非常小的差模阻抗，差模电流因此能够几乎无阻碍地通过，如图 2.24a 所示。当共模电流通过共模电感器时，两个线圈产生的磁场大小也相同，但方向却是相同的，两个磁通相互增强，继而产生阻碍共模电流变化的能力，也就呈现了较大的共模阻抗，如图 2.24b 所示。

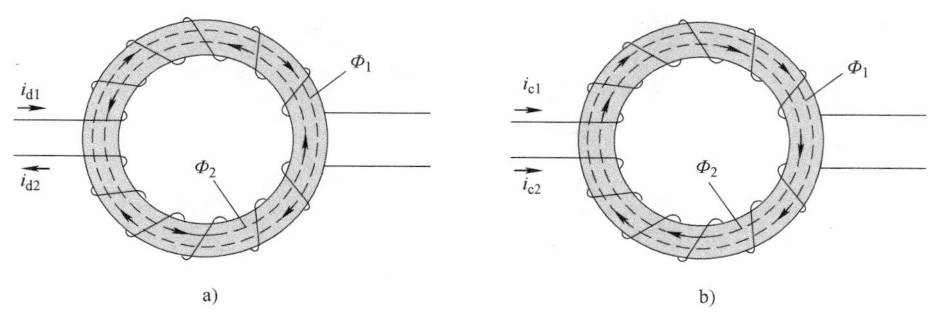

图 2.24　差模与共模电流通过共模电感器时产生的磁通

a）差模电流产生的磁通　b）共模电流产生的磁通

前面已经提过，电感器抑制电流变化的能力与磁通变化率有关，（在相同的磁通变化速度情况下）通过线圈的磁通越大，则抑制电流变化的能力就越强。当共模电流通过共模电感器时，流过任意一个线圈的磁通都是原来（两个独立电感器）的 2 倍。从电感器的角度来看，其电感量也成倍增加，所以共模电感器抑制共模信号的能力也更强。

理想的共模电感器仅对共模噪声产生抑制作用，对有用的差模信号则无任何阻碍，但是实际的共模电感器对差模信号也会所影响（尤其是高速信号传输场合），这主要体现在两方面：其一，线圈的直流电阻并非为 0；其二，共模电感器的两个线圈不可能完全对称，这种差异可能很小，在差模信号的频率比较低时影响还不大，但是当频率上升到一定值时，差模阻抗就会随之上升，继而可能会影响差模信号的正常传输。因此，厂商除了给出共模阻抗 - 频率特性曲线外，必要的时候（取决于共模电感器的市场定位）也会给出差模阻抗 - 频率特性曲线，而相应的测试示意图如图 2.25 所示。

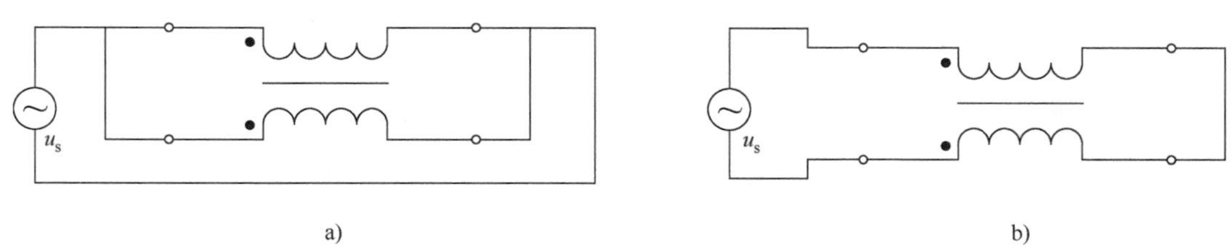

图 2.25　共模电感器的阻抗测试示意图

a）共模阻抗测试　b）差模阻抗测试

顺便提一下，还有一种与共模电感器结构相似的差模电感器，其也拥有 4 个引脚，但是线圈绕制方向恰好相反，所以专门用来抑制差模噪声，相应的基本结构和原理图符号如图 2.26 所示。当共模电流经过差模电感器时，两个线圈产生大小相同而方向相反的磁场，相应呈现的共模阻抗很小，而当差模电流经过差模电感器时，两个线圈产生大小相同而方向相同的磁场，相应呈现的差模阻抗很大（比使用两个单独电感器滤除差模噪声的效果更佳）。

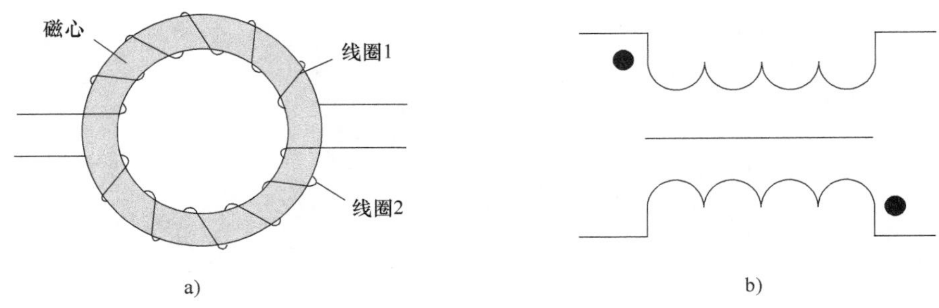

图 2.26　差模电感器的基本结构和原理图符号

a）基本结构　b）原理图符号

2.5 从数据手册认识共模电感器

电源线与差分信号线都可能需要共模电感器，后续分别称为“**电源线用共模电感器**”与“**信号线用共模电感器**”，首先看看电源线需要共模电感器的原因。第 3 章将要讨论的开关电源（Switching Mode Power Supply，SMPS），由于其效率高、体积小而被广泛应用于需要市电（交流 220V/110V，频率 50/60Hz）供电的电子设备，但其主要缺点是产生的噪声比较大（当然，设备中各种高频或高速电路也会产生大量噪声），处理不当就可能通过电网传导出去，如果同一电网环境下多台设备在同时工作，而其抗干扰能力又比较差，就很可能出现设备工作异常。当然，噪声的影响是双向的，所以也要避免来自电源线的外部噪声干扰设备本身的正常工作。

电源线中抑制共模与差模噪声的方法有很多，安规电容器（Safety Capacitor）就是噪声滤除的常用元件，其典型应用电路如图 2.27 所示。其中，L（Line）、N（Neutral）、G（Ground）分别为相线（俗称火线）、中性线（俗称零线）、地线，C_{X1}、C_{X2} 跨接在中性线与相线之间（L-N），称为 X 电容；C_{Y1}、C_{Y2} 分别跨接在相线与地线（L-G）、中性线与地线之间（N-G），称为 Y 电容。而之所以称为 X 电容或 Y 电容，是因为在相线与中性线之间连接一个电容器就像“X”字母形，而在相线（或中性线）与地线之间接一个电容器像“Y”字母形。

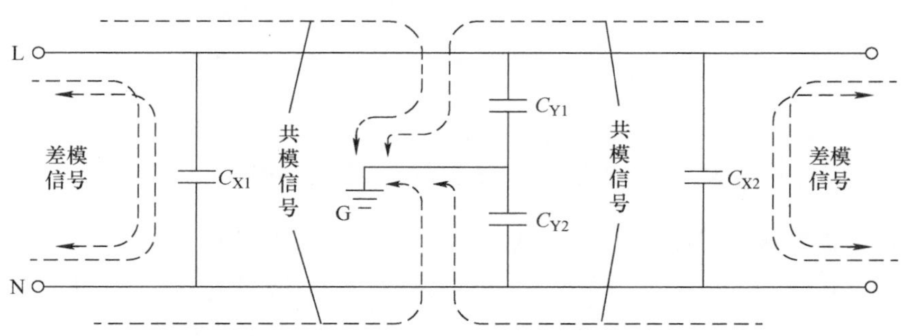

图 2.27　差模与共模信号抑制原理

差模噪声的抑制工作由 X 电容器承担，由于其在中性线与相线之间的变化不相同而被旁路掉了（从 L 到 N，或反之），就跟滤波电容器的原理一样。共模噪声的抑制工作则由 Y 电容器承担，由于其在中性线与相线之间的变化相同，经过 X 电容器时并没有被影响，但经过 Y 电容器时就可以直接旁路到大地，从而将共模噪声滤除掉。

除安规电容器外，在电源线上安装共模电感器也是抑制共模噪声的有效手段，工程上经常将其与 X 电容器与 Y 电容器配合使用，典型的应用电路如图 2.28 所示，其中，L_{c1} 为共模电感器，而 L_{d1} 与 L_{d2} 为两个用来抑制差模噪声的普通电感器（也可以用前述具备 4 个引脚的专用差模电感器代替）。

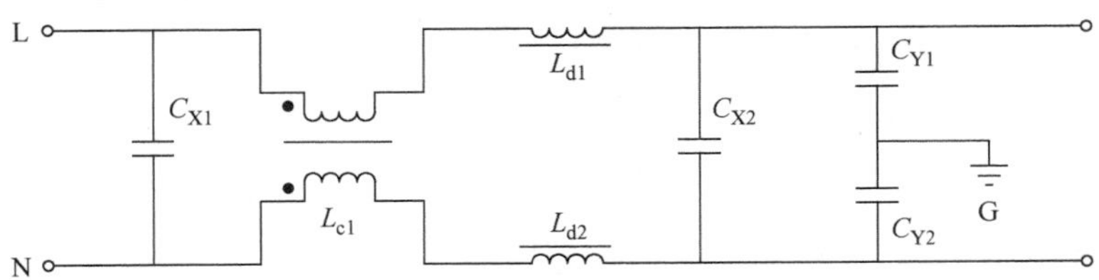

图 2.28　共模电感器抑制共模噪声的应用电路

电源线用共模电感器通常应用在高电压大电流场合，所以至少应该保证额定电压、额定电流、直流电阻（其大小与电感量成正比，大电流应用时重点关注）满足需求，在此基础上再根据噪声的频段选择共模阻抗合适的共模电感器，数据手册通常会给出共模阻抗 - 频率特性曲线，如图 2.29 所示（由于**电源线用共模电感器**主要用于抑制低频噪声，主流应用频率范围约在 150kHz ~ 30MHz，也就是前述 EMC 标准要求测试的传导辐射频率范围，曲线展示的最高频率仅 10MHz）。

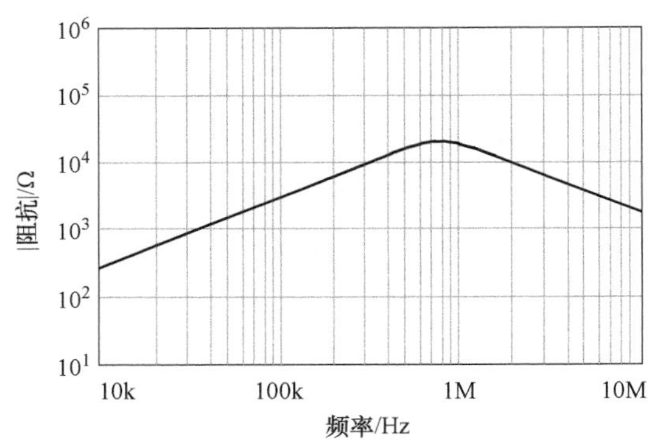

图 2.29　某电源线用共模电感器的共模阻抗 - 频率特性曲线

表 2.6 为某**电源线用交流共模电感器**的电气参数，其额定电压为交流电（Alternating Current，AC），也就意味着主要用于交流场合。特殊应用情况下（如车载电源）还有专用的直流共模电感器，它们不可以混用。表 2.7 为某**电源线用直流共模电感器**的电气参数，其中标注了共模阻抗（而不是电感量）。

表 2.6　某电源线用交流共模电感器的电气参数

参数	值	参数	值
额定电感	1.2mH ± 30%（10kHz，0.1mA）	额定电流	3A（50Hz）
杂散电感	17μH	额定电压	250V（AC）
直流电阻	0.055Ω ± 30%（单线）	额定温度	−40 ~ 150℃

表 2.7　某电源线用直流共模电感器的电气参数

参数	值	参数	值
共模阻抗	100Ω ± 40%（10MHz）	额定电流	3.1A
	10Ω ± 40%（100MHz）	额定电压	60V（DC）
直流电阻	0.018Ω ± 40%	耐受电压	150V（DC）
绝缘电阻	10MΩ（最小）	额定温度	−40 ~ 105℃

表 2.7 中的直流额定电压与耐受电压有什么区别呢？这个值是针对差模电压还是共模电压呢？当然是针对有用的差模电压！额定电压是在一定测试条件下能够长期稳定工作的电压，而耐受电压与两个线圈之间的绝缘电阻相关。实际测试耐受电压时，通常会将高于正常工作的电压施加到共模电感器并观察相应的漏电流（其值随电压上升而上升），然后以达到规定漏电流对应的电压作为耐受电压。从耐受电压的测量原理可以看到，额定电压必然低于耐受电压。

典型的直流电源输入滤波器如图 2.30 所示，C_2、C_3、L_{d1} 组成的 π 型滤波器与 C_1 均可用来抑制差模噪声，L_{c1} 则用来抑制共模噪声。

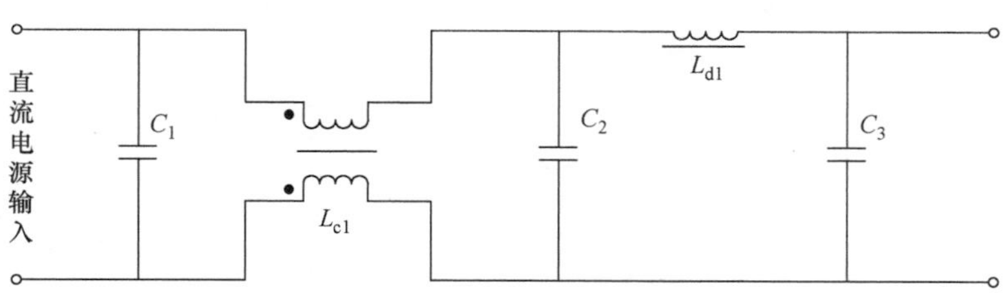

图 2.30　直流电源输入滤波器

再来看看差分信号线为什么要使用共模电感器。一方面高速差分信号为了追求更高的传输速度，通常会使用电流源驱动模式，而高速变化的电流就成为共模噪声的来源之一。前面已经提过，差分信号线具备一定抑制外界共模噪声的能力，但是一旦超过允许值，接收端的性能依然会下降（甚至无法正常工作）；另一方面，高速差分信号在传输过程中也会产生一定的共模噪声（如，阻抗不匹配产生的信号反射、信号边沿抖动、差分信号线长度不完全等长等），也就存在对外产生电磁干扰的可能。因此，为了让设备拥有更佳的抗干扰能力与产生更小的电磁辐射（简单地说，就是为了更好的 EMC 性能），我们可以在差分信号线上放置共模电感器，如图 2.31 所示。

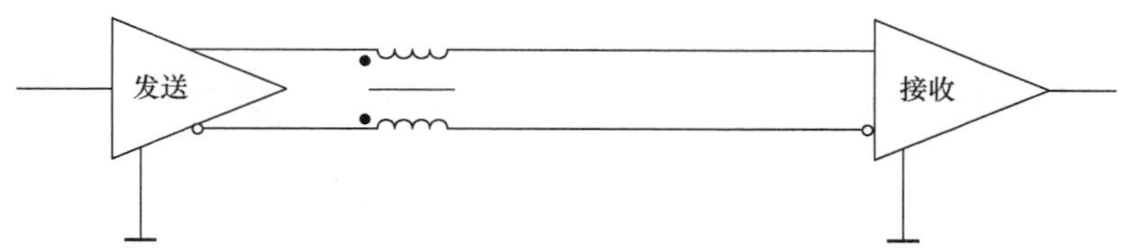

图 2.31　差分信号线上放置共模电感器

表 2.8 为某**信号线用共模电感器**（适用于 HDMI、USB 3.2 等超高速差分信号线）的电气参数。共模阻抗是共模电感器的主要参数之一，该值越大，则相应的直流电阻也越大，因为需要的电感量也更大（圈数更多）。需要注意的是，此共模阻抗是频率为 100MHz 时的标称阻抗，只是业界习惯的标注方式，并不意味着此频点处的共模阻抗最大（或抑制共模噪声的效果最佳）。厂商的数据手册通常还会附带相应的阻抗 - 频率特性曲线，如图 2.32 所示。从中可以看到，最大共模阻抗对应的频率约为 1.6GHz。

表 2.8　某信号线用共模电感器的电气参数

参数	值	参数	值
共模阻抗	35Ω ±40%（100MHz）	额定电流	0.05A（最大）
直流电阻	3Ω ±30%（单线）	额定电压	5V（最高）
截止频率	7GHz	绝缘电阻	10MΩ（最小）

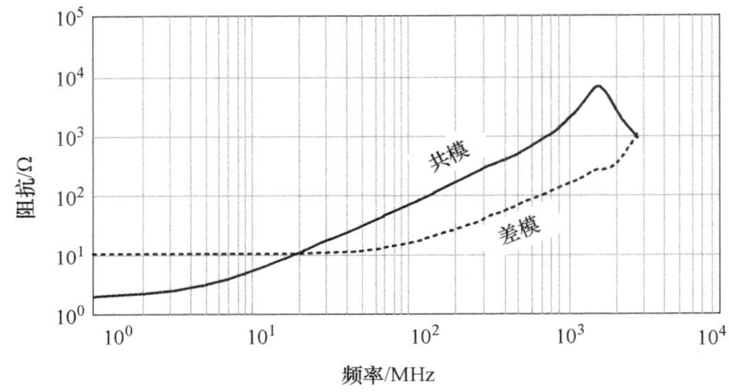

图 2.32　某信号线用共模电感器的阻抗 - 频率特性曲线

为了衡量**信号线用共模电感器**对信号的衰减程度，我们引入插入损耗（Insertion Loss，IL）来表示信号的衰减量，其定义为输出电压（功率）与输入电压（功率）的比值，通常使用分贝（dB）表示，见式（2.8）：

$$IL=-20\lg\left(\frac{U_{\mathrm{o}}}{U_{\mathrm{i}}}\right)=-10\lg\left(\frac{P_{\mathrm{o}}}{P_{\mathrm{i}}}\right)(\mathrm{dB}) \tag{2.8}$$

需要提醒的是，从电压信号放大的角度来看，如果式（2.8）中没有负号，其也可以理解为电压增益，常用符号 A_{u} 表示（正值表示放大，负值表示衰减，与插入损耗恰好相反，不同资料的正负号定义可能有所不同，请特别注意）。

信号线用共模电感器通常包含共模与差模插入损耗两项指标，而差模插入损耗过大容易使波形发生异常，因此，定位于高速应用的共模电感器通常存在一个截止频率（Cut Off Frequency）参数，其表示差模插入损耗达到 3dB 时的频率点，图 2.33 所示共模电感器的截止频率约在 7GHz 左右。作为一般的选型参考，共模电感器的截止频率应该不小于差模信号频率的 3 倍。当然，最终的选型仍然应该以测试结果为准。例如，眼图（Eye Diagram）测试（有关眼图详情，可参考《USB 应用分析精粹：从设备硬件、固件到主机端程序设计》）。

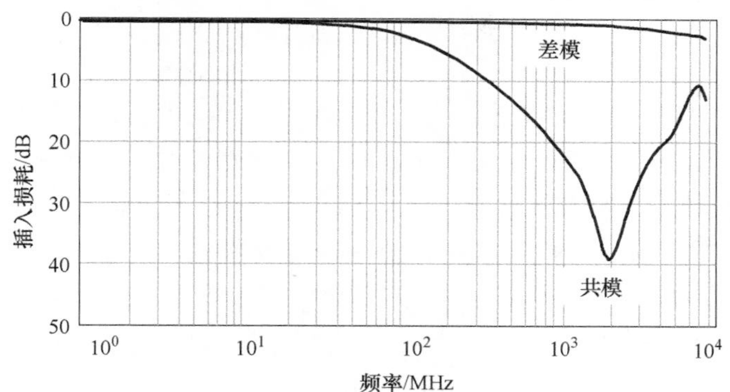

图 2.33　某信号线用共模电感器的插入损耗 - 频率特性曲线

2.6 磁珠基础知识

电路系统中涉及的磁珠一般是指铁氧体磁珠（Ferrite Bead），其主要用于抑制电源线与信号线上的高频（数 MHz ~ 数 GHz）噪声，具有易用、成本低、体积小等优点，是目前应用发展很快的一种抗干扰元件。

所谓“铁氧体”，通常是指以铁及其他一种（或多种）金属元素的复合氧化物。最简单的铁氧体便是以氧化铁（Fe_3O_4）为主要成分的磁铁矿，其是具有一定永磁性能的天然矿石，也是人类最早应用的非金属磁性材料。随着时代的发展，铁氧体的种类也越来越多，比较常见的便是锰锌（Mn-Zn）铁氧体与镍锌（Ni-Zn）铁氧体，而后者更是目前铁氧体磁珠的主要材料。

一根导线穿过圆柱形（铁氧体）磁心就是磁珠，也常称为穿心磁珠、引线磁珠或管状磁珠，其基本结构如图 2.34 所示。

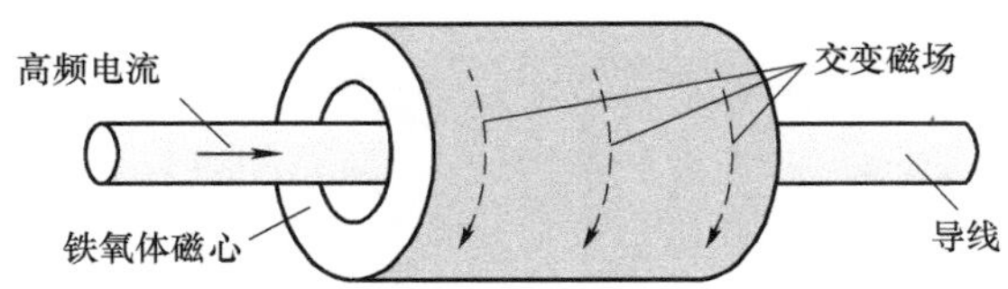

图 2.34 磁珠的基本结构

前文已经提过，一根直线导体也算是一个电感器，所以磁珠本身也是一个电感器（只不过电感量很小），有时也称为铁氧体磁珠电感器。我们已经知道，处于工作状态的实际电感器总是会储存与消耗能量（铜损与铁损），但储存能量是使用电感器的主要目的，所以在设计电感器时通常都希望加强其储能特性，同时削弱其消耗能量的特性。磁珠却恰好相反，在实际设计时需要强化其耗能（铁损）特性，同时削弱其储能特性（铜损总是需要削弱的）。换句话说，磁珠应用时所关心的是某个特定频段（或频点）的等效电阻（而不是感抗）。

磁珠抑制高频噪声的原因很简单，当信号中夹杂着高频噪声时（表现出来的就是扭曲变形的波形），相应产生的交变磁场会在磁心产生大量**剩余损耗**（不是涡流损耗），继而将能量以热的方式释放掉，如图 2.35 所示。从磁珠的工作原理可以看到，其使用方法就是串联在电源线或信号线中，磁珠呈现的等效电阻越大，则抑制相应频点噪声的效果越好。

图 2.35 所示磁珠仅有一个用于插入引线的孔，也称为单孔磁珠，为了增强其抗干扰能力（阻抗）就产生了多孔磁珠，它就像线圈一样通过孔路径多绕几圈（T），因此其电感量相应会有所提升，但最佳噪声抑制频率通常也会有所下降。换句话说，多孔磁珠的导线圈数越多，低频噪声的抑制能力通常会更好（牺牲了高频特性）。

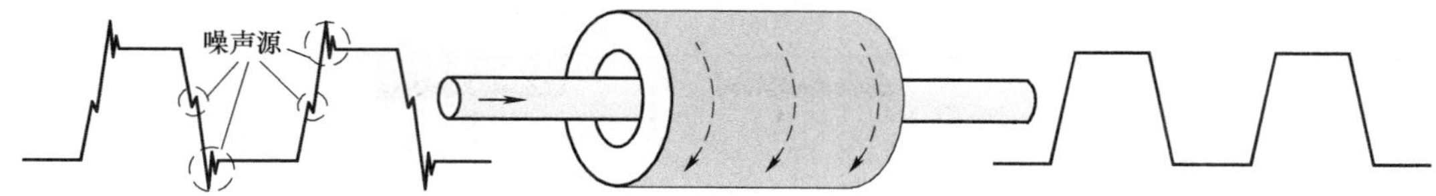

图 2.35　磁珠抑制高频噪声的基本原理

常见多孔磁珠包括两孔、四孔、六孔、八孔磁珠等，它们都可以根据不同的需求绕制不同的匝数。例如，六孔磁珠就可以绕 1.5T、2T、2.5T、3T，甚至构成两个 1.5T 的磁珠，如图 2.36 所示。

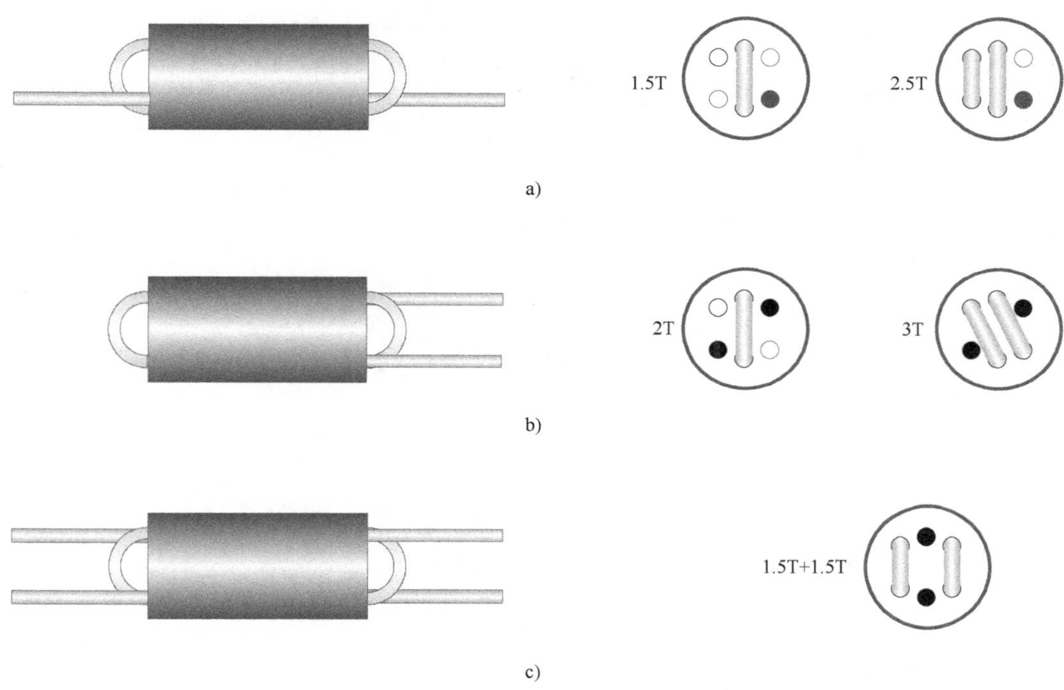

图 2.36　多孔磁珠

a）单引线双侧出方案　b）单引线单侧出方案　c）双引线双侧出方案

穿心磁珠通常以插件封装形式出现，其体积相对较大，有些大磁珠（环）还会以“两半”形式出现，配合夹扣式外壳可以直接安装在电子设备配套的电源线与信号线上。为了适应电子设备小型化的需求，叠层陶瓷磁珠（Multi-Layer Ceramics Bead，MLCB）就应运而生，其结构与叠层陶瓷电感器相似，但是由于阻抗 - 频率特性要求不同，相应的磁性材料成分（配方）也会不一样。

值得注意的是，磁珠虽然能够抑制高频噪声，但是不同电路系统出现的噪声频段与大小也会有所不同，相应需要磁珠提供的抑制特性也不尽相同。因此，磁珠厂商针对不同的噪声抑制需求开发出不同的磁心材质配方，某公司常用的铁氧体材质名称与特性见表 2.9。

表 2.9　某公司常用的铁氧体材质名称与特性

材质名称	特　性
B	超高损耗（Super High Loss）
R	高损耗（High Loss）
S	通用（Generic）
EUC	高频及低直流电阻（High Frequency & DC Resistance）
Y，A	高频（High Frequency）
Q，D	甚高频（Very High Frequency，VHF）
F	超高频（Ultra High Frequency，UHF）

例如，S 材质能够发挥较好噪声抑制效果的频段约为 40 ~ 300MHz；Y 材质主要以 100MHz 左右及以上频段的高频噪声为抑制目标；B 材质最适于高速数字信号应用场合，较适合抑制信号的过冲、下冲与振荡；D 材质的低频损失较小，在高频段的阻抗值急剧增加，主要应用频段约为 300MHz ~ 1GHz；F 材质在高频段的阻抗值同样急剧增加，可应用频段约为 600MHz ~ 数 GHz。图 2.37 通过椭圆区域展示了不同材质适用的频段及阻抗范围，这能够为恰当选择合适磁珠提供一定的参考。

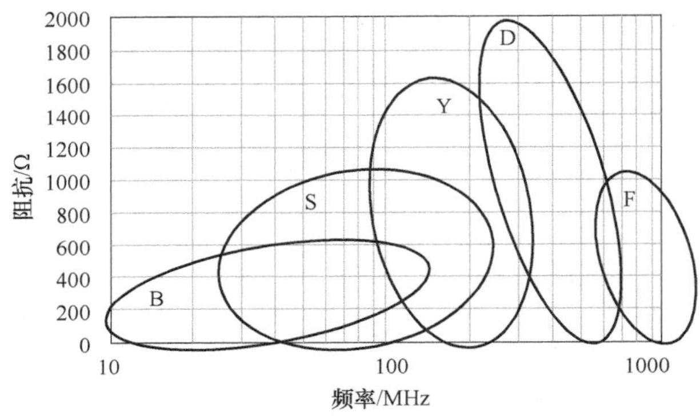

图 2.37　不同材质的阻抗 - 频率特性

在电路原理图设计中，磁珠的标识符通常使用“FB”，其原理图符号并不统一，常用的是波浪形（与电感器一致，因为磁珠本身也是电感器的一种），国家标准 GB/T 4728.4《电气简图用图形符号　第 4 部分：基本无源元件》中还定义了一种“穿在导线上的磁珠”符号，但电路设计中使用得很少，如图 2.38 所示。

图 2.38　磁珠的原理图符号

a）波浪形　b）穿在导线上的磁珠

2.7 从数据手册认识磁珠

为了有效且合理地利用磁珠，我们还得进一步理解磁珠的特性，先来看看磁珠的典型等效电路，如图 2.39 所示。其中，R_{dc} 为磁珠的导线直流电阻，L 为磁珠的等效电感，C 为磁珠的寄生电容，R_{ac} 为磁珠的等效交流电阻，后三个参数都随频率变化而变化。

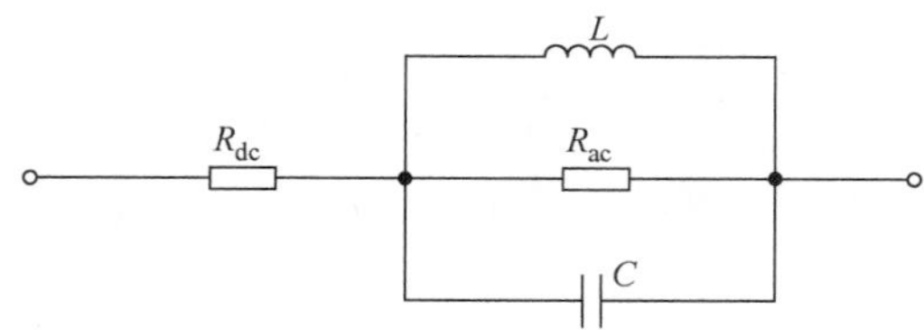

图 2.39　磁珠的等效电路

当然，图 2.39 所示的等效电路比较简单，使用更复杂的等效电路才能更接近实际磁珠的特性，但是无论等效电路有多么复杂，磁珠阻抗（由复数表达，即复阻抗）总是可以表达为式（2.9）：

$$Z = R + jX \tag{2.9}$$

式中，R、X、Z 分别表示磁珠呈现的总电阻、总电抗、总阻抗，厂商提供的磁珠数据手册通常会给出相应的阻抗 - 频率特性曲线，也常称为 ZRX 曲线，类似如图 2.40 所示。

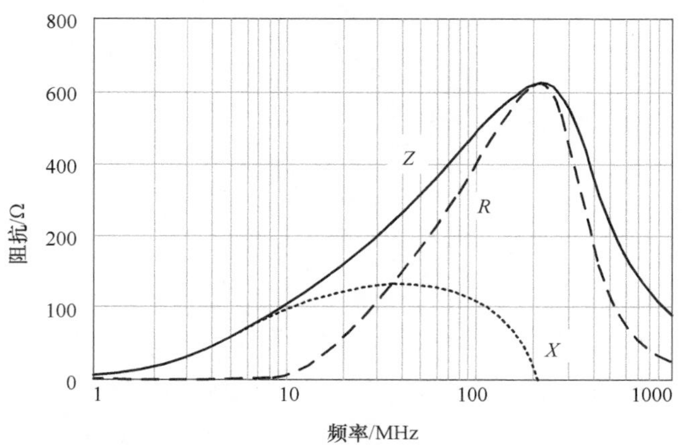

图 2.40　磁珠的典型阻抗 - 频率特性曲线

通过仔细观察并总结图 2.40 所示的磁珠阻抗随频率变化的特征，我们可以将其划分为以下 5 个阶段（不同类型磁珠的特性曲线并不相同）：

1）在低频段（5MHz 以内），磁珠的直流电阻 R_{dc} 与交流电阻 R_{ac} 与都比较小，而容抗非常大，此时磁珠的总阻抗 Z 主要取决于感抗（Z 曲线与 X 曲线基本重合），并且 Z 值也不大，可以理解为一个高 Q 值电感器。

2）在中低频段（5 ~ 35MHz），磁珠呈现的 R_{ac} 与感抗都会逐渐增大，但在 $R = X$ 处的频率点之前，感抗是磁珠阻抗的主要组成部分。与此同时，寄生电容的容抗也会逐渐减小，其会抵消部分感抗，继而使得 X 曲线的上升速度越来越缓慢。也就是说，在低频与中低频段，磁珠的表现与电感器相似。

3）在中高频段（35 ~ 210MHz），磁珠的 R_{ac} 将继续迅速增大，继而成为磁珠阻抗的主要部分。由于寄生电容的容抗越来越小，并且逐渐会抵消所有感抗，所以 X 曲线会一直下降，最终会变为负值。

4）在高频段（210 ~ 500MHz），容抗已经起到主导作用，磁珠的 R_{ac} 也在逐渐减小，但是在 $R = -X$ 处的频率点之前，交流损耗仍然还是比较大。

5）在甚高频段（超过 500MHz），磁珠的 R_{ac} 逐渐减小，容抗完全占据主导位置，而总阻抗则进一步减小。

有人可能会想：图 2.40 中只看到了 $R = X$ 处，但 $R = -X$ 处在哪里？

其实，在 X 随频率上升而降低至 0 后，接下来就变成了负值（容性），只不过大多数厂商并没有绘制出来，有些厂商则将 X 的绝对值也绘制出来了，如图 2.41 所示。

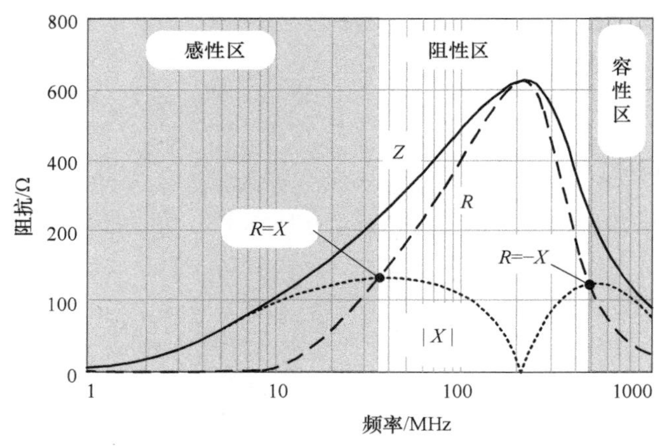

图 2.41　完整的 X 曲线

更进一步，我们将 $R = X$ 与 $R = -X$ 两处的频率称为交叉频率（Cross Frequency）或转折频率，磁珠的阻抗 - 频率特性曲线则可以根据交叉频点划分为感性、阻性、容性共 3 个区域。**实际应用时请特别注意：在抑制高频噪声场合下，磁珠通常工作在阻性区域**。当然，在 $R = X$ 交叉频率的附近（图 2.41 中右侧更高频段），磁珠仍然呈现了一定的感抗成分，为了获得更好的噪声抑制效果，你应该尽量选择合适的磁珠，以便将需要抑制的噪声频率对应在"R 较大且 X 较小的区域"。对于图 2.41 所示曲线对应的磁珠，其在约 210MHz 左右抑制噪声的性能是最佳的，其也是磁珠的自谐振频率点。也就是说，**与电感器应用不同，磁珠应用就是要谐振才能产生最大的损耗**。

值得一提的是，在绝大多数磁珠厂商给出的数据手册中，通常会以频率在100MHz 处的阻抗作为标称阻抗（如“100Ω@100MHz”“120R@100MHz”的表达方式），实际标注阻抗时也会注明相应的测试频率，见表 2.10。当然，如此标注阻抗只是业界习惯，并非意味着 100MHz 处的阻抗最高（或抑制噪声的能力最佳），高速信号专用磁珠也可能会给出更高频率点的标称阻抗（如 900MHz 或 1GHz），只不过使用量相对少很多。

表 2.10　某磁珠的电性能参数

参数	值	参数	值
标称阻抗	600Ω ± 30%（100MHz）	额定电流	0.5A（最大）
直流电阻	0.3Ω	工作温度	−55 ~ 125℃

电源线用磁珠还要考虑直流偏置电流的阻抗特性。大多数厂商给出的磁珠阻抗 - 频率特性曲线是在零直流偏置（或较小的直流偏置，如 50mA）条件下测量得到，但是这很可能并不符合实际的应用场景，因为电源线上的直流成分不可能总为零。前面已经提过，磁珠（或电感器）通过直流电流时，其磁导率会有所下降。也就是说，随着通过磁珠的电流越来越大，相应的阻抗也会越小，这也就意味着其抑制噪声的性能也在变差。不同直流偏置的阻抗 - 频率特性曲线如图 2.42 所示。

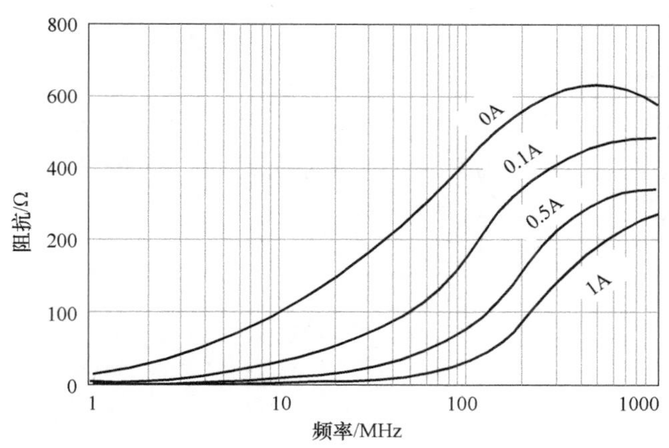

图 2.42　不同直流偏置的阻抗 - 频率特性曲线

另外，即便最佳抑制噪声的频率相同，不同磁珠的阻抗也有大有小，那么应该尽量选择阻抗最大的磁珠吗？并不是！因为磁珠的标称阻抗越高，相应的直流电阻（*DCR*）通常也越大，过大的阻抗对信号线上有用的信号会产生过大的衰减（因为使用磁珠的目的就是抑制差模噪声，有用的信号通常就是以差模形式出现），而过大的 *DCR* 也会在大电流场合产生过高的压降，这可能会导致供电电压无法满足要求。

举个简单的例子，某芯片使用 +3.3V 电源，平均电流约为 300mA 左右，并使用磁珠与电容器作为电源去耦，而信号线上也使用磁珠抑制噪声，如图 2.43 所示。考虑到设计裕量，**电源线用磁珠**的额定电流应该选择至少 500mA，其 *DCR* 则取决于芯片容许的最低工作电压 U_L。假设芯片的 U_L 值为 3V，则容许的磁珠压降为 0.3V，相应 *DCR* 最大应为 0.3V/300mA = 1Ω，同样预留一定的设计裕量，则 *DCR* 应该不大于 0.5Ω。

信号线用磁珠的选型应该先确定噪声的频率范围，然后再选择合适的阻抗，这与信号线负载的阻抗及需要衰减的信号量有关。假设信号线负载为 50Ω，对于频率为 100MHz、峰峰值为 300mV 的噪声，如果希望添加磁珠后噪声降低至 100mV，则衰减量为 200mV。噪声引起的电流最大值为 100mV/50Ω = 2mA，选择的磁珠阻抗应约为 200mV/2mA = 100Ω。当然，同样也需要留一些设计裕量，也就是选择标称阻抗稍大些的磁珠，但是不必选择阻抗过大的磁珠，因为其 *DCR* 也相应会更大，对传输的有用信号也有一定的衰减。

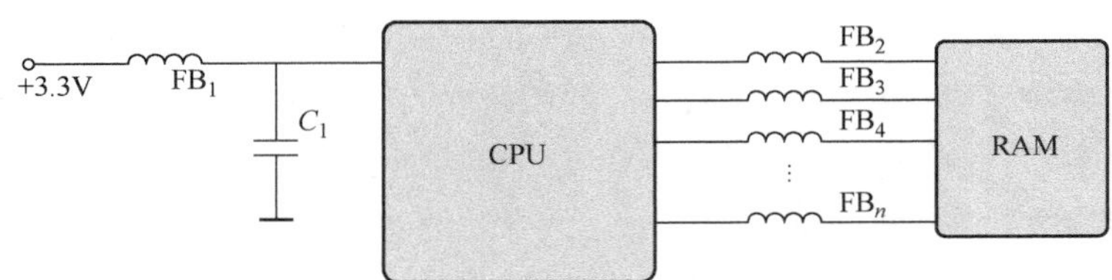

图 2.43　磁珠在电源线与信号线上的应用

值得一提的是，**电源线用磁珠**与**信号线用磁珠**的阻抗 - 频率特性曲线总体上存在一定的差异，两者不应该混用。如图 2.44 所示，**电源线用磁珠**的曲线通常比较平缓（并没有特别高的阻抗值），其在整个频率范围都有一定不小的阻抗。换句话说，**电源线用磁珠**对某频段内的噪声抑制效果较好，这也是电源噪声的常态。**信号线用磁珠**的曲线在某个频率点会比较突出，因为其要让有用信号通过，同时滤除高频噪声，所以在某个比较高的频率点附近的阻抗会非常大。

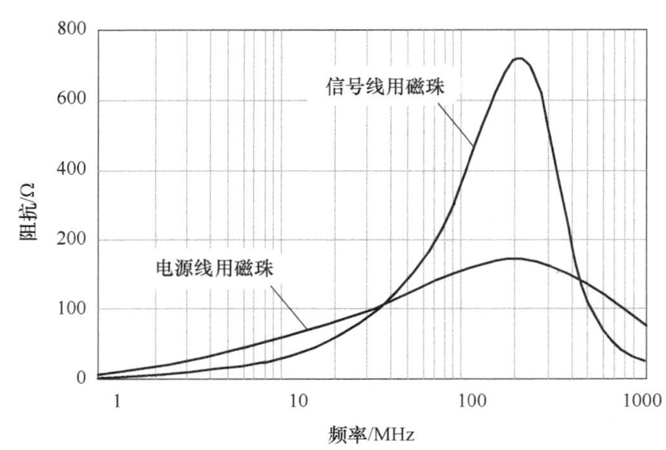

图 2.44　信号线与电源线用磁珠的阻抗 - 频率特性曲线差异

还有一点需要特别注意，磁珠与电容器组成去耦电路也可能产生谐振，此时去耦电路非但没有削弱电路系统产生噪声，反而会将其进一步放大。电路谐振主要发生在同时使用磁珠与高 Q 值电容器的场合，因为在低频（约 10MHz 以下）范围内，磁珠呈现的电阻比较小，相当于一个高 Q 值电感器，也就有可能在低频与高 Q 值电容器发生谐振，其在插入损耗 - 频率特性曲线上表现为一个尖峰，如图 2.45 所示。简单地说，如果电源噪声的频率范围恰好在尖峰所在频率范围内，去耦电路就会将其放大。

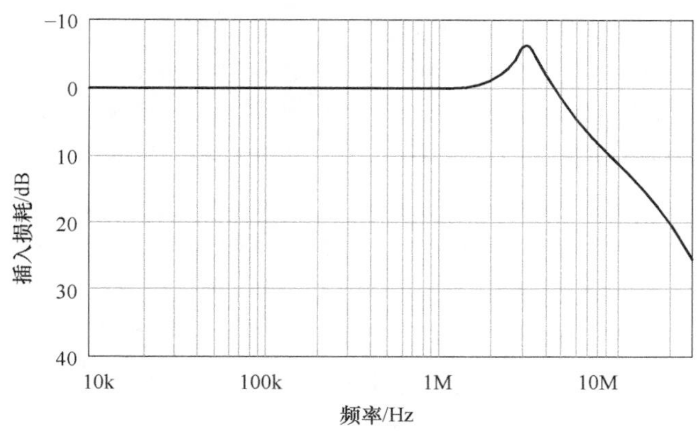

图 2.45　出现谐振时的插入损耗 - 频率特性曲线

消除谐振的方法主要是增加耗能环节（降低 Q 值），也称为阻尼电路（Damping Circuit），常用的方案也有几种。例如，像图 2.46a 所示在磁珠两端并联阻尼电阻器，或如图 2.46b 所示在电容器支路串联阻尼电阻器，但是这两种方案都会降低高频去耦效果。为了保证去耦电路的高频特性，也可以如图 2.46c 所示那样在高 Q 值电容器两端并联一个“RC 串联电路”，串联电容器的容量必须大于所有去耦电容器的容量之和，且电容器的阻抗必须远小于串联电阻器的阻值。

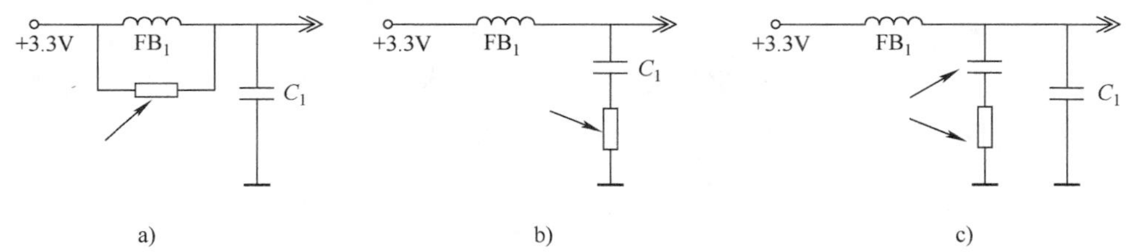

图 2.46　消除谐振的常用方案

a）FB_1 并联阻尼电阻器　b）C_1 串联阻尼电阻器　c）C_1 并联 RC 串联电路

在实际进行产品开发时，很多电路系统中的磁珠位置经常是预留的。例如，在样机生产阶段并不一开始就安装磁珠（如使用零欧姆电阻代替），而是在后续进行测试时观察能否通过相关的 EMC 标准（如果有要求的话）。如果不符合要求，首先就观察哪些频点超标，然后使用工具（如频谱仪）探测系统中产生该超标频点的具体位置，经过分析并串联合适的磁珠后，再对比添加磁珠前后的辐射功率。如果最终的方案能够解决问题，再在量产阶段统一添加相应型号的磁珠。

2.8 变压器基础知识

我们已经知道，线圈产生的感应电动势是由通过线圈本身的变化磁通引起的，如果该变化磁通是由流过此线圈的电流而产生，则称为自感（Self Inductance）现象。那么，如果变化磁通是由流过变化电流的另一个线圈产生，是否同样会在此线圈产生感应电动势呢？答案当然是肯定的，这种现象已经在 1.2 节中介绍过，也称为互感（Mutual Inductance）现象，而相应产生的感应电动势则称为互感电动势。

自感自动势是单个线圈产生的现象，而互感电动势是多个线圈之间的磁耦合现象（为方便描述，以下仅讨论两个线圈），变压器（Transformer）就是互感现象应用的典型元件，其基本结构是在磁心上绕制两个线圈 N_1 与 N_2，如图 2.47 所示（常见磁心结构为条形或环形）。我们把与输入交流源相连接的线圈称为一次（或原边）线圈（或绕组）或激励线圈（此处为 N_1），而其他与负载连接的线圈称为二次（或副边）线圈（或绕组）或响应线圈（此处为 N_2）。

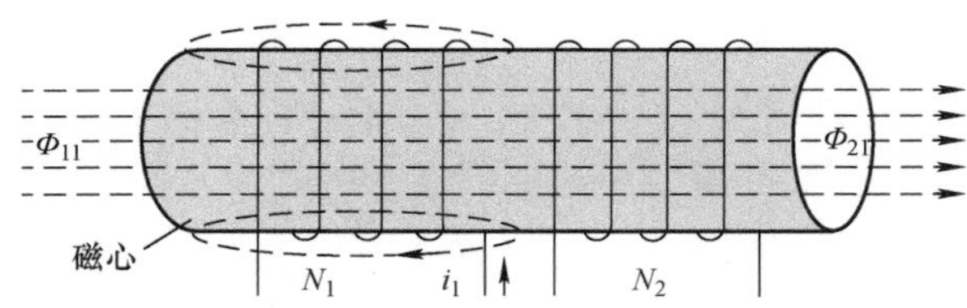

图 2.47 变压器基本结构

现在往线圈 N_1 中注入电流 i_1，其产生的自感磁通 Φ_{11}（**下标以“响应 + 激励”的方式表达，即第 1 个下标表示该磁通所在的线圈编号，第 2 个下标表示产生该磁通所在的线圈编号，有些资料可能相反，需要特别注意**）穿过线圈 N_2 的那一部分称为互感磁通 Φ_{21}，相应在线圈 N_2 上产生了互感磁链 Ψ_{21}（注意互感磁通与互感磁链的区别），即有

$$\Psi_{21} = N_2\Phi_{21} \tag{2.10}$$

对于实际变压器而言，线圈 N_1 产生的一部分磁力线并未穿过线圈 N_2，也就是第 1 章中介绍过的漏磁，这也就意味着，两个线圈的磁耦合程度并非完美。为了方便后续讨论，我们引入耦合度的概念，并使用符号 K 表示，其定义为线圈产生的互感磁通与自感磁通的比值。那么，线圈 N_1 对线圈 N_2 的耦合度 K_1 为互感磁通 Φ_{21} 与自感磁通 Φ_{11} 的比值，即

$$K_1 = \frac{\Phi_{21}}{\Phi_{11}} \tag{2.11}$$

同理，当往线圈 N_2 中注入电流 i_2 时，由此产生的自感磁通 $\varPhi_{22}$ 穿过线圈 N_1 的那一部分称为互感磁通 $\varPhi_{12}$，相应在线圈 N_1 上产生了互感磁链 $\varPsi_{12}$，则有式（2.12）：

$$\varPsi_{12} = N_1\varPhi_{12} \tag{2.12}$$

而线圈 N_2 对线圈 N_1 的耦合度 K_2 为互感磁通 $\varPhi_{12}$ 与自感磁通 $\varPhi_{22}$ 的比值，则有

$$K_2 = \frac{\varPhi_{12}}{\varPhi_{22}} \tag{2.13}$$

很明显，K_1 与 K_2 总是不大于 1，其取值范围为 0 ~ 1。

从前述定义可知，在流过激励线圈电流（自感磁通）相同的条件下，其与响应线圈之间的磁耦合度越大，互感磁通与互感磁通链也越大。为了描述电流产生互感磁链的能力，我们引入了互感系数（与自感系数对应）的概念，也称为互感量（简称“互感”），其表示“互感磁链”与“产生该磁链的电流”的比值，并使用符号 M 表示。流过线圈 N_1 的电流 i_1 产生的磁链为 $\varPsi_{21}$，则线圈 N_1 对线圈 N_2 的互感系数为 M_{21}，即

$$M_{21} = \frac{\varPsi_{21}}{i_1} \tag{2.14}$$

同理，线圈 N_2 对线圈 N_1 的互感系数为 M_{12}，即

$$M_{12} = \frac{\varPsi_{12}}{i_2} \tag{2.15}$$

一般情况下，M_{12} 与 M_{21} 并不相等，通常取两者的几何平均值作为互感系数 M，即有

$$M = \sqrt{M_{12}M_{21}} \tag{2.16}$$

线圈之间的互感系数与两个线圈的匝数、几何尺寸、相互位置及磁介质的磁导率相关。如果变压器使用真空作为磁心，互感系数与流过线圈的电流无关，但实际变压器通常会采用铁磁材料作为磁心，而此类磁心的磁导率与电流是相关的，所以变压器的互感系数也不会是常数。

我们也可以顺便获取互感系数与耦合度之间的关系，结合式（1.2）、式（2.10）、式（2.11），有

$$K_1 = \frac{\varPhi_{21}}{\varPhi_{11}} = \frac{\varPsi_{21}/N_2}{\varPsi_{11}/N_1} = \frac{\varPsi_{21}N_1}{\varPsi_{11}N_2} \tag{2.17}$$

再结合式（2.1）、式（2.14），则有

$$K_1 = \frac{\varPsi_{21}N_1}{\varPsi_{11}N_2} = \frac{Mi_1N_1}{L_1i_1N_2} = \frac{MN_1}{L_1N_2} \tag{2.18}$$

同理，结合式（2.1）、式（2.12）、式（2.13）、式（2.15），有

$$K_2 = \frac{\Phi_{12}}{\Phi_{22}} = \frac{MN_2}{L_2N_1} \tag{2.19}$$

通常 K_1 与 K_2 并不相等，我们将两者的几何平均值定义为耦合系数 K 来衡量线圈之间的耦合程度，即

$$K = \sqrt{K_1K_2} = \sqrt{\frac{MN_1}{L_1N_2} \times \frac{MN_2}{L_2N_1}} = \frac{M}{\sqrt{L_1L_2}} \tag{2.20}$$

当 K=0 时，表示线圈之间不存在磁链耦合，也不存在互感。当 K=1 时，表示线圈之间耦合很紧密，也就同时意味着没有漏磁的产生，此时互感为最大值，也称为全耦合状态，相应的互感系数为

$$M = K\sqrt{L_1L_2} \tag{2.21}$$

也就是说，互感系数取决于两个线圈的自感系数与耦合系数。值得一提的是，“互感系数”不应该与“耦合系数”混淆，耦合系数大，并不意味着互感系数大，反之亦然。耦合系数衡量线圈之间磁通传输的效率，本质上是一个“度”，而互感系数还与线圈本身的特性有关，本质上是一个“量”。就如同两个串联电阻对输入电压源分压，电阻分压比就相当于耦合系数，而由电阻分到的输出电压则相当于互感系数，其不仅取决于电阻分压比（耦合系数），还取决于输入电压的大小。

定义了互感系数之后，我们就可以根据激励线圈的电流变化率求出相应的互感电动势。式（1.4）定义了线圈的自感电动势，互感电动势的定义是相似的，“流过线圈 N_1 的电流 i_1”在线圈 N_2 上产生的互感电动势取决于磁通链 Ψ_{21} 的变化率，即

$$e_{\mathrm{M2}} = -\frac{\Delta\Psi_{21}}{\Delta t} = -M\frac{\Delta i_1}{\Delta t} \tag{2.22}$$

同理，“流过线圈 N_2 的电流 i_2”在线圈 N_1 中产生的互感电动势取决于磁通链 Ψ_{12} 的变化率，即

$$e_{\mathrm{M1}} = -\frac{\Delta\Psi_{12}}{\Delta t} = -M\frac{\Delta i_2}{\Delta t} \tag{2.23}$$

值得一提的是，互感电动势的方向不仅取决于互感磁链的变化方向（增加或减小），还与线圈的绕制方向有关。当然，实际绕制完毕的线圈很可能无法从外观判断绕向，为了方便原理图绘制，我们定义了同名端的概念，其表示在相同变化磁通的作用下，感应电动势极性相同的端子（换句话说，电流从两个线圈的同名端流入，磁通相互加强，反之则互相抵消），一般使用符号“•”表示，也可以使用字母“M”与箭头表示两个线圈之间的互感系数为 M。如图 2.48 所示，端子 1 与 3 为同名端，而端子 1 与 4、2 与 3 也称为异名端。

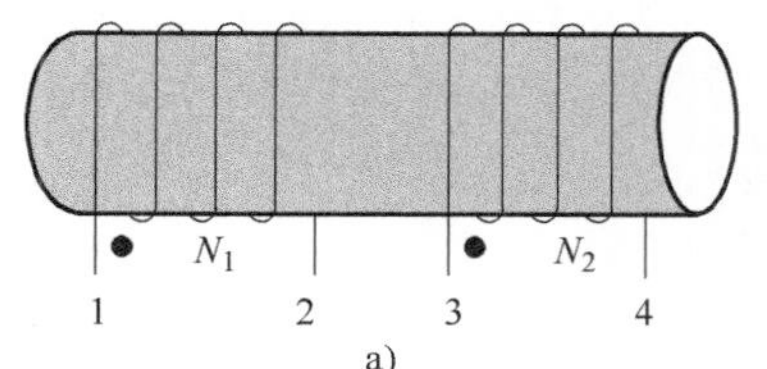

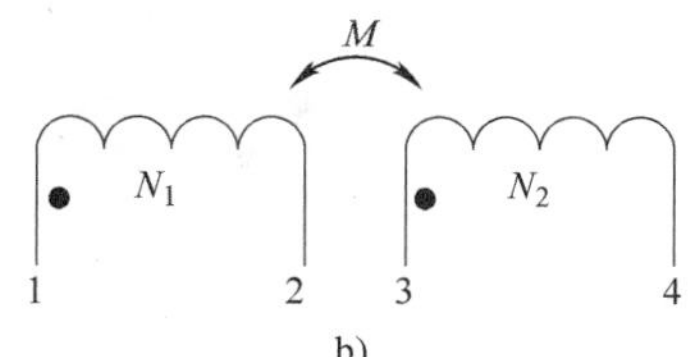

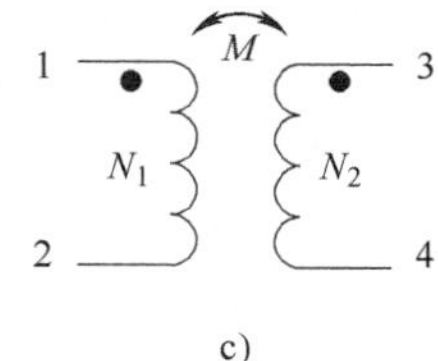

图 2.48　同名端的定义

a）实际绕线方向　b）原理图示意 1　c）原理图示意 2

如图 2.49a 所示，当 i_1 增加时，线圈 N_1 两端的感应电动势方向为“左正右负”，根据同名端的定义，可以判断出线圈 N_2 两端的感应电动势方向同样为“左正右负”，如果 N_2 连接了负载，其电流将从端子 3 流出，因此也可以这样理解同名端：**电流注入激励线圈的端子，与响应线圈流出电流的端子是同名端**。如果将同名端定义反过来，同样当 i_1 增加时，N_1 两端的感应电动势方向仍然为“左正右负”，但 N_2 两端的感应电动势方向则为“左负右正”，如图 2.49b 所示。

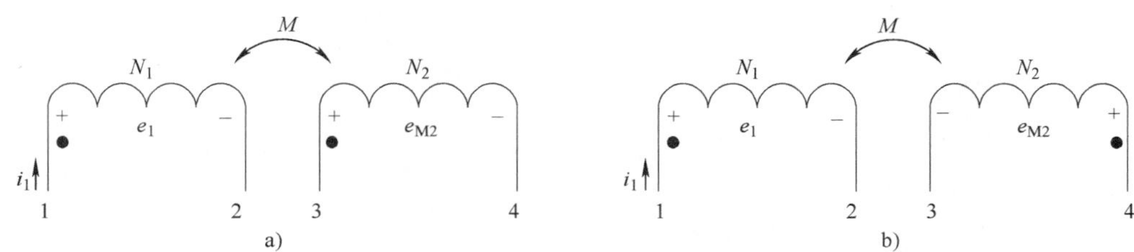

图 2.49　电流变化方向与感应电动势方向的关系

a）同名端为 1 与 3　b）同名端为 1 与 4

另外，两个存在磁耦合的线圈会影响其串联与并联总等效电感量，并且也与具体连接形式有关。假设不存在磁耦合的两个串联电感器的电感量分别为 L_1 与 L_2，则其总等效电感量为两个电感量之和，即

$$L = L_1 + L_2 \tag{2.24}$$

如果两个串联电感器之间存在互感系数 M，则总等效电感量还与串联形式有关。图 2.50a 所示为两个电感器正向串联，此时流过同名端的电流方向相同，相应的总等效电感量见式（2.25）：

$$L = L_1 + L_2 + 2M \tag{2.25}$$

从磁力线的角度来看，电流通过线圈 N_1 产生磁力线（对应自感磁通 $\boldsymbol{\Phi}_{11}$）时，其穿过线圈 N_2 的那部分磁力线（对应互感磁通 $\boldsymbol{\Phi}_{21}$）与电流流过 N_2 时产生的磁力线（对应自感磁通 $\boldsymbol{\Phi}_{22}$）方向相同。同样，电流通过 N_2 产生磁力线（对应自感磁通 $\boldsymbol{\Phi}_{22}$）时，

其穿过 N_1 的那部分磁力线（对应互感磁通 Φ_{12}）与电流流过 N_1 产生的磁力线（对应自感磁通 Φ_{11}）方向相同。也就是说，四部分磁力线方向都是相同的，起到相互加强的作用，所以相当于多串联了 2 个电感量为 M 的电感器。

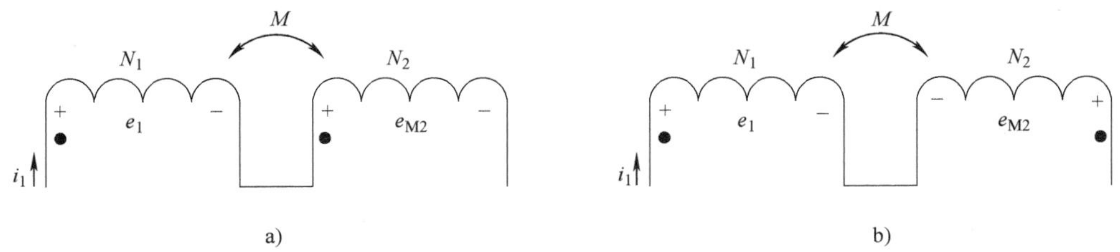

图 2.50 电感器的正向串联与反向串联

a）电感器的正向串联 b）电感器的反向串联

在实际应用中，同一条导体中靠近的两段（电流方向相同）之间产生的磁耦合效果就与电感器的正向串联相似，如图 2.51 所示（逻辑连线仅用于维系电流通路，无实际对应物理导体）。两段导体的距离越近，整段导体呈现的阻抗也会更大。

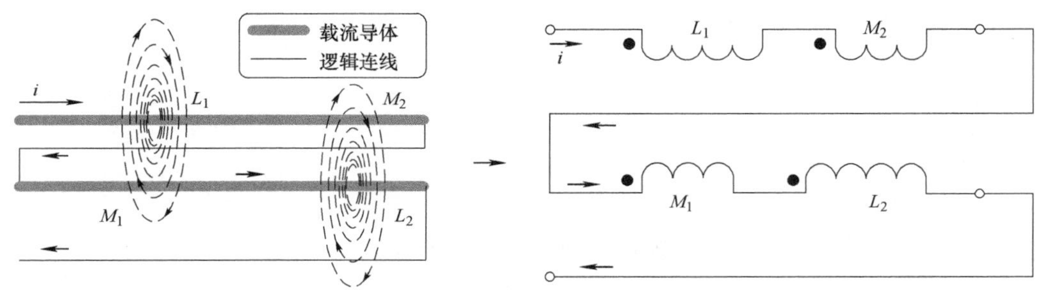

图 2.51 自感磁通与互感磁通相互叠加

图 2.50b 所示为两个电感器反向串联，此时流入同名端的电流方向相反，则总等效电感量见式（2.26）：

$$L = L_1 + L_2 - 2M \tag{2.26}$$

同样从磁力线的角度来看，电流通过线圈 N_1 产生磁力线（Φ_{11}）时，其穿过线圈 N_2 的那部分磁力线（Φ_{21}）与电流流过 N_2 时产生的磁力线（Φ_{22}）方向相反。同样，电流通过 N_2 产生磁力线（Φ_{22}）时，其穿过 N_1 的那部分磁力线（Φ_{12}）与电流流过 N_1 产生的磁力线（Φ_{11}）方向相反。也就是说，两个互感磁通与自感磁通对应的磁力线方向相反，起到相互削弱的作用，所以相当于少串联了 2 个电感量为 M 的电感器。

在实际应用中，同一条导体中靠近的两段（电流方向相反）之间产生的磁耦合效果就与电感器反向串联相似，如图 2.52 所示。如果希望尽可能降低整条导体呈现的总阻抗，应该让两段导体越靠近越好。

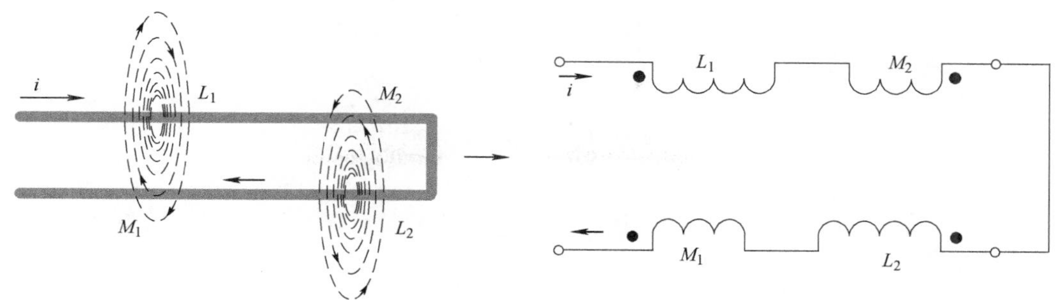

图 2.52　互感磁通削弱自感磁通

并联电感器的计算与电阻器并联关系相似，只不过同样要考虑互感的影响。如果两个并联电感器之间不存在磁耦合，则其总等效电感量为

$$L = \frac{L_1 L_2}{L_1 + L_2} \tag{2.27}$$

当两个并联电感器之间存在互感时，情况会复杂一些。如果其同名端连接在一起，则称为同侧并联时，相反则称为异侧并联。但是无论是哪种连接方式，由于流过两个支路的电流并不相同，各自线圈产生的自感磁通与互感磁通也不相同，所以总电感量不能像前述那样简单推导，有兴趣的读者可参考电路理论相关的资料。一般我们直接使用公式计算即可，见式（2.28）：

$$L = \frac{L_1 L_2 - M^2}{L_1 + L_2 \pm 2M} \tag{2.28}$$

式中，存在一个正负号（ ± ），同侧并联时取负号，异侧并联时取正号。

如果将变压器的一次线圈与交流源连接，磁心中将会产生交变磁通，该交变磁通经过闭合磁路同时穿过一次与二次线圈，也就会在二次线圈产生互感电动势。如果二次线圈连接了负载，从一次线圈输入的电能就转换成了其他形式的能量（如热能、机械能、光能等），如图 2.53 所示，其中，e_1 与 e_2 分别代表两个线圈的感应电动势。

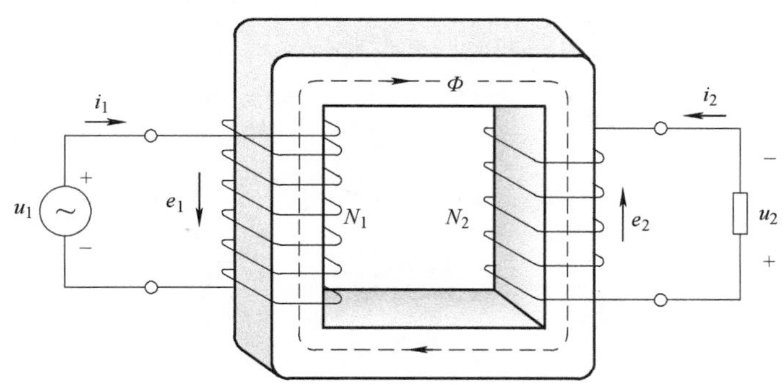

图 2.53　变压器的工作原理

理想变压器完全没有能量损耗，由于穿过一次与二次线圈的磁通相同，相应产生的感应电动势分别为

$$e_1 = -N_1 \frac{\Delta \Phi}{\Delta t},\quad e_2 = -N_2 \frac{\Delta \Phi}{\Delta t} \tag{2.29}$$

由于 e_1 起到阻碍电流变化的作用，如果忽略线圈的电阻，可认为 e_1 等同于 u_1。同理，e_2 相当于输出电压 u_2，则有

$$\frac{u_1}{u_2} \approx \frac{e_1}{e_2} = \frac{N_1}{N_2} = K \tag{2.30}$$

式中，K 称为匝数比（简称“匝比”）或变压比，其是变压器最基本的参数之一。很明显，变压器一次与二次线圈两端的电压比与匝比 K 成正比。如果 $N_2 > N_1$，则 $u_2 > u_1$，变压器的输出电压比输入电压高，相应的变压器称为升压变压器。反之，如果 $N_2 < N_1$，相应的变压器称为降压变压器。有些变压器的 $N_2 = N_1$，通常用于隔离输入与输出电压。

我们也可以进一步得到输入电流 i_1 与输出电流 i_2 之间的关系。假设变压器是理想的（损耗为 0），根据能量守恒定律，输出功率 P_2 与输入功率 P_1 相等，则有 $u_1 i_1 = u_2 i_2$，再结合式（2.30）可知，流过一次与二次线圈的电流与线圈的匝数成反比，即

$$\frac{i_1}{i_2} = \frac{u_2}{u_1} = \frac{N_2}{N_1} = \frac{1}{K} \tag{2.31}$$

除了变换交流电压与电流外，变压器还可以变换交流阻抗。根据电路理论，如果希望负载获得最大传输功率，负载阻抗应该等于信号源内阻，此时也称为阻抗匹配（Impedance Matching）。但是在实际应用场合中，负载阻抗与信号源内阻通常并不是相等的，为此可以利用变压器来实现阻抗匹配。假设变压器一次与二次线圈的交流阻抗分别为 Z_1 与 Z_2，它们与匝比之间的关系如下：

$$|Z_1| = \left(\frac{N_1}{N_2}\right)^2 |Z_2| = K^2 |Z_2| \tag{2.32}$$

以上是将变压器作为理想元件来讨论，但是变压器作为一个能量转换（或传输）元件，其能够传输的能量大小与效率也是有限的。假设变压器一次输入功率与二次输出功率分别为 P_1 与 P_2，由于能量传输过程中总会存在一些损耗（铁损与铜损），所以总会有 $P_2 < P_1$，而变压器的效率则定义为 P_2 与 P_1 比值的百分比，通常使用符号 η 表示，则有

$$\eta = \frac{P_2}{P_1} \times 100\% \tag{2.33}$$

实际变压器的电气参数还有很多，不同种类变压器的电气参数侧重点也不尽相同，后续会在适当场合详细讨论，此处不再赘述。

2.9 从数据手册认识变压器

本节通过变压器数据手册来讨论其常用电气参数。需要说明的是，与电感器存在丰富成品不同，变压器虽然也有少数成品可供采购，但由于相应电路系统牵涉到的电气参数太多（包括但不限于电压、电流、功率、温度、损耗、频率、材质等），成品很难满足实际需求，所以大多数类型的变压器仍然还是以自己设计为主，本节仅以应用最早的电源变压器为例。

表 2.11 为某电源变压器的电气参数（一次与二次线圈都仅有一个），虽然其中并未直接给出匝比，但额定一次电压（Primary Voltage Rating）与额定二次电压（Secondary Voltage Rating）已经暗示了此值，即为两者的比值 220V/12V ≈ 18。工作频率为 50Hz 或 60Hz，结合额定一次电压可知，该变压器能够从市电获取降压后的 12V 交流电压。

表 2.11　某电源变压器的电气参数

参数	值	参数	值
额定容量	200VA	额定一次电压	220V
额定二次电压	12V	工作频率	50/60Hz

请特别注意，表 2.11 中有一个额定容量（Power Rating）参数，它是什么呢？不应该是额定功率吗？要理解额定容量代表的含义，首先得认识有功功率（Active Power）与无功功率（Reactive Power）概念，前者表示将电能转换为其他形式能量并消耗掉的功率，后者只是将电源提供的能量暂时储存起来的功率（后续还会释放到电源），其并未转换为其他形式能量消耗掉。

一般我们所说的有功功率是指平均功率（而不是瞬时功率），其定义为一个周期内瞬时功率的平均值，因为交流电的瞬时功率（任意时刻电压值与电流值的乘积）并不是固定的，实际意义并不大。理想电阻器消耗的都是有功功率，其两端（正弦）电压的相位与流过其中（正弦）电流完全一致，所以一个周期内的瞬时功率都是正值，所以平均功率也是正值，如图 2.54a 所示。理想电感器两端的电压相位超前流过其中的电流 90°，所以一个周期内的瞬时功率有正有负，但是平均功率却为 0，如图 2.54b 所示。

对于电感器（或电容器）而言，当瞬时功率为正值时，表示电源能量储存到电感器中，而当瞬间功率为负值时，表示能量从电感器返回到电源。换句话说，电感器并没有对外做功（不消耗有功功率），而一个周期内瞬时功率的最大值就被定义为无功功率，其代表电感器与电源之间能量交换的最大值，通常使用符号 Q_L 表示。假设电感器两端的电压及流过其中的电流分别为 U_L 与 I，则相应的无功功率可表达如下：

$$Q_L = U_L I \tag{2.34}$$

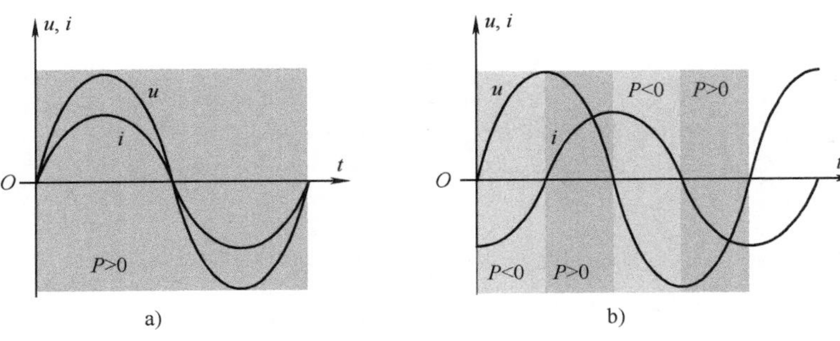

图 2.54　有功功率与无功功率

a）理想电阻器的有功功率　b）理想电感器的无功功率

实际电感器都会存在一定的电阻，其两端电压与流过电流的相位差总是会小于 90°，所以其同时存在有功功率与无功功率。但是有功功率与无功功率的过于细分并不方便应用，因此很多磁性元件引入视在功率（Apparent Power）来衡量其容量，并使用符号 S 表示，其定义为额定电压与额定电流的乘积，即有

$$S = UI \tag{2.35}$$

从无功功率与视在功率的定义来看，其单位应该都是瓦特（W），但是为了有所区分，无功功率的单位为乏（var），而视在功率的单位为伏安（V・A）。

视在功率包括有功功率与无功功率，它们之间的关系见式（2.36）：

$$S = \sqrt{P^2 + Q^2} \tag{2.36}$$

图 2.55 所示为经典功率三角形，可以表达 P、Q、S 之间的关系。其中，P 与 S 之间的夹角 φ 正是电压与电流相位差，其值越小，表示有功功率的占比越大。很明显，P 与 S 之间的关系可用下式表达：

$$P = S\cos\varphi = UI\cos\varphi \tag{2.37}$$

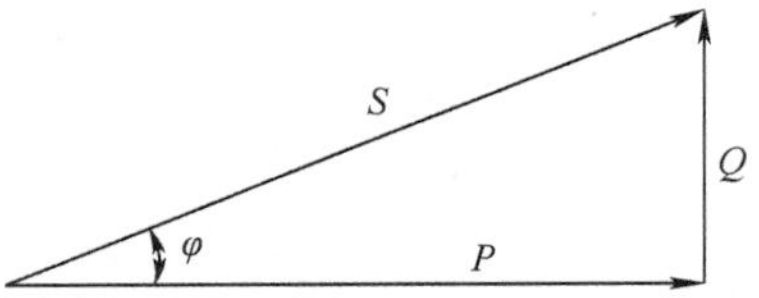

图 2.55　经典功率三角形

变压器的传输效率也可以用视在功率表示。假设一次与二次线圈两端的电压及相应的电流相位差分别为 φ_1 与 φ_2，结合式（2.33）、式（2.37），则有

$$\eta = \frac{U_2 I_2 \cos\varphi_2}{U_1 I_1 \cos\varphi_1} \times 100\% \tag{2.38}$$

工程上将 $\cos\varphi$ 称为功率因数（Power Factor，PF），其定义为 P 与 S 的比值，并使用符号 λ 表示，见式（2.39）：

$$\lambda = \cos\varphi = \frac{P}{S} \tag{2.39}$$

功率因数是衡量电子设备有效利用电源功率程度的关键指标，其值越大，表示负载消耗的无功功率越小（能量利用率越高）。很多因素会导致电子设备的无功功率过大（包括感性负载、谐波、负载不平衡等），继而使设备的功率因数过小，也就会浪费供电部门的供电能力，同时还增加线路损耗，因此很多国家或组织为此制定了相关标准，要求用电设备必须满足规定的最小功率因数，也因此产生了功率因数校正（Power Factor Correction，PFC）的概念，这里不展开讨论。

你可以这样理解功率因数存在的意义：**供电局提供的电能是以视在功率衡量，而收取电费的依据是有功功率。如果用电设备的功率因数太低，就相当于提供的电能被转化为无功功率（浪费掉了），相应部分的电费也就收不到**。普通居民用电一般不考虑功率因数，但工业用电则需要同时计量有功功率与无功功率，以计算相应的功率因数，如果其值达到国家标准，相应的无功功率不需要缴费。相反，如果其值过小，就需要额外收费（或者称为“罚款”），也称为“力率电费”。

值得一提的是，**无功功率并不等同于无用功率**，恰恰相反，它很有用。例如，变压器需要无功功率使变压器的一次线圈产生磁通，继而在二次线圈感应出电动势。如果没有无功功率，变压器就无法完成能量的传输。试想一下，如果变压器将输入视在功率作为有功功率全部消耗了，那么输出功率又从何而来呢？

视在功率定义了负载所能承担的最大容量。换句话说，它假定负载是纯阻性的（只消耗有功功率），此时所有视在功率都转化成了有功功率，而不关心负载实际消耗的有功功率或无功功率，因为这是负载设计的问题（能量利用问题），不是电源提供能量的问题。变压器是一个感性负载，其也存在有功功率与无功功率，所以通常会使用视在功率表示容量。

回到表 2.11，通过额定容量与额定电压数据，我们可以计算出相应一次线圈额定电流应为 200V · A/220V ≈ 0.9A，二次线圈额定电流约为 200V · A/12V ≈ 16.7A。需要注意的是：**输入线圈与输出线圈的容量是分开计算的**，即所有输入线圈（或所有输出线圈）的额定容量总和都相等（不考虑损耗时），如果一次和二次都各自仅存在一个线圈，其各自用于承担所有额定容量。

以上一直在讨论一次和二次仅各自只有一个线圈的变压器，也称为双线圈变压器，这是最基本的形式。实际上，还有单线圈与多线圈变压器。

单线圈变压器也称为自耦合变压器，其只有一个线圈，并且存在一个抽头，所以一次和二次线圈的一部分是共用的，其原理图符号如图 2.56a 所示。当输入电压从 N_1 接入时为降压变压器，当输入电压从 N_2 接入时为升压变压器。很明显，自耦合变压器并没有电气隔离能力，但与额定容量相同的双线圈变压器相比，由于部分线圈是共用的，所以其用铜量更少，因而具有体积更小、重量更轻、铜损更小、效率更高等特点。实验室用来连续调节市电的变压器通常就是这种形式（顶部有一个调节方向盘），如图 2.56b 所示。

多线圈变压器的具体形式很多，一次与二次线圈都可以是多个（此处以最多 2 个为例），一次与二次线圈各自可以是独立的，也可以是自耦合形式，或者两者兼而有之，如图 2.57 所示。

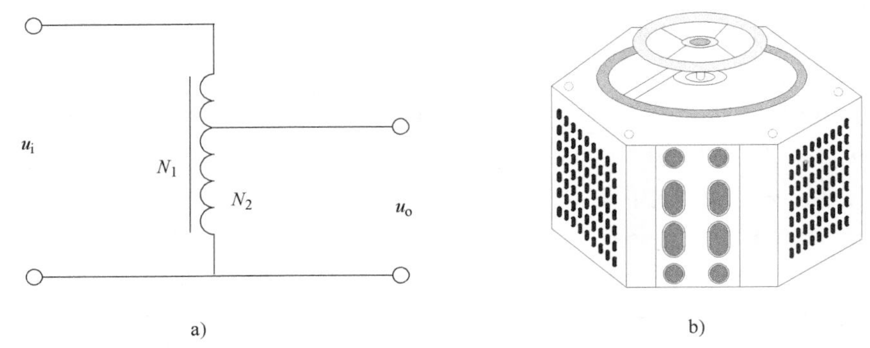

图 2.56　自耦合变压器

a）原理图符号　b）六角可调自耦合变压器

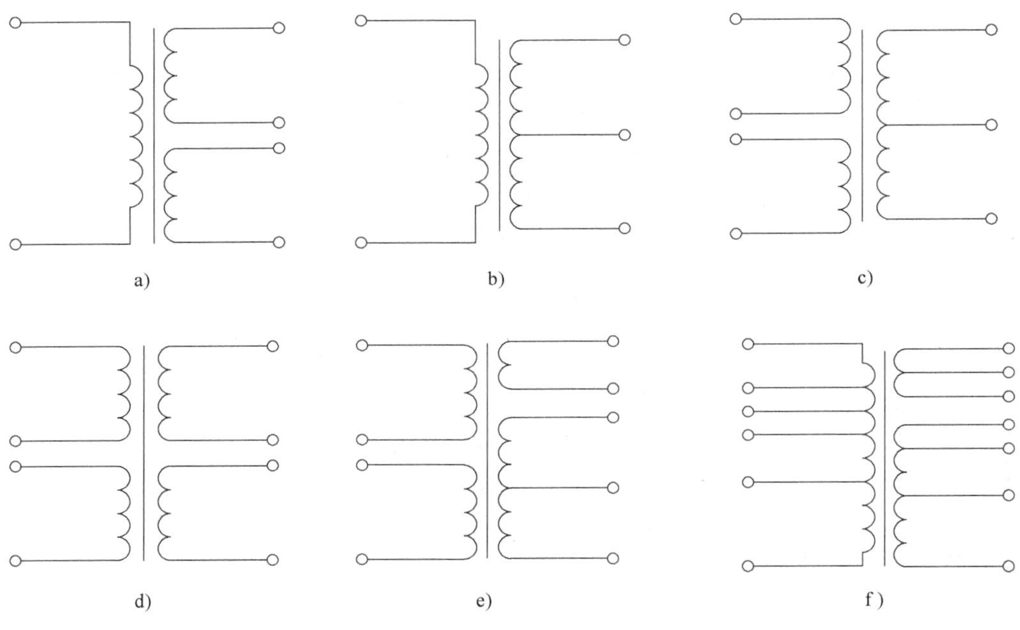

图 2.57　多线圈变压器

a）二次独立线圈　b）二次带抽头线圈　c）一次独立 + 二次带抽头线圈　d）一次级独立线圈
e）一次独立 + 二次混合线圈　f）一次带抽头 + 二次混合线圈

多线圈变压器的容量分配会复杂一些，但基本的原则还是不变：**各线圈只能承担各自能够承担的最大容量（一次和二次线圈分开计算），但所有线圈承担的容量之和不能超过变压器的额定总容量**。以下假设额定容量均为 200V · A，图 2.58a 所示的多线圈变压器已经直接标注了 18V 与 12V 二次线圈的额定容量分别为 150V · A 与 50V · A，总容量之和等于额定容量 200V · A。对于图 2.58b 所示的变压器，二次线圈的额定容量是针对整个线圈，也就是在输出 18V 时才能承担 200V · A 额定容量，二次线圈的额定电流为 200V · A/18V ≈ 11.1A，那么使用抽头输出 12V 时，容量应该为 11.1A × 12V ≈ 133.2V · A。当然，如果两个电压同时使用，二次线圈的电流不能超过额定电流 11.1A。

对于图 2.58c 所示更复杂的变压器，其一次线圈存在多个抽头，可以适用于不同的输入电压场合，但是无论具体如何使用，一次线圈的最大电流不能超过 200V · A/220V ≈ 0.91A。如果变压器输入电压为 220V，其输入容量正是额定容量 200V · A，相应的额定电流约为 0.91A。如果使用抽头输入其他电压，相应的输入容量也可以根据电压比来计算，其值与输入电压呈线性关系。例如，当使用抽头输入 110V、80V 时，相应的输入容量约为 100V · A、66V · A。二次线圈的容量分配也是相似的。假设使用抽头输入 220V（输入容量为 200V · A），相应的二次线圈最大电流应为 200V · A/24V ≈ 8.3A，当使用抽头分别仅输出 18V、12V、6V 时，相应的输出容量分别约为 149V · A、100V · A、50V · A。如果同时使用多个二次绕圈，电流之和不能大于 8.3A。当然，如果使用抽头输入更小的电压，由于输入容量变小了，相应的二次电流也减小了，输出线圈相应的容量自然也会下降，此处不再赘述。

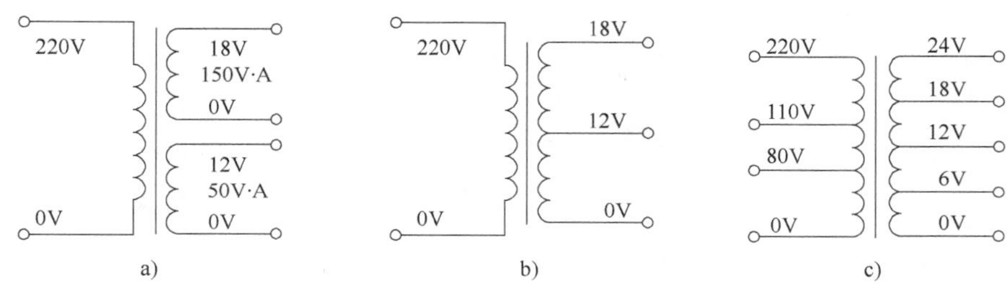

图 2.58　多线圈变压器的容量分配

在实际应用时，独立线圈的使用更灵活一些，因此，有些变压器不采用抽头的方式绕线，而代之以多个独立线圈的设计方式，这样你可以根据实际情况自行对线圈进行串联与并联。假设某多线圈电源变压器如图 2.57d 所示，其额定容量为 200V · A，两个一次线圈的额定电压均为 110V，两个二次线圈的额定电压均为 12V。如果需要此变压器与 220V 市电直接相连，则可以将两个一次线圈串联起来，如此一来，两个二次线圈的输出都是 12V，将它们串联就能够获得 24V 输出电压，相应的连接线路如图 2.59a 所示。当然，如果输入为 110V 的交流电源，则可以选择将一次线圈并联，这样（在相同的输出功率下）线圈的电流密度会更小，相应的温升会更低，如图 2.59b 所示。**但是请注意，无论线圈具体如何连接，所有一次（或二次）线圈的容量之和不能超过额定容量**。

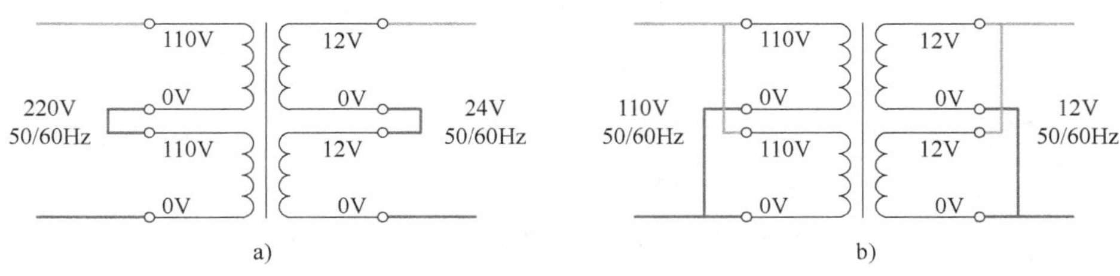

图 2.59　线圈的串联与并联应用

a）线圈串联应用　b）线圈并联应用

前面讨论的变压器都是单相变压器，无论其存在多少个一次线圈，同一时刻输入能量的线圈只有1个（串联或并联也只能算1个，因为输入电压的相位相同），而图2.60所示的多线圈变压器存在3个一次线圈，而且它们的输入电压相位是不同的（典型相差120°），也称为三相变压器，其通常与三相（通常用符号U、V、W表示）四线制或三相三线制的现代电力供电系统配合使用，本质上可以理解为3个相同变压器的组合。

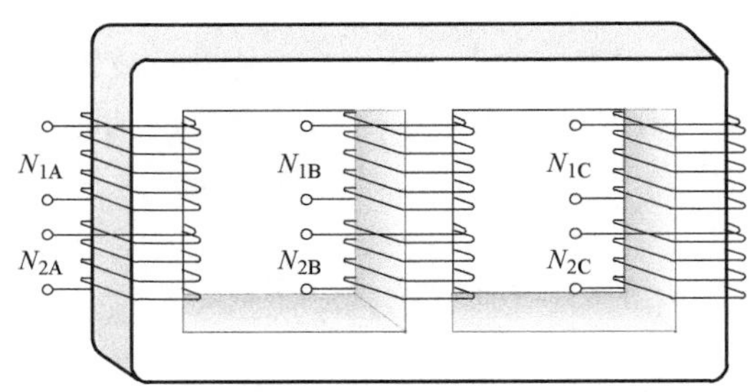

图 2.60　三相变压器的基本结构

根据三相电源与负载的具体形式不同，三相变压器一次级线圈可以分别连接为星形或三角形，如图2.61所示，其中，上侧表示变压器一次线圈的连接方式，下侧表示变压器二次线圈的连接方式（本书仅讨论单相变压器，只需要了解一下即可）。

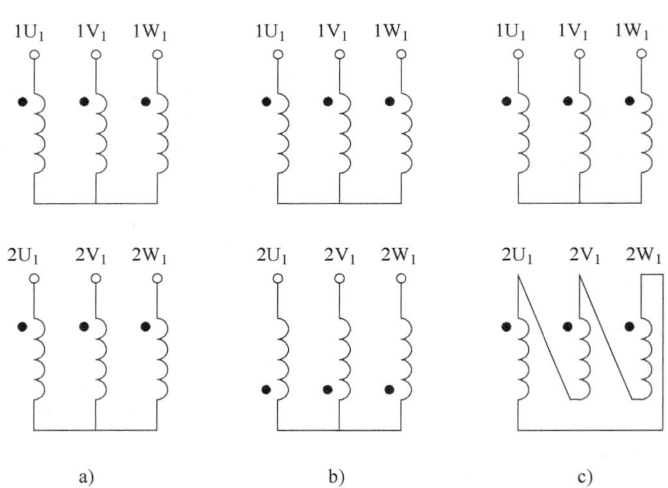

图 2.61　三相变压器的星形与三角形联结

a）星形 - 星形联结 1　b）星形 - 星形联结 2　c）星形 - 三角形联结

以上讨论的电源变压器由于应用频率比较低，也称为低频或工频变压器。实际上，变压器的分类方式还有很多，但总体而言可分为电源变压器与信号变压器，前者侧重于传输一定的功率，后者则用于传输信号（通常为正弦波或矩形波）。当然，也有两者兼顾的，这里不再详细介绍。

第 3 章　电感器与变压器应用电路

元件只有在实际电路中才能实现其设计与制造目的，其选型依据也与具体电路存在一定的关联，磁性元件自然也不会例外。换句话说，即便对磁性元件相关参数如数家珍，也并不意味着能够将其合理有效地应用在电路中，正如同游戏设计者并不一定是玩游戏的高手。因此，在初步了解磁性元件的基础知识后，进一步阐述相关典型应用电路将有助于熟悉磁性元件的具体应用场景，也能够逐渐深刻理解相关参数存在的真正意义。

本章主要选择“开关电源”与“无线射频”两个磁性元件应用相对比较集中的领域，并且按照“功率”与“信号”应用两个方向归类阐述，目的之一是想尽量有条理且尽可能多地展示两者应用，但是正如你将要看到的，磁性元件的应用电路是千变万化的，本章也只是选择了一些极具代表性的电路。另一目的是为了完善本书中关于磁性元件的整个知识体系，而不是为了讨论电路的设计方法（将会在其他书中讨论），因此在叙述过程中并未涉及应用电路的细节话题，几乎所有电路都是实际案例简化后的基本结构（大多数电路不会标注具体参数，离实际应用也有一定的差距），但是却非常适合初步熟悉磁性元件的各种基础应用电路的学习。

值得一提的是，本章并未涉及磁心材料方面的内容（甚至本书都不会细究，因为其属于进阶内容），但是你可以尝试在阅读时思考这样一个问题：各种应用电路中的电感器或变压器磁心应该使用什么材料或结构呢？实际上，这是一个非常复杂的问题，尽管本书不会深入探讨，但随时留点心能够帮助你在学习过程中发掘出更多值得思考的问题。换句话说，本章纯粹是从应用角度将磁性元件当作理想元件，不需要考虑磁心材料的选择，但在实际电路应用与设计过程中却不得不慎重考量。

另外，介绍“开关电源”相关内容的主要目的是为后续探讨磁能本质提供合适的阐述工具，因为其中的磁性元件应用更集中，相关诸多看似复杂或矛盾的磁学工程应用现象也较多，非常适合验证本书关于“磁能管理机制”的核心思想，而介绍“射频电路”相关内容的主要目的是让你了解磁性元件应用电路（初学者只需要知道相关的基本概念即可），其与本书（基础篇）后续章节并无直接关系（即便跳过相关内容，也不会对后续的阅读有任何影响）。也就是说，如果只是为了不影响后续章节的阅读，只需要学习与电源电路相关的 3.1、3.2、3.3、3.7 节即可。

3.1　电感器的充电与放电

当电容器两端的电压小于外部施加的电压时，能量会储存在电容器中，此过程称为充电（Charge）；反之，储存在电容器中的能量也会释放出来，此过程称为放电（Discharge）。相应地，当流过电感器的电流小于外部施加的电流时，电感器进入充电状态而将能量储存于其中；反之，电感器进入放电状态，储存于其中的能量会释放出来。很明显，电容器与电感器都具备充放电（储存与释放能量）特性，也因此被统称为储能元件。

为了衡量储能元件的充电或放电速度，电路理论中引入时间常数（Time Constant）的概念，其表示物理量从最大值衰减到最大值的 1/e（约 37%）所需要的时间，通常使用符号 τ 表示，其值越小表示充放电速度更快。对于单纯的电感器滤波电路，其与电阻器 R 组成了一个滤波电路，简称为 RL 滤波器，其时间常数为 L/R，如图 3.1 所示。

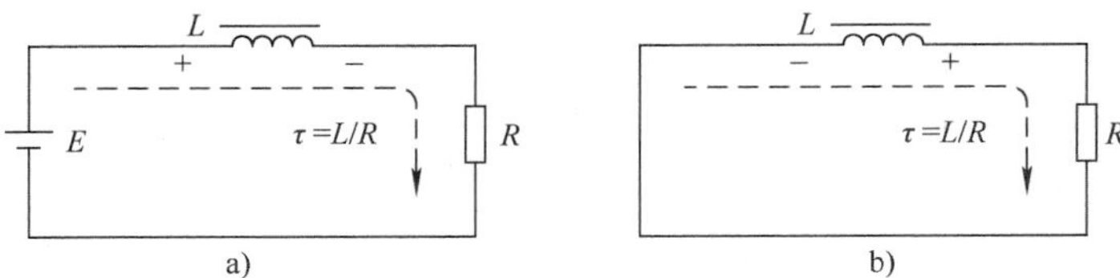

图 3.1　*RL* 滤波器的时间常数

a）电感器充电　b）电感器放电

假设电感器的电感量为 100μH，电阻器的阻值为 100Ω，则 RL 滤波器的时间常数 τ = 100mH/100Ω = 1ms。这也就意味着，当充电电流从 0 上升到最大值的 63%（或放电电流从初始值下降到原来的 37%）时，需要的时间约为 1ms。

实践证明，RL 滤波器中的电感器是以指数规律完成充电或放电过程，而电感器充电电流可由式（3.1）计算：

$$i_L = I_0[1 - e^{-t/\tau}] \tag{3.1}$$

式中，I_0 表示最终稳定的电流，对于图 3.1a 所示电路，其值为 E/R。图 3.2 为 RL 滤波器中电感器的充电电流波形，最终稳定的电流值为 120mA，其值的 63% 约为 75.9mA。

电感器放电电流可由式（3.2）计算：

$$i_L = I_0 e^{-t/\tau} \tag{3.2}$$

式中，I_0 表示电感器开始放电前的初始电流。图 3.3 为 RL 滤波器中电感器的放电电流波形，电感器初始电流为 120mA，其值的 37% 约为 44.1mA。

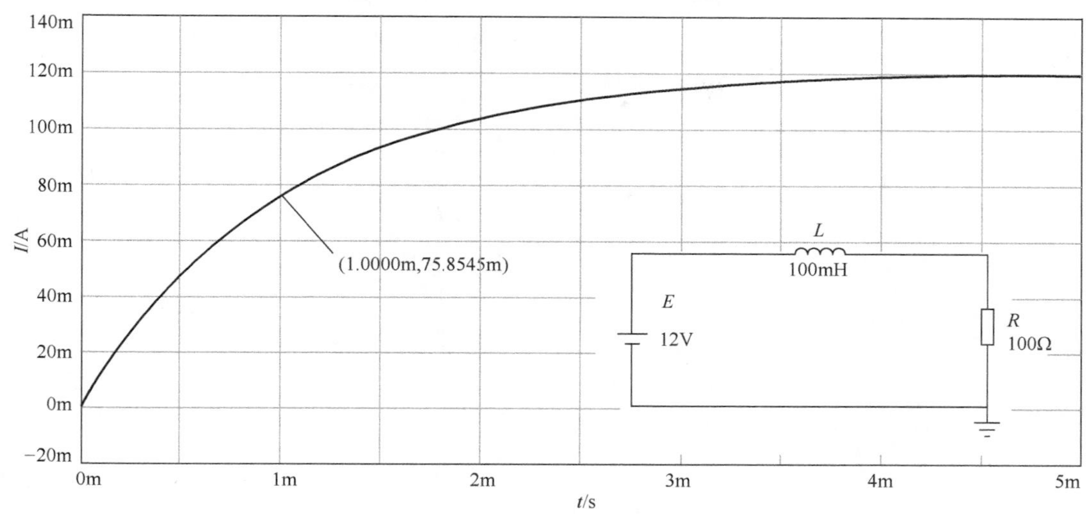

图 3.2　*RL* 滤波器中电感器充电电流波形

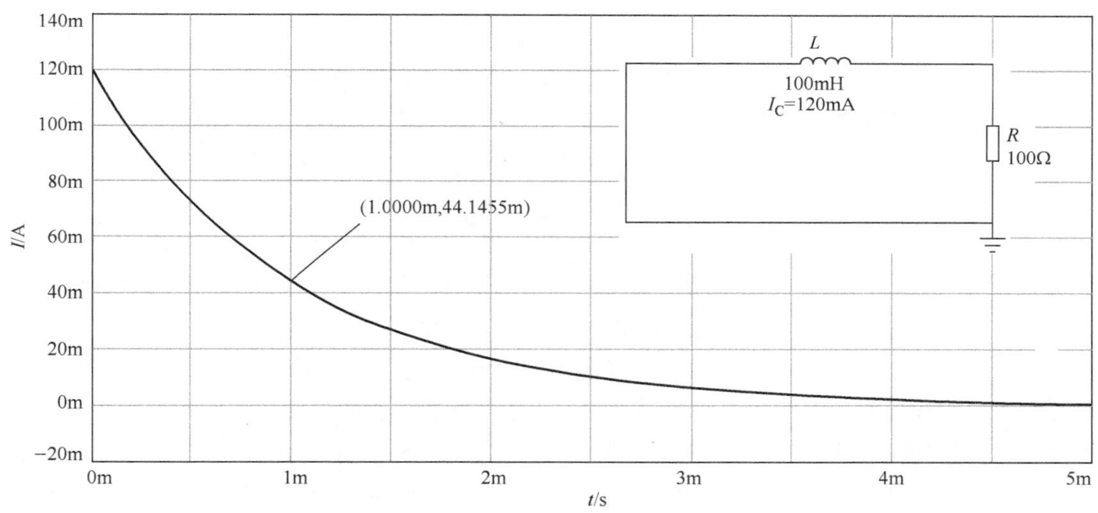

图 3.3　*RL* 滤波器中电感器放电电流波形

值得一提的是，电容器也有相似的指数规律充放电过程，只不过相应的波形为电容器两端的电压，详情可参考拙作《电容应用分析精粹：从充放电到高速 PCB 设计》，此处不再赘述。

从电感器的充放电规律就很容易明白：流过电感器的电流不能突变，这与“电容器两端的电压不能突变”的道理是相通的。如果电感器的电流通路突然瞬间断开了（也就代表电流**似乎**突变了），会出现什么现象呢？由于能量是守恒的，一旦电流迅速下降，那么电感器两端的电压（自感电动势）就会迅速上升（理想为无穷大）。当然，电流绝不会从某一刻直接下降到 0（只不过放电时间非常短而已），处于断开状态的开关就相当于无穷大电阻，相应的放电常数接近 0，根据式（3.2）可知，其电流下降速度很快，但整个电流下降过程仍然还是遵循指数规律，相应的波形类似如图 3.4 所示。

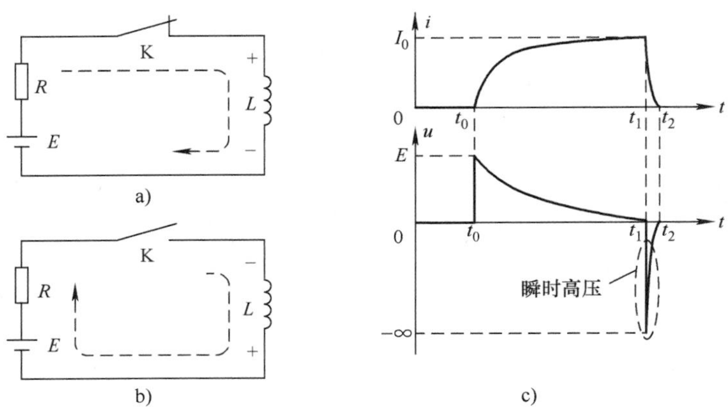

图 3.4 电感器开路前后的波形

a）开关 K 闭合瞬间 b）开关 K 断开瞬间 c）电感器充放电波形

从图 3.4 中可以看到，在开关 K 断开的瞬间（t_1 时刻），电感器两端的电压极性为“上负下正”，其与电压源 E 串联叠加在开关上。如果 K 是机械开关，断开瞬间将会产生电弧，甚至危害操作人员的人身安全。如果 K 是晶体管或场效应晶体管之类的电子开关，一旦其耐压值不够，瞬时高压很容易会将其击穿并损坏。因此在工程应用中，通常会尽量避免储能电感器出现突然断开的状况。

然而，很多实际应用电路确实会出现“需要突然断开储能电感器”的情况，那该怎么办呢？很明显，你需要降低开关断开瞬间的电流变化率，在电感器两端反向并联一个二极管就是典型的应对措施。如图 3.5a 所示，当开关 K 闭合时，二极管 VD 由于施加了极性为“上正下负”的反向偏置电压而处于截止状态（相当于没有连接），所以不会影响电感器进入储能状态。而当 K 断开时，由于流过电感器的电流不能突变，其两端会感应出极性为“上负下正”的电压，这会使二极管正向偏置而进入导通状态，其表现出较低的阻抗，相应的放电常数就会比较大，电感器储存的能量就能够经过二极管逐渐释放，继而避免流过电感器的电流快速下降为 0，也就不会在电感器两端感应出高压，如图 3.5b 所示。

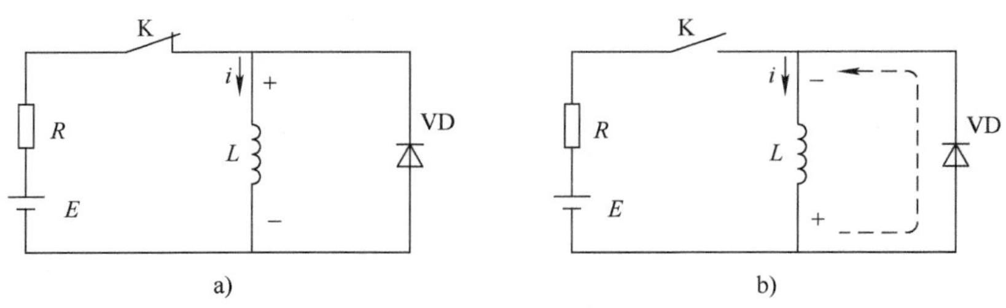

图 3.5 反向并联的二极管降低电流变化率

a）开关闭合时 b）开关断开时

从电压的角度来看，反向并联的二极管可以将电感器两端的电压钳到某个较小值（而不是快速上升），所以被称为钳位二极管（Clamping Diode）。当然，从电流的角度来看，电感器两端反向并联二极管的意义是（在回路断开后）继续让流过电感器的电流维持下去（而不是突然下降为 0），因此也被称为续流二极管（Free Wheeling Diode，FWD）。

在使用电子开关（如晶体管或场效应晶体管）控制感性负载（如电磁继电器、电磁式蜂鸣器、电动机等）的场合中，通常都需要在其两端反向并联二极管，相应的电路类似如图 3.6 所示。

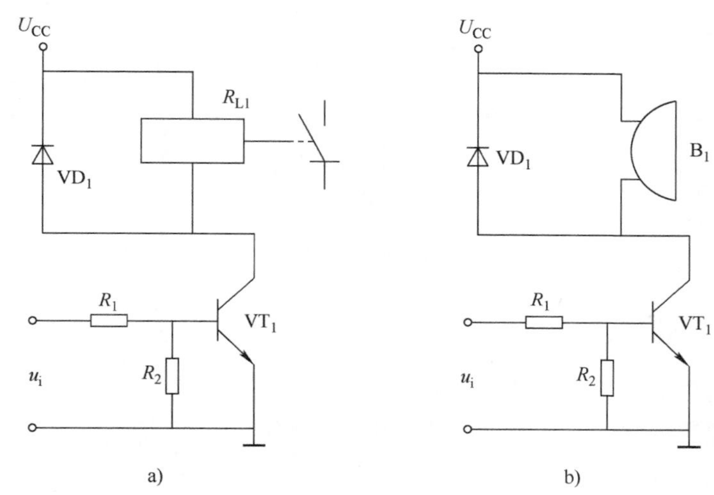

图 3.6　电磁继电器与蜂鸣器控制电路

a）电磁继电器驱动控制电路　b）电磁蜂鸣器驱动控制电路

值得一提的是，普通二极管内部存在一定的寄生电容，当电路正常工作时会被充满电，而在电源断开时，电感器两端的感应电动势需要将寄生电容反向充电后才能使二极管导通，这个过程是需要花费一定时间的，这也就意味着，二极管在电源断开瞬间仍然处于截止状态，所以还是会存在一定的高压（当然，比未添加二极管要小得多）。我们将二极管由截止转变为导通状态所需的时间称为恢复时间（实际有正向与反向恢复时间，此处特指反向恢复时间），恢复时间越长，抑制高压的能力就会越差。为了使电感器两端的感应电动势足够小，我们应该选择快恢复二极管（Fast Recovery Diode，FRD）或肖特基二极管（Schottky-Barrier Diode，SBD）。关于续流二极管及寄生电容等细节，可参考拙作《电容应用分析精粹：从充放电到高速 PCB 设计》，其中还详细讨论了续流二极管与电磁继电器的控制应用，此处不再赘述。

凡事总有好的一面，虽然大多数场合下必须尽量避免电感器因自感而产生高压，但有些特殊场合反而会将其充分利用，普通家庭中广泛使用的荧光灯就是典型应用，相应电路主要由灯管、镇流器及开关构成，类似如图 3.7 所示。

荧光灯管内通常充入了一些氩气与水银蒸气混合物，水银蒸气导电时会发出紫外线，继而使管壁上的荧光粉发出可见光。但是，灯管在没有启动前呈现的阻抗非常大，需要一个比 220V 交流电压高得多的电压才能点亮，但灯管点亮后的阻抗比较小，电流过大可能会烧毁灯管，此时只需要 220V 的交流电压即可维持灯管正常发光。辉光启动器是一个能够根据热量自动闭合与断开的开关，其内部封入了一些氖气，包含静触片与具有热胀冷缩特性的 U 形动触片两部分，基本结构如图 3.8 所示。

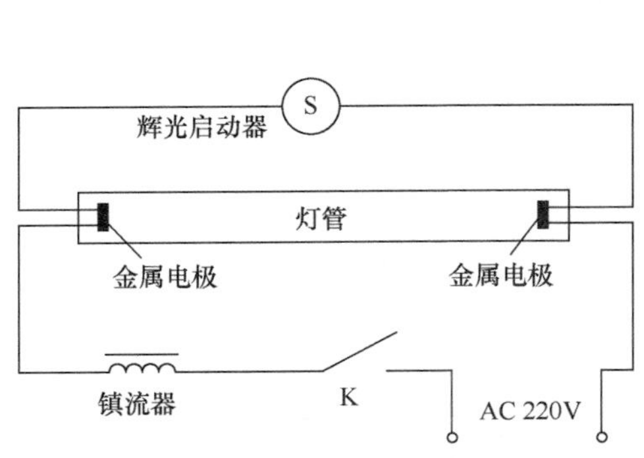

图 3.7　荧光灯电路

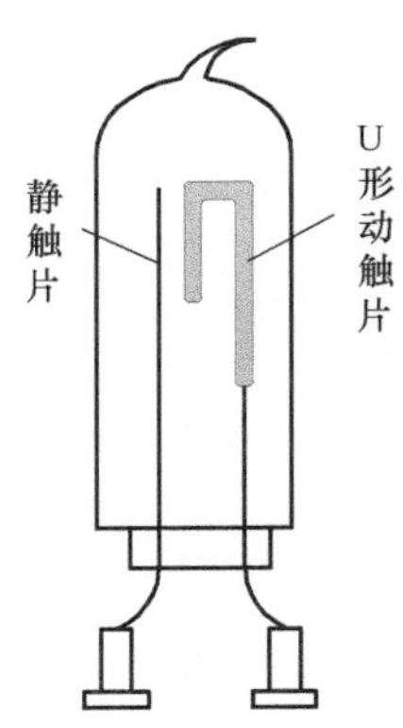

图 3.8　辉光启动器基本结构

镇流器是一个用来储能的线圈，当电源开关 K 闭合时，220V 交流电压施加在辉光启动器两端后会使其中的氖气发光，产生的热量使 U 形动触片膨胀伸展，继而与静触片接触使电路导通，此时镇流器中流过了电流（储存能量）。很快，辉光启动器中的氖气停止放电而使 U 形动触片冷却，继而使其与静触片分离并断开回路，镇流器两端则会感应出瞬时高压，该高压施加在灯管两端就能将其点亮。镇流器的另一功能便是在灯管正常工作后起到限制灯管电流的目的（其对交流呈现一定的感抗），也因此被称为镇流器。

3.2　初次认识电感器应用

大多数人初次认识电感器应该是在电源系统的滤波电路中，如图 3.9 所示。其中，交流市电（220V/110V，50/60Hz）经变压器 T_1 降压后，再通过 4 个二极管构成的全桥整流电路处理为脉动直流电压（输入正半周时，仅 VD_2 与 VD_3 导通，输入负半周时，仅 VD_1 与 VD_4 导通，整个周期都输出正电压），其电压波动非常大，但是在串联一个电感器 L_1 之后，负载 R_L 两端的电压波动就会小得多。

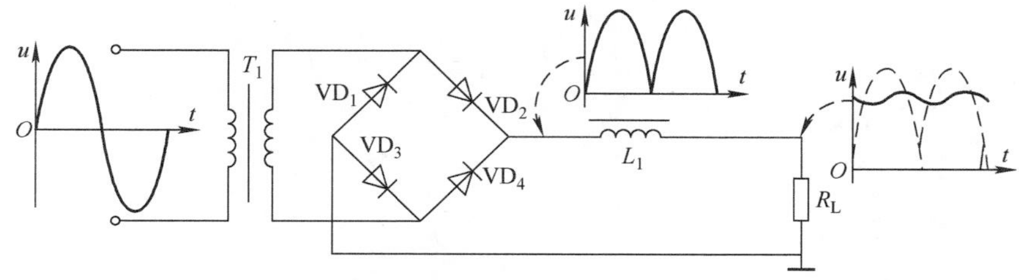

图 3.9　电源系统的滤波电路

图 3.10 展示了电感器 L_1 前后的电压波形（电感量为 100mH，负载阻值为 10Ω），其中，220V（有效值）交流输入电压的正半周与脉动直流电压（粗线条波形）重合，由于流过电感器的初始电流为 0，负载 R_L 两端的电压（输出电压）刚开始比较小，随着脉动直流的周期增加，电感器储存的能量越来越多，输出电压会越来越大，直到输出电压波动趋于稳定。

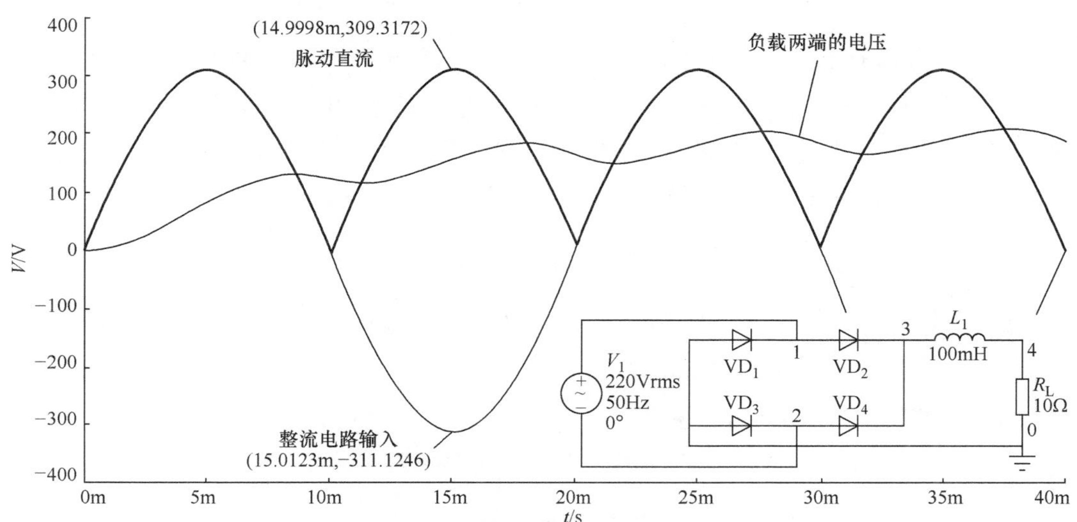

图 3.10　滤波电感器前后的电压波形

“滤波”即“滤除（特定频率）波动成分”的意思，“电感器使输出电压波形更平滑”其实也是滤波的意思，工程上通常将相应的电感器称为滤波电感器。电感器能够滤波的基本原理便是利用电感器“隔交流、通直流”的特性。整流电路输出的脉动直流电压之所以会波动，是因为其中存在频率丰富的交流成分（可以理解为直流与交流的叠加），它们是频率为基波频率（此处为脉动直流电压的频率 50Hz）整数倍的交流成分，也称为谐波（Harmonic Wave）。图 3.11 展示了由 1 个直流电压（约 196V）与 10 个谐波（基波、2 次谐波、3 次谐波频率分别为 100Hz、200Hz、300Hz，其他依此类推）叠加而成的脉动直流（峰值约为 309V）。谐波越丰富，叠加后的波形越接近理想的脉动直流电压。

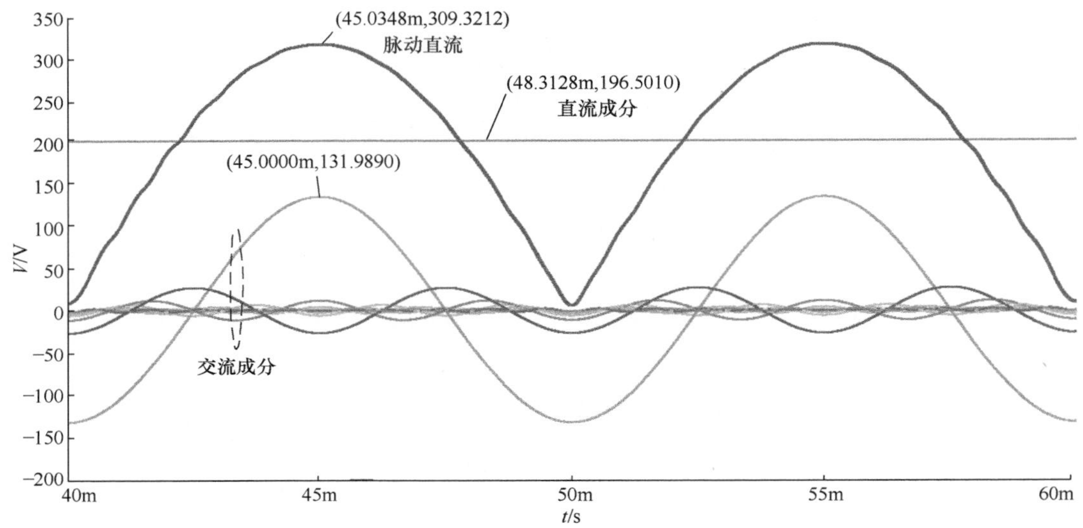

图 3.11　由直流电压与多个谐波叠加而成的脉动直流

当电感器通过频率较高的交流成分时，其呈现的感抗 X_L 比较大（相当于将交流与负载隔离），实现了阻碍交流顺利到达负载的目的（从阻抗串联的角度来看，此时负载分到的电压比较小）。而当电感器通过恒定（或频率较低的）电流时，其呈现的 X_L 比较小，电流也就能够更顺利到达负载，如图 3.12 所示。

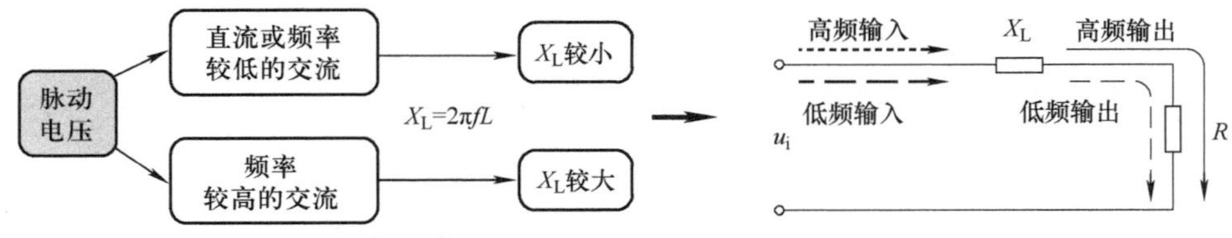

图 3.12　滤波电感器的原理

也可以从充放电的角度理解电感器滤波效果。当（整流输出的）脉动电压大于（负载两端的）输出电压时，如果电感器两端的电压呈上升趋势，流过其中的电流也是上升的，电感器充电速度是一直加快的，由于流过电感器的电流不能突变，也就抑制了本应该波动较快的电流，在负载两端表现的电压波动也就更小了；反之，如果电感器两端的电压呈下降趋势（脉动电压仍然大于输出电压），流过其中的电流仍然是上升的，只不过此时电感器充电速度更慢了，当脉动电压小于输出电压时，电感器则一直处于放电状态。当脉动电压等于输出电压时，电感器处于平衡状态，如图 3.13 所示。

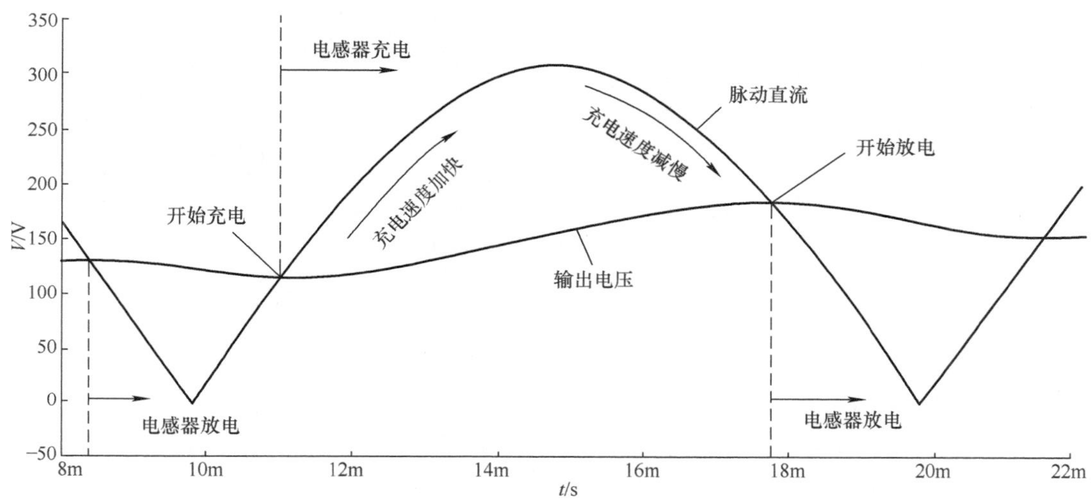

图 3.13　脉动直流电压上升时的电感器储能状态

很明显，滤波电感器的电感量越大，其呈现的感抗也会越大，输出电压也将越平滑。然而，试图单纯通过滤波电感器将“脉动电压处理为不含任何波动的恒定直流”是不可能的，输出电压总是会有所波动，只不过程度有所不同而已。工程上将直流电压中的交流成分称为纹波（Ripple），其值可使用有效值或峰峰值表示，图 3.14 所示波形中标记了纹波峰峰值。直流电压的纹波越小，则表示其越干净（质量越高）。为了衡量直流电压的质量，工程上引入纹波系数的概念，其定义为，**在额定负载电流条件下，输出纹波电压有效值与输出直流电压的比值**。例如，某电源的额定输出电压为 5V，在某负载电流下测量的纹波有效值为 20mV，则相应的纹波系数为 0.4%。

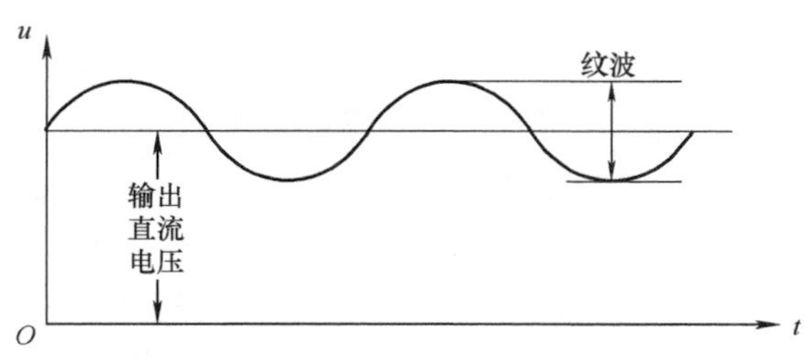

图 3.14　纹波电压

单个电感器能够获得的电源滤波效果是有限的，为了使输出电压的纹波更小，通常还会将其与同样具备滤波能力的大容量电容器（通常是铝电解电容）配合。电容器之所以也有滤波能力，是因为其有“隔直流、通交流”的特性（与电感器恰好相反）。电源滤波电容器通常与负载是并联关系，频率较高的交流成分经过电容器两端会受到较小的容抗 X_C，继而直接通过电容器返回到电源（没有顺利到达负载），而恒定（或频率较低的）成分经过电容器会受到较大的 X_C，因此能够更顺利达到负载，如图 3.15 所示。

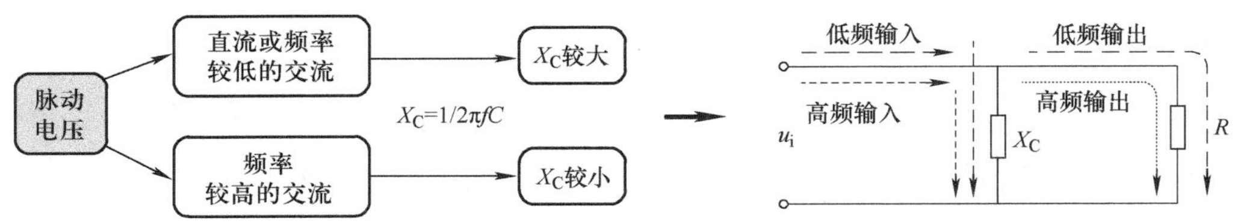

图 3.15　滤波电容器的原理

我们将电感器（L）与电容器（C）组合而成的滤波电路称为 LC 滤波器，常见的电路连接形式为 L 型与 π 型，如图 3.16 所示。

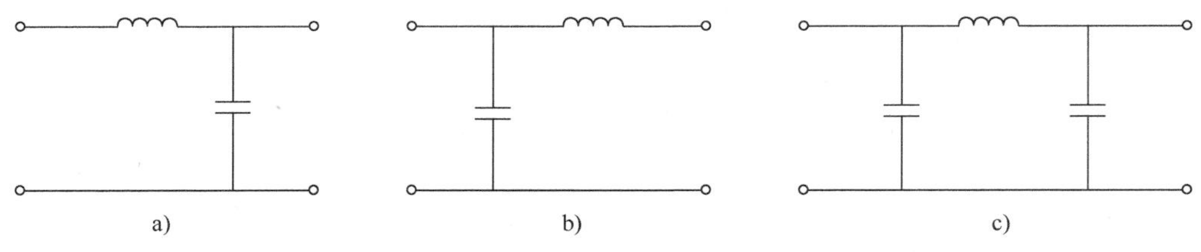

图 3.16　常用的 LC 滤波器

a）L 型 1　b）L 型 2　c）π 型

之所以 LC 滤波器的滤波效果更好，是因为其充分利用了电容器与电感器截然不同的滤波特性。**虽然电容器与电感器都能够使脉动电压的纹波更小，但前者的滤波对象是电压，而后者的滤波对象是电流**（最终在负载两端体现出来的还是电压）。也就是说，电感器的滤波效果与流过负载的电流直接相关，而反过来，电容器的滤波效果与负载两端的电压直接相关。这也就意味着，当负载越重（阻值越小）时，负载两端的电压小而流过的电流大，此时电感器的滤波效果会更好，而电容器的滤波效果反而更差；反之，当负载越轻（阻值越大）时，电容器的滤波效果会更好。

我们针对图 3.10 所示仿真电路中的负载阻值进行参数扫描（扫描范围为 1Ω ~ 1kΩ，每 10 倍阻值扫描 5 个点，并按对数变化规律设置扫描步长），相应的扫描仿真结果如图 3.17 所示。从扫描仿真结果可以看出，负载阻值越大，则输出电压的波动也越大（滤波效果越差）。更进一步，当负载阻值很小时，即便阻值变化很小，对输出电压的影响也很大，但是当负载阻值很大时，阻值更大的变化对输出电压的影响反而越小（负载越轻时的滤波效果越差）。

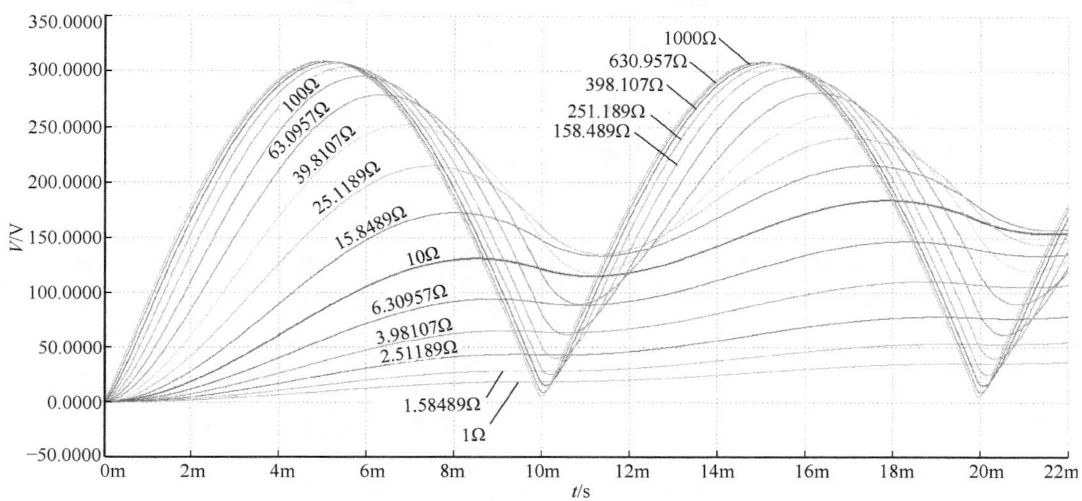

图 3.17　负载阻值扫描仿真结果

3.3 开关电源中的电感器

开关电源（Switching Mode Power Supply，SMPS）通常指开关稳压电源，是一种相对于传统线性电源（Linear Power Supply）的新型稳压电源电路。线性稳压电源（简称“线性电源”）是应用较早的直流稳压电路（输入与输出都是直流电压），其基本原理是通过调节处于线性放大区的调整管（如晶体管或场效应晶体管）的压降以稳定输出电压，也因调整管处于线性放大区而得名，相应的基本结构如图 3.18 所示。

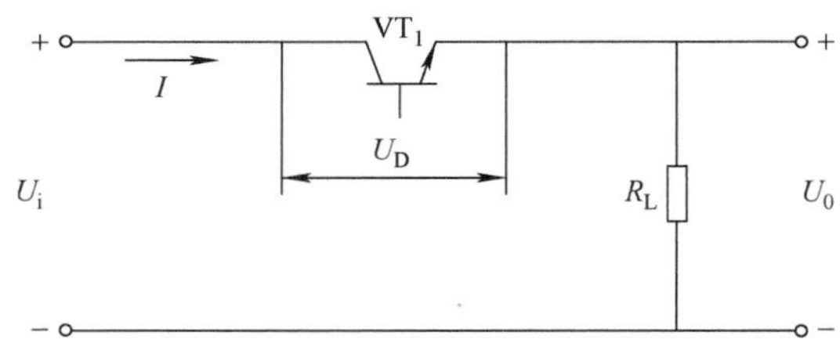

图 3.18　线性稳压电源基本结构

在线性电源正常工作过程中，如果某些因素使得输出电压 U_0 下降了，只要降低调整管 VT_1 的压降 U_D 即可将 U_0 维持在其下降前的电压值；反之，提升 U_D 即可将 U_0 维持在其上升前的电压值。简单地说，你可以将调整管当成一个可变电阻器，其与负载 R_L 串联构成一个电阻分压电路，只要实时根据 U_0 的变化方向修改可变电阻器的阻值就能够稳定 U_0，只不过输入电流 I 有所不同而已。

线性电源的优点是电路简单、输出电压的纹波小，但主要缺点是调整管消耗的功率较大，使得其转换效率低下。虽然在实际线性电源电路中，“与调整管相关的”控制电路也会消耗一些电流，然而其值比较小，与负载电流相比通常可以忽略，因此，线性电源的转换效率近似等于输出电压与输入电压的比值，即

$$\eta = \frac{P_0}{P_i} = \frac{U_0 \times I_0}{U_i \times I_i} \approx \frac{U_0}{U_i} \tag{3.3}$$

假设某线性电源的输出电压为 5V，当输入电压分别为 8V 与 7V 时，相应的转换效率仅约为 62.5% 与 71.4%。为了进一步提升稳压电路的转换效率，工程师会广泛采用转换效率可轻松超过 90% 的开关稳压电源（简称“开关电源”），其基本原理是利用开关管将输入直流电压转换为高频脉冲电压，如果该脉冲电压的平均值与线性电源输出相同，只需要将其进行适当滤波，两者最终得到的输出电压是相等的，也就是所谓的面积等效原理。

如图 3.19 所示，同样从输入电压 10V 中获取 5V 的输出电压，线性稳压电源的有

效面积为 $5 \times T$（T 为脉冲电压的周期），而对应在开关稳压电源的单个有效周期内，其有效面积为 $10 \times T \times 50\% = 5 \times T$，只要在后面加一级电源滤波电路，两者的输出电压平均值都是 5V。

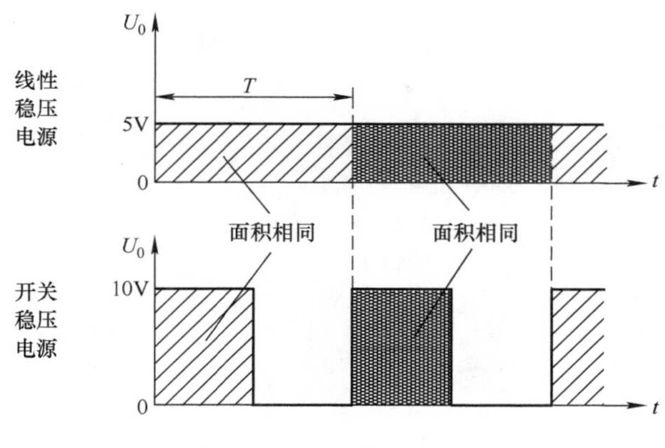

图 3.19　面积等效原理

也就是说，对于开关稳压电源而言，只要控制每个周期的开关导通时间，即可控制输出电压的大小（平均值），导通时间越长时，脉冲电压的宽度越大，则输出电压的平均值越大；反之，输出电压平均值越小。理想状态下（忽略损耗），开关电源的输出电压与输入电压的关系见式（3.4）：

$$U_0 = \frac{T_{on}}{T_{on} + T_{off}} \times U_i \tag{3.4}$$

式中，T_{on} 与 T_{off} 分别表示一个控制周期内开关闭合与断开的时长，$T_{on}/(T_{on} + T_{off})$ 也称为占空比（Duty Ratio），即一个控制周期内高电平脉冲宽度与周期的比值，如图 3.20 所示。

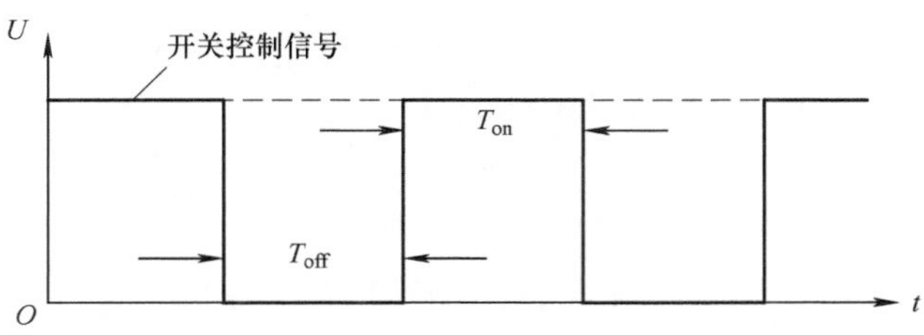

图 3.20　开关控制信号的占空比

理想情况下，开关电源的输出电压为输入电压与控制信号占空比的乘积。这种通过控制占空比以调整输出电压的方式也称为脉冲宽度调制技术（Pulse Width Modulation, PWM），它是一种频率固定而占空比可调的控制方案。相应地，也有脉冲频率调制技术（Pulse Frequency Modulation，PFM），或两者的结合。

在具体实现层面，开关电源使用处于**开关状态的调整管**（以下简称“开关管”）来代替线性电源中处于**线性状态的调整管**，所以开关管是必需的元件，其通常以晶体管或场效应晶体管实现，通过控制电路使开关管仅工作于截止状态（相当于断开的开关）或导通状态（相当于闭合的开关），从而将输入直流电源转换为脉冲电压。理想情况下，开关管在截止与导通状态都不存在功率损耗，因此开关电源的转换效率相对于线性电源有很大的提升。

当然，为了将脉动电压转换为直流电压，电源滤波器是另一个必备环节，开关电源中广泛使用 LC 滤波器，其中的电感器通常是功率电感器。图 3.21 给出了经典的 BUCK 与 BOOST 变换器拓扑，其中，BUCK 变换器的输出电压只能小于输入电压，也称为降压式变换器；而 BOOST 变换器则恰好相反，也称为升压变换器。

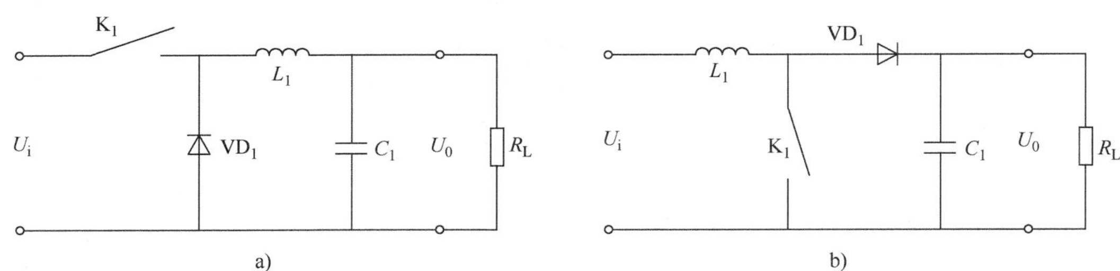

图 3.21　基本变换器拓扑

a）BUCK 变换器　b）BOOST 变换器

我们来分析一下 BUCK 转换电路的工作原理。当 K_1 闭合时，输入电源 U_i 通过电感器 L_1 对电容器 C_1 进行充电，能量储存在 L_1 的同时也为外接负载 R_L 提供能源，如图 3.22a 所示。当 K_1 断开时，由于流过 L_1 的电流不能突变，L_1 两端的自感电动势（极性“左负右正”）通过 R_L 及 C_1 与 VD_1 形成导通回路为 R_L 提供能源（C_1 也同时在为 R_L 提供能源），如图 3.22b 所示。

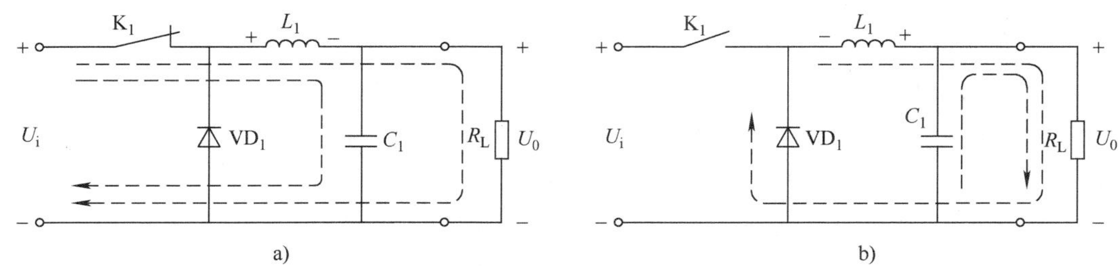

图 3.22　BUCK 变压换降压原理

a）开关闭合时　b）开关断开时

从电流的角度来看，VD_1 存在目的就是为了在 K_1 断开时提供电流维持回路，所以也称为续流二极管。由于其主要目的是配合 LC 滤波器完成电源滤波工作，也因此将其与 C_1、L_1 统称为 DLC 滤波器。

图 3.23 给出了 BUCK 变换器的相关波形（高电平开关闭合，低电平开关断开）。

假设输出电压保持稳定不变，当开关处于导通状态时，电感器两端的电压为输入与输出电压之差，此时流过电感器的电流以线性规律上升；反之，当开关处于断开状态时，流过电感器的电流以线性规律下降。

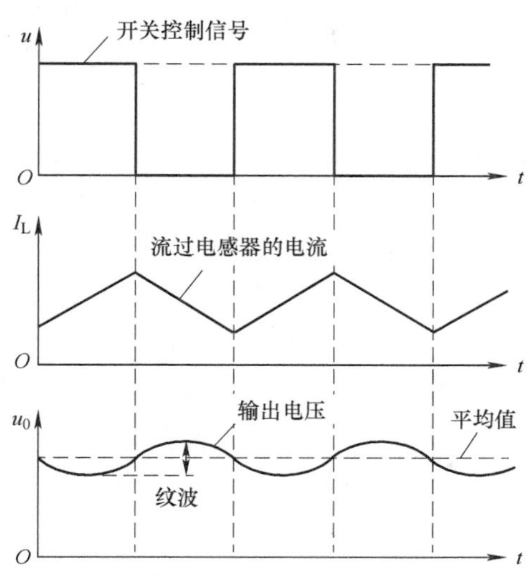

图 3.23　BUCK 变换器相关波形

顺便提一下，BUCK 变换器存在三种工作模式，图 3.23 中的 I_L 总是不会为零，相应称为连续模式（Continous Conduction Mode，CCM）；如果 I_L 在下个周期到来前就下降为 0，则称为不连续模式（Discontinous Conduction Mode，DCM）；还有一种临界导通模式（Boundary Conduction Mode，BCM），其在上一个周期结束时，I_L 恰好下降至 0。

BOOST 变换器的工作原理是相似的。如图 3.24a 所示，当 K_1 闭合时，电感器 L_1 对公共地是短路的，其两端的电压恒等于 U_i，此时流过 L_1 的电流呈线性上升趋势，其两端感应电动势的极性为“左正右负”。也就是说，此时 U_i 将能源储存在 L_1 中，而 R_L 的能源仅由电容器 C_1 提供（因此在相同条件下，BOOST 变换器的输出电压纹波相对 BUCK 变换器更大）。当 K_1 断开时，U_i 通过 L_1、VD_1 对 C_1 充电，同时也对 R_L 提供能源，如图 3.24b 所示。

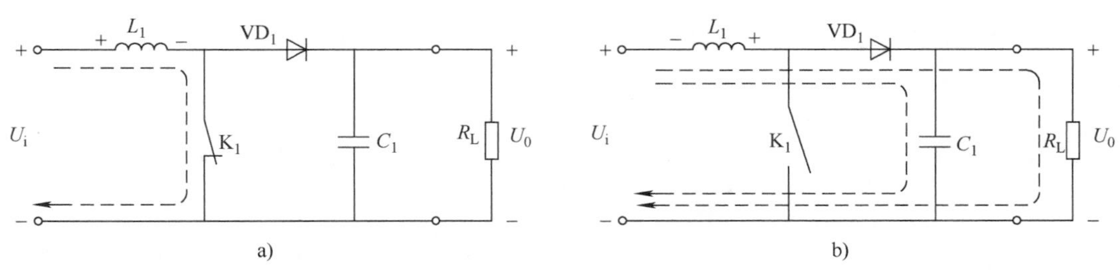

图 3.24　BOOST 变换器升压原理

a）开关闭合时　b）开关断开时

请特别注意：当 K_1 断开后，**L_1 两端自感电动势的极性为“左负右正”**，相当于 U_i 与电感器的感应电动势串联后对 R_L 供电，这就是 BOOST 变换器能够升压的本质。简单地说，BOOST 变换器之所以能够升压，是因为输出电压是（开关断开后）电感器产生的自感自动势与 U_i 顺向叠加的结果。控制开关的信号占空比越大（开关闭合时间越长），则电感器储存的能量越多，当开关断开后，电感器两端的自感电动势越高，相应的输出电压也就越高。

当然，还有其他扩展拓扑变换器，如负压 BUCK 变换器、负压 BOOST 变换器、负压 BUCK-BOOST 变换器等，由于《基础篇》后续内容并未涉及而不过多介绍（以节省篇幅），后续有机会再来讨论。需要指出的是，前述变换器拓扑都属于最基本的开关电源结构，由于其输入与输出是共地的，也称为非隔离变换器，相应的也有隔离变换器。又由于这些变换器的输入与输出都是直流（Direct Current，DC）电压，所以也常称为直流 / 直流变换器（DC/DC Converter），简称“DC/DC 变换器”。

3.4 *LC* 滤波器基础知识

电感器最普遍的应用就是滤波器（事实上，电感器的绝大多数应用都可以看作滤波器），其与电容器配合构成的 *LC* 滤波器应用非常广泛。滤波器的具体分类方式有很多，根据滤除的信号频率范围（即“频段”）分类就是常见方式之一。例如，3.2 节所述电源滤波器仅允许低频成分较易通过，而高频成分较难通过，因此其是一个低通滤波器（Low Pass Filter，LPF）。图 3.25 给出了一些简单的低通滤波器，它们都仅由电阻器、电容器或电感器等无源元件构成，所以也称为无源滤波器（Passive Filter）。如果滤波器包含晶体管、场效应晶体管等有源元件，则称为有源滤波器（Active Filter）。

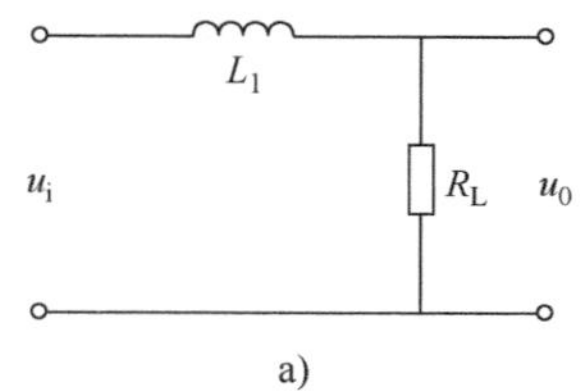

a)

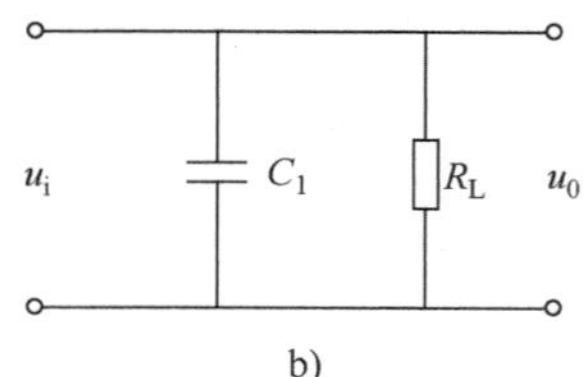

b)

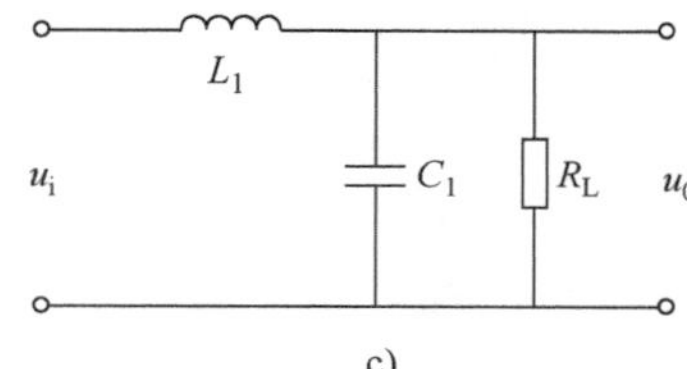

c)

图 3.25 简单的低通滤波器

a）*RL* 低通滤波器 b）*RC* 低通滤波器 c）*LC* 低通滤波器

那么，滤波器处理的“低频”与“高频”范围该如何划分呢？滤波器的截止频率（Cutoff Frequency）用于确定两个频段的分界点，其在低通滤波器也称为上限截止频率，通常使用符号 f_H 表示。对于理想的低通滤波器，所有低于 f_H 的低频信号可以完全没有损耗地通过，相应的频段称为通带或通频带（Pass Band）；而高于 f_H 的高频信号则完全无法通过，相应的频段称为阻带（Reject/Stop Band）。也就是说，f_H 前后的信号衰减量变化为无穷大。从输出电压幅度随频率变化的特性曲线（简称“幅频特性曲线”）来看，f_H 处为一条垂直线，如图 3.26a 所示（纵轴以电压增益方式表达，负值表示衰减，正值表示放大）。

当然，实际低通滤波器的滤波性能达不到理想中那样出色，更多表现出来的是一条缓慢变化的斜线，因此，前面在描述滤波行为时总是在使用“较难通过”或“较易通过”之类的词语，因为本该滤除（不需要）的频率成分或多或少总会成为“漏网之鱼”而“窜”到负载，如图 3.26b 所示。值得一提的是，尽管实际滤波器高低频段之间的分界不明显，但一般将信号频率上升（或下降）到一定程度时，其输出幅度达到最大值的 0.707 倍（即 $A_u = 20\lg 0.707 \approx -3\text{dB}$）对应的频率点定义为截止频率（由于无源滤波器的输出电压总是不可能大于输入电压，所以其电压增益总是不会大于 0dB）。

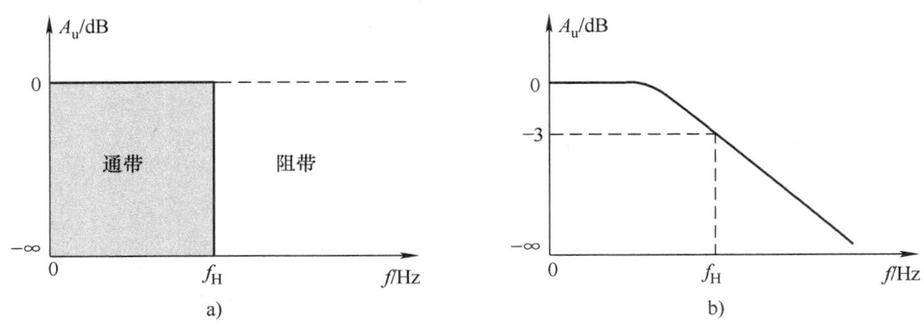

图 3.26　理想与实际低通滤波器的幅频特性曲线

a）理想低通滤波器　b）实际低通滤波器

对于单个电容器（C）与电阻器（R）构成的 RC 低通滤波器而言，其上限截止频率可由式（3.5）计算：

$$f_H = \frac{1}{2\pi RC} \tag{3.5}$$

对于单个电感器（L）与电阻器（R）构成的 RL 低通滤波器而言，其上限截止频率可由式（3.6）计算：

$$f_H = \frac{R}{2\pi L} \tag{3.6}$$

假设 L = 100mH，R = 10Ω，则相应的上限截止频率约为 15.9Hz。我们可以使用 Multisim 仿真软件对图 3.25a 所示 RL 低通滤波器仿真验证一下，相应的幅频特性曲线如图 3.27 所示。

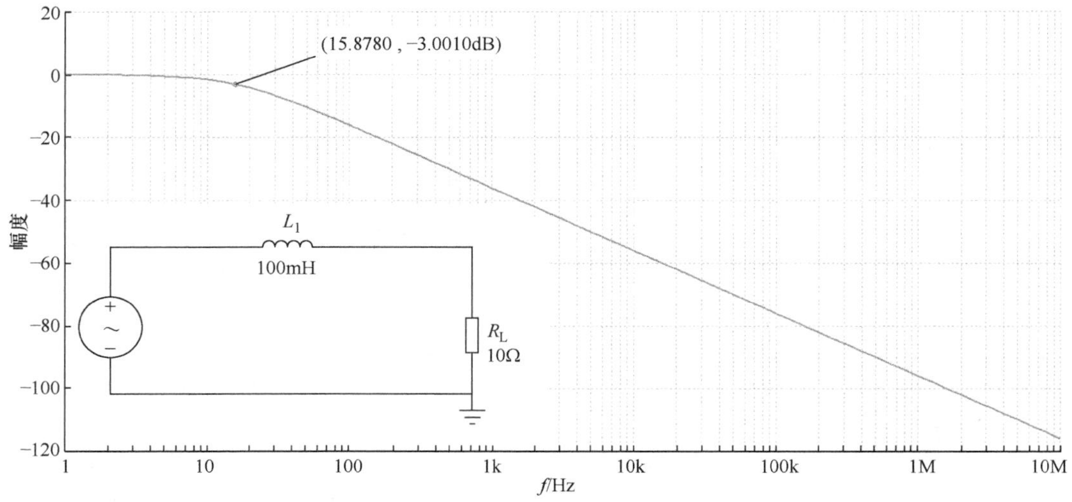

图 3.27　*RL* 低通滤波器的幅频特性曲线

高通滤波器（High Pass Filter，HPF）与低通滤波器的特性恰好相反，它对低频信号呈现高阻抗，反而对高频信号呈现低阻抗。图 3.28 为理想与实际高通滤滤器的幅频特性曲线（f_L 为下限截止频率）。

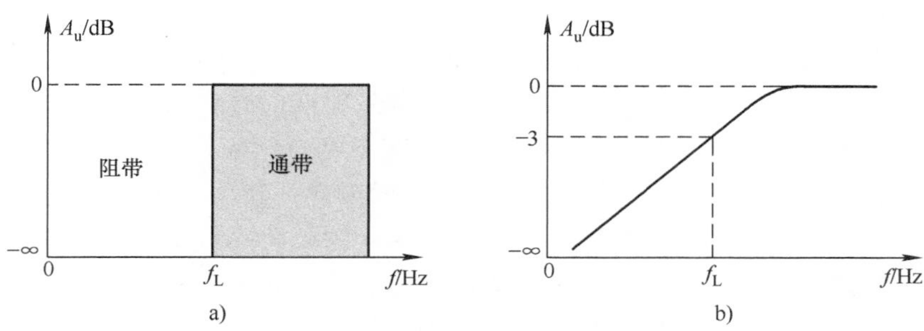

图 3.28　理想与实际高通滤波器的幅频特性曲线

a）理想高通滤波器　b）实际高通滤波器

将低通滤波器中的电感器与电容器互换就可以得到高通滤波器，相应的基本形式如图 3.29 所示。

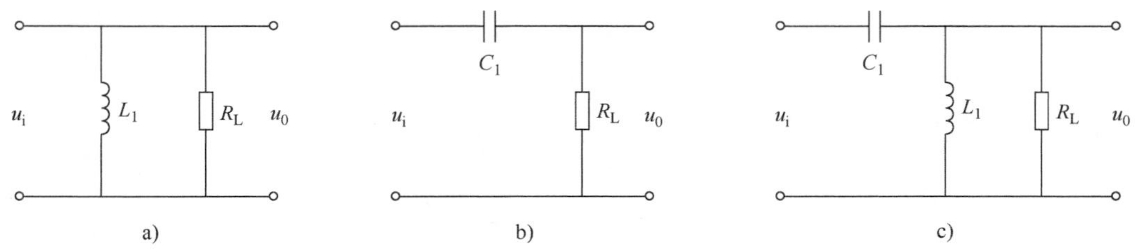

图 3.29　基本高通滤波器

a）电感器实现高通滤波器　b）电容器实现高通滤波器　c）*LC* 高通滤波器

LPF 与 HPF 是最基本的滤波器，将它们串联即可构成带通滤波器（Band Pass Filter，BPF），只要前者的上限截止频率大于后者的下限截止频率即可，而 f_L 与 f_H 之间的频段则为通带，如图 3.30 所示。

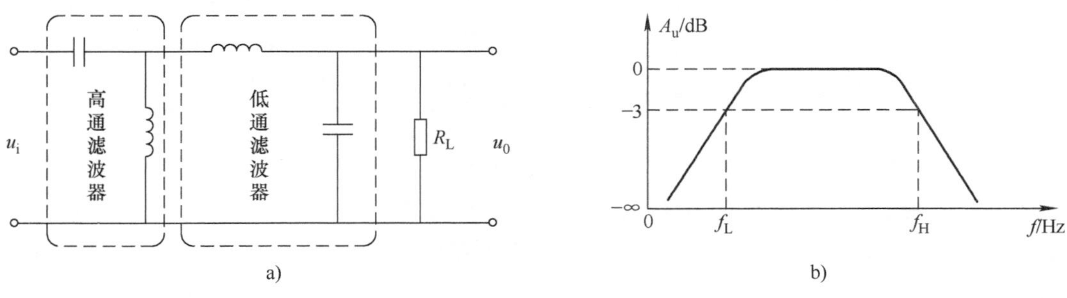

图 3.30　带通滤波器

a）基本电路　b）幅频特性曲线

请特别注意“频段”与“频带”的区别，前者是由两个频率点确定的连续频率范围（Range），后者是两个频率点之差（即频率覆盖的宽度），也常称为带宽（Bandwidth，BW）。例如，某信号的频率范围在 200 ~ 20000Hz，那么频段是指 200 ~ 20000Hz，而频带或带宽则为 19800Hz。

高档音箱中的分频电路就存在各种 *LC* 滤波器，其存在的原因是不同扬声器的频率特性与失真度等参数不尽相同，也不存在能够完美展现所有音频范围内的某款扬声器（通常扬声器口径越大，低频响应更好；反之，高频响应更好，所以仅通过单个扬声器无法兼顾高音与低音的效果）。为了更完美地展现声音，高档音箱通常配备了高、中、低音多种扬声器，每种扬声器仅负责某一频段信号的效果展现，而分频电路的作用就从信号源中将某频段信号分离出来，再送到善于展现该频段效果的扬声器，这样就能够将所有频段的声音还原出来。图 3.31 所示为三分频电路，其他还有四分频、五分频等形式，具体的使用取决于音箱的要求。由于声音的频率并不高，所以电感器的电感量与体积通常会比较大。

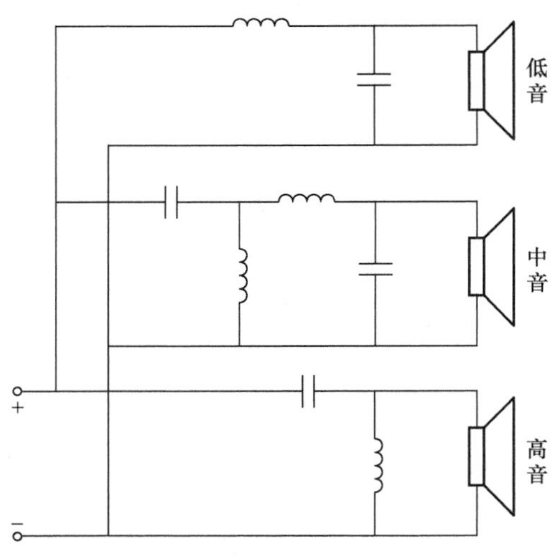

图 3.31　扬声器中的三分频电路

理论上，将 LPF 与 HPF 并联在一起即可构成带阻滤波器（Band Stop/Reject Filter，BSF/BRF），只需要保证后者的下限截止频率大于前者的上限截止频率即可。如果两个截止频率靠得比较近，在阻带内的信号衰减量会小一些，相应的频率特性曲线类似如图 3.32 所示。

值得一提的是，“电容器与电感器构成的 LPF 与 HPF 并联”能够实现带阻滤波器的前提是：两个 *LC* 滤波器应该隔离起来（不能相互影响），如图 3.33 所示。如果没有通道隔离措施，HPF 中的电感器对“从 LPF 输出的低频信号”呈现低阻（相当于将其滤除了），而 LPF 中的电容器对“从 HPF 输出的高频信号”也呈现低阻抗，自然会破坏带阻滤波器的频率特性。“在 HPF 输出串联电容器，在 LPF 输出串联电感器”就是简单的隔离方案。当然，还可以采用运算放大器。

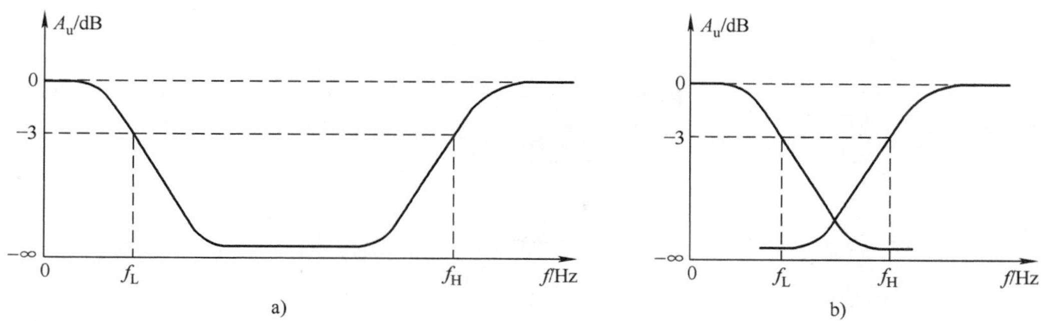

图 3.32　带阻滤波器的频率特性曲线

a）$f_L \ll f_H$　b）$f_L < f_H$

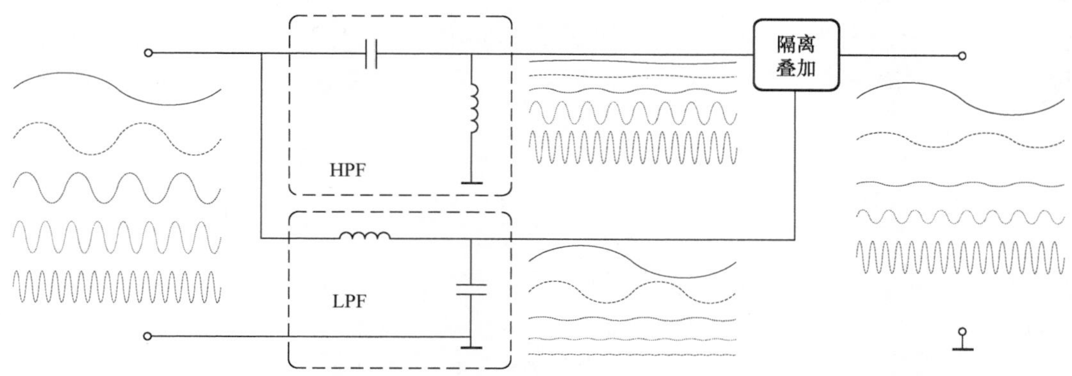

图 3.33　频率丰富的输入信号经过带阻滤波器时的效果

值得一提的是，有些特殊带阻滤波器主要用于衰减某个频段**很窄**的信号，也称为陷波器（Notch Filter）或带陷器（Band Elimination），其本质就是由电感器与电容器构成的谐振电路（Resonant Circuit），详情且听下回分解。

3.5　谐振电路中的电感器

虽然能够通过简单组合 LPF 与 HPF 实现带通滤波器（带阻滤波器相似，本节以带通滤波器为例），但是两种滤波器本身在通带与阻带之间的衰减量并不是突变的，因此，当有用信号能够通过此种带通滤波器时，其他邻近频段信号也可以，这很可能会对有用信号带来一定的干扰。

在无线通信领域，包含有用信息的低频原始信号也称为基带（Baseband）信号，其通常都会被预先调制到高频载波（Carrier）以便由天线发射出来（正弦波是常用载波），也称为已调制信号，而接收方需要从中解调出基带信号。也就是说，已调制信号很可能是一个窄带信号，一般认为其基带信号的频带 BW 远小于其中心频率 f_0，即满足式（3.7）：

$$\frac{BW}{f_0} \ll 1 \tag{3.7}$$

例如，典型的全球移动通信系统（Global System for Mobile Communications，GSM）信号的下行（基站到移动终端）频段为935～960MHz，上行（移动终端到基站）频段为 890～915MHz，都算是很高的载波频率（载波频带均为 25MHz），但有用信号占用的频带却仅为 200kHz（简单地说，已调制信号以某个 900MHz 左右的频率为中心变化，但频率变化范围不超过 200kHz），是一个典型的窄带信号。

天线接收到的 GSM 信号能否“干净利索”地进入后级放大呢？没那么容易！因为天线也可能接收到其他频段相近的干扰信号（25MHz 载波频带会进一步细分为 124 个载频，所以同一时刻可能存在多个载频相近的已调制信号在传输信息，它们也很可能会被天线同时接收到），而且其强度可能比所需的信号更大。在这种情况下，仅通过“简单的 LPF 与 HPF 组合”将很难在接收想要信号的同时抑制不需要的干扰信号，此时，使用衰减特性更佳的窄带滤波器才能满足需求，其通常是由谐振器来实现的。

谐振器是高频应用场合中常用的信号处理单元，由电感器与电容器构成的 LC 谐振电路便是常见形式，至于幅频特性是带通还是带阻，则取决于其本身结构（串联或并联）以及在回路中的连接形式（串联或并联）。

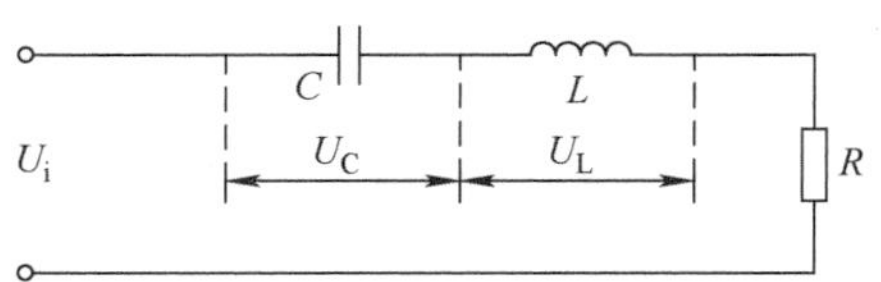

图 3.34　RLC 串联谐振电路

串联谐振电路由电阻器、电容器与电感器串联构成，也称为 RLC 串联谐振电路，其基本结构如图 3.34 所示，其输入复阻抗可由式（3.8）表达：

$$Z = R + \mathrm{j}X = R + \mathrm{j}\left(\omega L - \frac{1}{\omega C}\right) \tag{3.8}$$

电感器的感抗随频率成正比变化，而电容器的容抗随频率成反比变化。当输入信号频率比较低时，电容器的容抗占主导位置，整个串联谐振电路呈容性；反之，当输入信号频率比较高时，整个串联谐振电路呈感性。假设输入信号频率由低到高变化，串联谐振电路存在一个容抗与感抗相等的频率点 f_0，也称为串联谐振频率，此时容抗与感抗相互抵消（**复阻抗的虚部为 0**），整个串联谐振电路呈纯阻性，相应的输入阻抗为 R，相应的电流 $I_0 = U_i/R$。

串联谐振电路也称为电压谐振电路，因为在谐振状态下，电感器（或电容器）两端的电压比信号源电压高 Q 倍，见式（3.9）：

$$Q = \frac{U_L}{U_i} = \frac{U_C}{U_i} = \frac{2\pi f_0 L}{R} = \frac{1}{2\pi f_0 CR} = \frac{1}{R}\sqrt{\frac{L}{C}} \tag{3.9}$$

串联谐振电路的电流 - 频率特性曲线类似钟形，如图 3.35 所示。很明显，当信号频率为 f_0 时，串联谐振电路的总电流最大（总阻抗最小），信号频率与 f_0 差距越大，相应的总电流也越小。假设以 f_0 处的电流为基准，将总电流下降到最大值的 0.707 倍时对应的上下限频率之差称为通带（或 3dB 带宽），并标记为 $BW_{0.707}$（$BW_{0.1}$ 为总电流下降到最大值的 0.1 倍时对应的上下限频率之差），其与 Q 值之间的关系见式（3.10）：

$$Q = \frac{BW}{f_0} \tag{3.10}$$

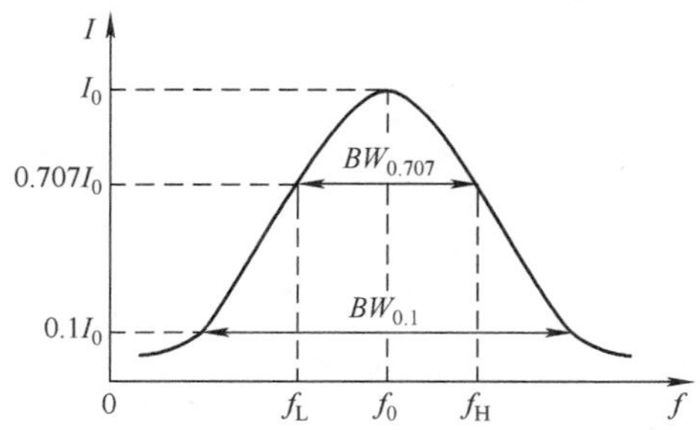

图 3.35 串联谐振电路的电流 - 频率特性曲线

更进一步，如果将图 3.35 中的频率归一化（横轴改为 f/f_0，而不是原来的 f），那么 Q 与 BW 是等值关系，见式（3.11）：

$$\frac{BW}{Q} = 1 \tag{3.11}$$

图 3.36 给出了 Q 值不同的 RLC 串联谐振电路对应的电流 - 频率特性曲线。很明显，

Q 值越大，则谐振电路的通带越小，它们是矛盾关系。

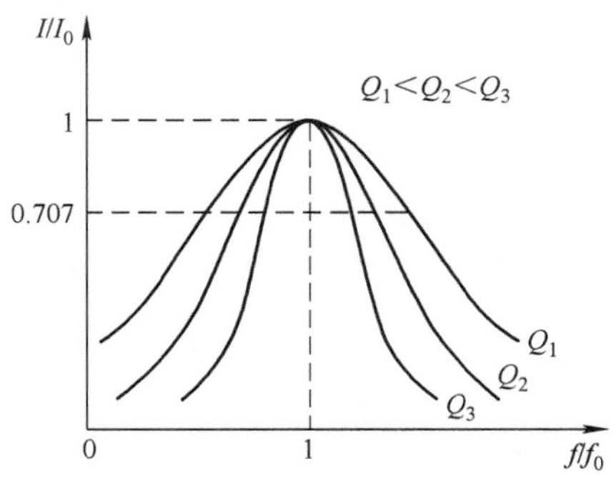

图 3.36　不同 Q 值对应的电流 - 频率特性曲线

我们可以使用 Multisim 仿真软件进行仿真，谐振电路的 Q 值与其中的阻值 R 有关，为此对 R 值在 0.01 ~ 1Ω 范围内进行扫描，相应的仿真结果如图 3.37 所示。

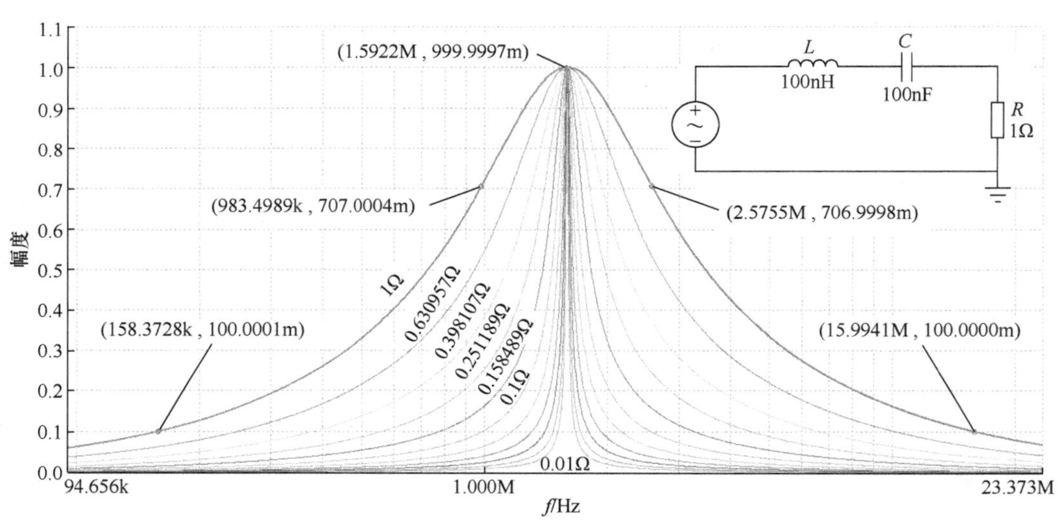

图 3.37　串联谐振电路的电流 - 频率特性曲线

并联谐振电路由电阻器、电容器与电感器并联构成，也称为 RLC 并联谐振电路，其基本结构如图 3.38 所示，其与串联谐振电路有对偶关系，为节省篇幅仅做简单介绍。与串联谐振电路恰好相反，当输入信号频率比较低时，电感器的感抗占主导位置；反之，当输入信号频率比较高时，电容器的容抗占主导位置。当输入信号频率等于电路的并联谐振频率 f_0 时，容抗与感抗相互抵消，整个并联电路呈纯阻性，其值为 R。

并联谐振电路也称电流谐振电路，电路谐振时 I_C 与 I_L 大小相同而相位相反，所以两者相互抵消，此时谐振电路呈现的阻抗最大，但是其电流值（I_C 或 I_L）比外部电流 I_i 高 Q 倍，见式（3.12）：

$$Q = \frac{I_C}{I_i} = \frac{I_L}{I_i} = \frac{R}{2\pi f_0 L} = 2\pi f_0 CR = R\sqrt{\frac{C}{L}} \qquad (3.12)$$

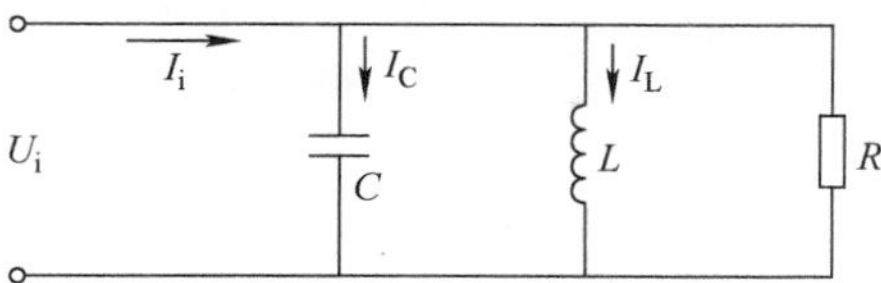

图 3.38　*RLC* 并联谐振电路的基本结构

前面已经提过，谐振电路的 Q 值越大，则通带越小，但是其对带外信号的衰减程度则不容易体现。理想情况下，我们希望带通滤波器的幅频特性曲线是一个矩形（此时带外信号被全部衰减，而带内信号全部无损通过），虽然实际带通滤波器很难做到，但是却能够以此为基准，定义一个衡量选择性的矩形系数，见式（3.13）：

$$K_{0.1} = \frac{BW_{0.1}}{BW_{0.707}} \qquad (3.13)$$

理想带通滤波器的 K 值为 1，所以 K 值越接近 1，则表示滤波器的选择性越好。单个串联或并联 *RLC* 谐振电路的 K 值均约为 9.96。以图 3.37 所示曲线为例，$BW_{0.1}$ = 15.9941MHz − 158.3728kHz = 15.8357272MHz，$BW_{0.707}$ = 2.5755MHz − 983.4989kHz = 1.5920011MHz，相应的 K 值约为 9.95。

无论谐振电路的具体结构是串联还是并联，从应用角度来看，都是利用其阻抗随频率变化的特性。换句话说，如果信号的选择可以由串联谐振电路完成，理论上也可以由并联谐振完成，只不过接入回路的形式（串联或并联）恰好相反，关键在于接入形式是否更方便与相关的电路配合。图 3.39a 使用并联谐振电路实现频率选择，只有当输入信号的频率与其谐振频率相等时呈现的阻抗最大，相应的输出电压也最高。图 3.39b 使用串联谐振回路完成相同的功能，只不过将其串联在回路，只有当输入信号频率与谐振频率相等时，其呈现的阻抗最小，相应的输出电压也最高。图 3.39c 则是两者的结合。

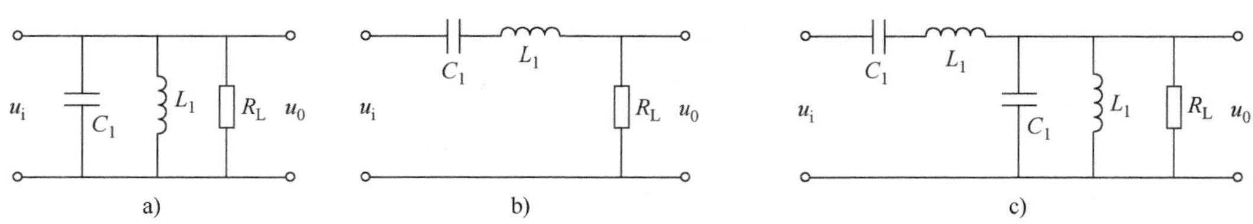

图 3.39　一些带通滤波器

a）并联谐振形式　b）串联谐振形式　c）混合形式

如果将带通滤波器中的并联谐振电路与串联谐振电路互换，就可以得到相应的带阻滤波器，也常称为吸收电路，如图 3.40 所示。值得一提的是，图 3.40c 是一种桥 T

形带阻滤波器，在实际应用时，R 值会非常小（一般最多十几 Ω），可以近似认为两个电容器并联在一起，所以其也是一个串联谐振电路。

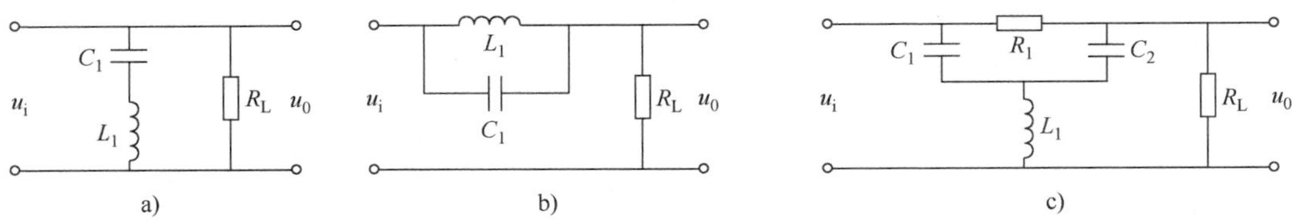

图 3.40　一些带阻滤波器

a）串联谐振形式　b）并联谐振形式　c）桥 T 形式

回过头来，有人可能一直还在想：不对呀！式（3.12）与式（2.7）不是恰好相反的吗？是不是电路的 Q 值与电感器的 Q 值定义不同呢？到底怎么回事？

两个式子的确是相反的，但它们都没有错，只不过式中“R”的含义不一样。请注意：图 3.38 所示 RLC 并联电路中的电阻器与电感器并联，而图 2.8 所示电路中的电阻器与电感器串联，但是如果将后者的串联电阻器等效变换为前者的并联电阻器，相应的定义仍然一样，我们可以简单推导如下：

首先，获取串联电路等效变换为并联电路的一般表达式。从阻抗的角度，串联电路总可以表达为电阻 R_S 与电抗 X_S 的串联，并联电路总可以表达为电阻 R_P 与电抗 X_P 的并联，如图 3.41 所示（下标“S”与“P”分别表示串联与并联）。

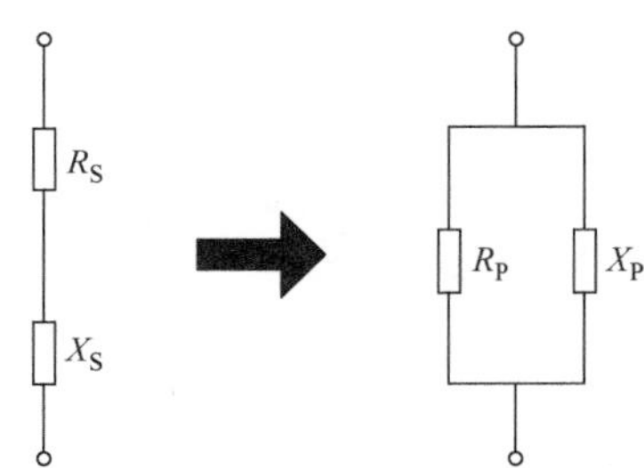

图 3.41　串联与并联电路等效

所谓的“等效”，是指两者对外部呈现的阻抗与 Q 值相等，并联电路各支路阻抗的倒数之和等于串联电路总阻抗的倒数，即有

$$\frac{1}{R_P}+\frac{1}{jX_P}=\frac{1}{R_S+jX_S}=\frac{R_S-jX_S}{R_S^2+X_S^2} \tag{3.14}$$

$$Q=\frac{X_S}{R_S}=\frac{R_P}{X_P} \tag{3.15}$$

令式（3.14）两侧实部与虚部分别相等，则有

$$R_P = \frac{R_S^2 + X_S^2}{R_S} = R_S\left[1 + \left(\frac{X_S}{R_S}\right)^2\right] = R_S(1+Q^2) \tag{3.16}$$

$$X_P = \frac{R_S^2 + X_S^2}{X_S} = \frac{R_S^2(1+Q^2)}{X_S} = \frac{R_S R_P}{X_S} \tag{3.17}$$

然后，将图 2.8 所示电感器等效电路转换为 *RLC* 并联谐振电路。结合式（2.6）、式（2.7）可得谐振时的 Q 值与串联谐振电路相同，见式（3.18）：

$$Q = \frac{X_S}{R_S} = \frac{2\pi fL}{R} = \frac{1}{\sqrt{LC}} \times \frac{L}{R} = \frac{1}{R}\sqrt{\frac{L}{C}} \tag{3.18}$$

现在将电感器等效电路中的“*R*”变换为并联谐振电路中的“*R*”，只需要使用式（3.14）即可。对于高 Q 值电感器，则有

$$R_P = R_S(1+Q^2) \approx R_S \times Q^2 = R \times \left(\frac{1}{R}\sqrt{\frac{L}{C}}\right)^2 = \frac{L}{CR} \tag{3.19}$$

最终的等效变换结果如图 3.42 所示。

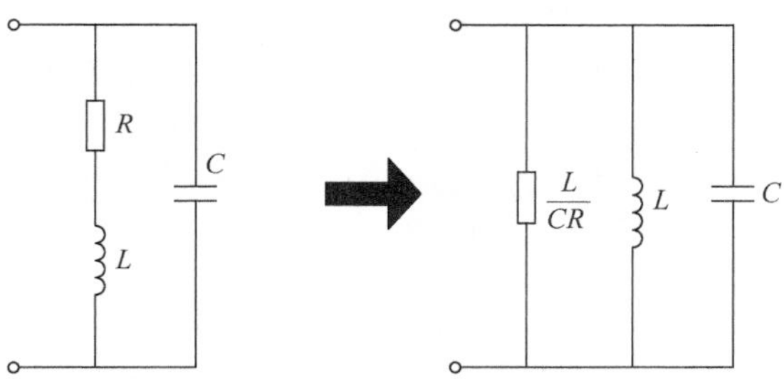

图 3.42　等效变换后的结果

也就是说，如果将式（3.12）的 Q 值应用到电感器等效电路中，其中的“*R*”应该由“*L*/*CR*”代替，最终的结果仍然与式（2.7）相同。所以，无论是元件还是电路，它们的 Q 值定义都是相同的，只不过在推导过程中容易被符号误导。换句话说，元件的 Q 值与串联谐振电路的 Q 值定义相同，但与并联谐振电路的 Q 值恰好是倒数关系，这一点同样也体现在式（3.15）中。

当然，前面只是讨论谐振电路在空载情况下的 Q 值，正是你将要看到的，谐振电路总是需要与信号源及负载连接，而后两者都存在一定有限的阻值（都会影响实际 Q 值），工程上将“考虑信号源与负载影响时的电路 Q 值”称为有载 Q 值。如果 Q 值远大于 1 的并联谐振电路连接了信号源与负载，有载 Q 值会如何变化呢？假设信号源与负载都是纯阻性，前者的阻值为 R_S，后者的阻值为 R_L，那么其等效并联谐振电路如图 3.43 所示。

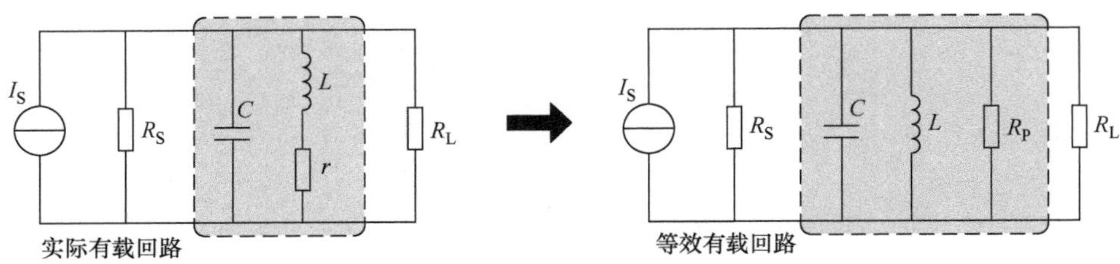

图 3.43　等效并联谐振电路

由于有载并联谐振电路中的电感量与电容量并没有发生变化，相应的谐振频率也保持不变，只不过谐振时的阻抗下降了，因此整个电路的有载 Q 值下降了，也就使通带变大了，选择性也变差了。R_L 与 R_S 越小，Q 值下降得越多，对谐振电路的影响就越严重。

那么如何降低负载（以负载为例进行讨论，信号源也是相似的）的影响呢？基本解决思路是：**如果负载阻值比较低，那就不让其直接与谐振电路连接，而是先进行阻抗变换**。具体的阻抗匹配网络有很多，一种比较容易理解的方式便是**部分接入方案**，其中的负载并不是直接与 LC 并联谐振电路连接，而是通过抽头的方式接入。对于电感器与电容器而言，相应的部分接入方案相应如图 3.44 所示，它们在射频电路中应用都很广泛。

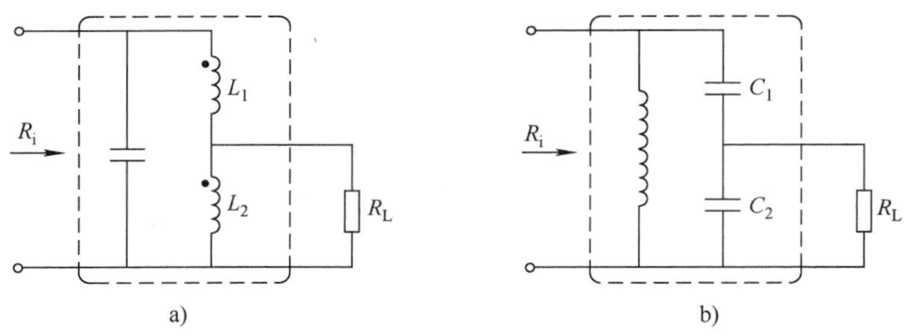

图 3.44　部分接入方案

a）电感器部分接入　b）电容器部分接入

以电感器部分接入为例，其本质上可以看作一个自耦合变压器，假设两个线圈的匝数总和为 N_1，与负载并联的线圈匝数为 N_2，根据式（2.32），从输入端看到的负载阻抗提升了 N_1∶N_2 倍，也就相当于完成了阻抗转换，整个电路的有载 Q 值就更高了。电容器部分接入方案也相似，此处不再赘述。当然，用来完成阻抗变换的电抗元件并不一定需要同性质元件，主要取决于需要匹配的负载性质，后续还会进一步讨论具体的匹配电路。

3.6　射频电路中的电感器

使用 LC 谐振电路完成频率筛选的典型应用便是调谐放大电路（Tuned Amplifier）。所谓的“调谐”，是将电路谐振频率调整到与需要接收的信号频率一致（以获得最大的信号强度）。调谐放大电路的基本结构便是将 LC 并联电路（也称为“调谐回路”）代替晶体管共射极放大电路的集电极负载，只有当调谐回路的谐振频率与输入信号频率相同时，其表现的阻抗才是最大的，此时放大电路的电压放大系数为最大值，而“越偏离谐振频率的其他信号”的电压放大系数会越小，也就完成了特定频率信号的选择，LC 调谐回路也因此被称为选频网络。

根据调谐回路的数量，调谐放大电路可分为单调谐与双调谐两种，类似如图 3.45 所示。

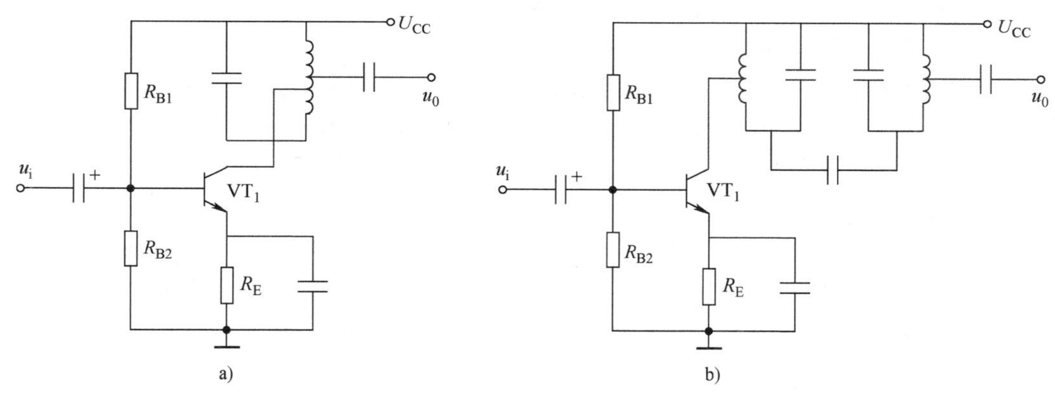

图 3.45　调谐放大电路

a）单调谐放大电路　b）双调谐放大电路

理想调谐放大电路的行为应该与理想带通滤波器相同，其幅频特性曲线应该是一个矩形，这样可以让需要的信号通过，同时能够有效抑制相邻频段的干扰信号。单调谐放大电路只有一个调谐回路，其幅频特性曲线与 LC 并联谐振电路相似，调整电路参数能够控制通带大小（曲线开合度），但通带越大，也更容易误选其他邻近频段信号，选择性相对较差。

双调谐放大电路具有两个调谐回路，其能够获得更大的通带，抗干扰能力也更强，但调试起来相对比较复杂，相应的幅频特性曲线类似如图 3.46 所示。当 $k < 1$ 时，两个调谐回路处于弱耦合状态，一般不工作于此状态。当 $k > 1$ 时，两个调谐回路处于强耦合状态，但通带内的电压增益会有所起伏。当 $k = 1$ 时为临界耦合状态，其矩形系数可达 3.15。

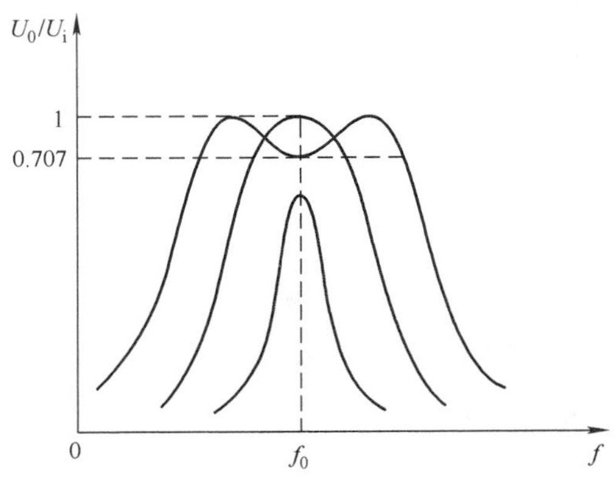

图 3.46　双调谐放大电路的幅频特性曲线

经典的电感三点式与电容三点式振荡电路（Oscillating Circuit）也采用 LC 并联谐振电路构成的带通滤波器，相应的基本结构如图 3.47 所示。三点式振荡电路本质上与调谐放大电路相同，虽然振荡电路本身似乎并没有输入信号源，但是其在上电一瞬间会产生频率丰富的噪声，而最终由 LC 谐振电路（带通滤波器）筛选出来的频率才会经过正反馈放大至振荡。电容三点式振荡电路的输出波形较好，振荡频率可高达几千 MHz，但频率调整不太方便。电感三点式振荡电路容易起振，振荡频率范围较宽（能够方便调整振荡频率，只需要改变振荡电容器的容量），但输出波形会差一些，振荡频率通常在 100MHz 以下。

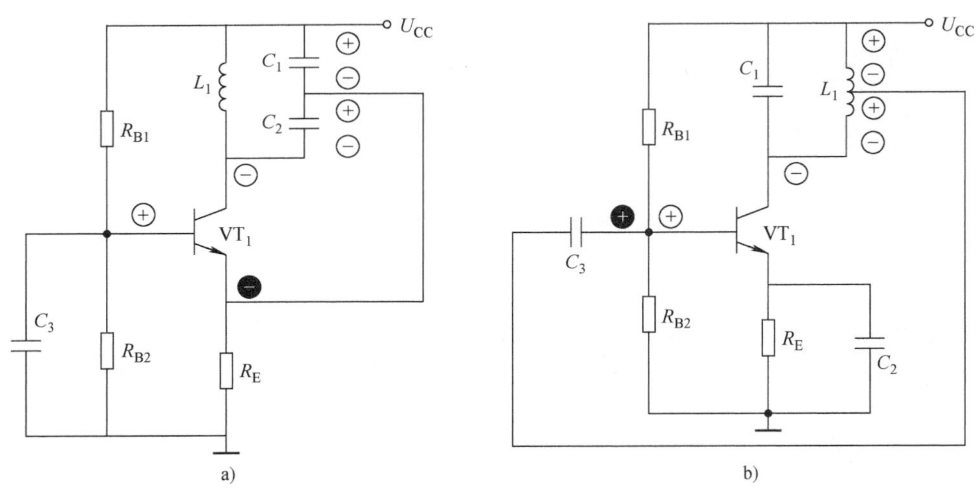

图 3.47　电容与电感三点式振荡电路

a）电容三点式振荡电路　b）电感三点式振荡电路

振荡电路需要满足相位平衡条件与起振幅度条件才能正常工作，前者可使用瞬时极性法判断。以电容三点式振荡电路为例，假设 VT_1 基极的瞬时电压极性为“+”，经共射组态放大电路后，从 C_1 两端反馈到 VT_1 发射极的电压极性为“−”，也就是正反馈，因此满足相位平衡条件。**注意：反馈电压是参考公共地的电压，因此是从 C_1 两端获得（而不是 C_2），因为 U_{CC} 对于交流信号相当于短路（即接地）**。起振幅度条件可通过“调整 C_1 与 C_2 的容量比值以改变反馈电压幅度”来满足。

电感器也常作为频率补偿而添加到放大电路中，具体形式有串联、并联或两者的结合。图 3.48a 中的 L_1 与 L_2 分别为串联与并联补偿电感器，假设放大电路连接了容性负载（等效为大阻值电阻器与小容量电容器的并联），当 L_1 与容性负载发生串联谐振时（谐振频率为 f_1），负载两端的电压是最高的。当 L_2 与容性负载发生并联谐振时（谐振频率为 f_2），其表现的最大阻抗也提升了放大电路的电压放大能力（C_C 为耦合电容器，其容量比容性负载大得多，因此谐振频率主要取决于容性负载）。从幅频特性曲线上看，并联与串联谐振点对应的输出电压会更大一些，类似如图 3.48b 所示（f_1 处的曲线与图 2.45 相似，只不过此处的尖峰是人为添加的）。

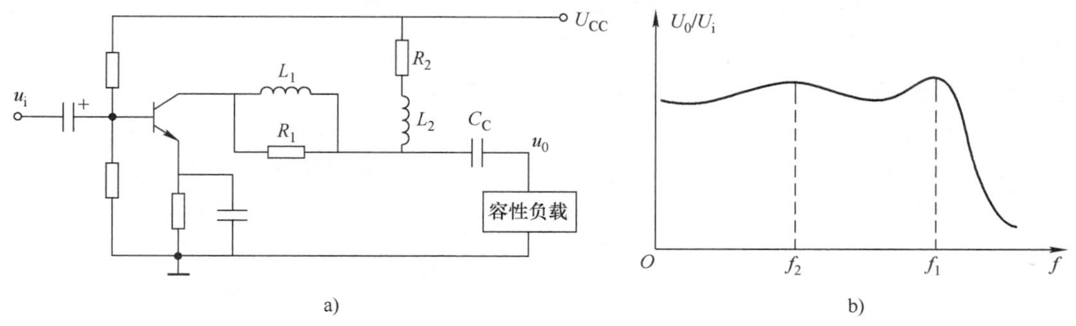

图 3.48　频率补偿电感器

a）串并联补偿电感器　b）幅频特性曲线

高频电路广泛需要进行阻抗变换，相应的电路称为阻抗匹配电路，其主要目标是为了使传输功率最大化（信号反射最小化），而达到此目标的条件便是让信号源阻抗 Z_S 等于负载阻抗 Z_L 的共轭阻抗Z_L^*，相应的示意如图 3.49 所示，可用式（3.20）表达：

$$\left.\begin{aligned} Z_S &= Z_L^* \\ R_S + jX_S &= R_L - jX_L \\ X_S &= -X_L \end{aligned}\right\} \tag{3.20}$$

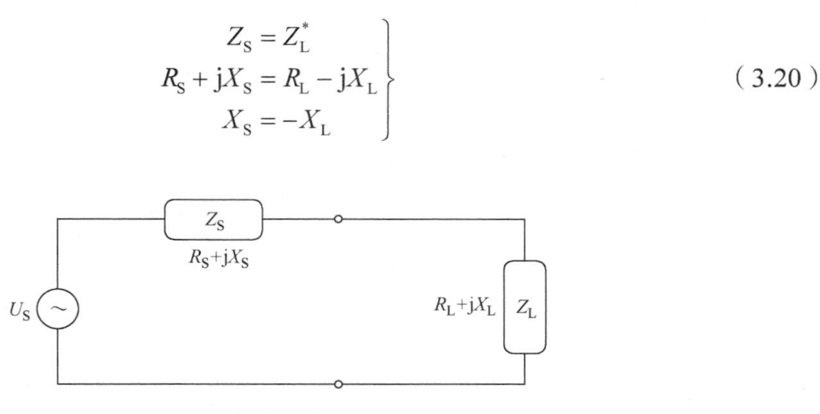

图 3.49　传输功率最大化条件

从物理意义上来讲，所谓的“共轭”就是特性相反的阻抗，容性的共轭就是感性（对应复阻抗中的虚部，正为感性，负为容性，虚部为零的阻抗的共轭就是本身），反之亦然。例如，$Z = 3 + j5\Omega$ 的共轭阻抗 $Z^* = 3 - j5\Omega$，$Z = 10\Omega$ 的共轭阻抗 $Z^* = 10\Omega$。两个共轭复阻抗串联后，虚部将会抵消，从信号源看到的是一个纯电阻。很明显，如果负载为一个纯电阻（**复阻抗的虚部为0，也可以理解为谐振状态**），则实现功率最大化的条件是 $R_S = R_L$，这也同样是信号反射最小的时候，因此，传输功率最大化条件同样也是阻抗匹配的条件。

有人可能对“传输功率最大化条件”感到很困惑：当 $R_S = 0$ 时，传输功率才应该是最大的吧？

请特别注意：在低频应用场合中，我们只需要考虑信号源与负载之间的阻抗匹配就可以了，也就是追求传输效率的最大化，而在高频应用场合中，不仅要考虑信号源与负载，还需要考虑传输线（Transmission Line）带来的影响，阻抗匹配的任务就是让高频信号（从发送方往接收方的传播过程中）看到的阻抗都是一致的，也就是追求传输功率的最大化（也同样可以避免高频信号的反射）。

高频阻抗匹配经常使用 LC 滤波器（微波频段应用电路常使用传输线实现阻抗匹配，本书不涉及），由于应用频率比较高，其所需的电感量非常小，相应的体积也很小。阻抗匹配网络的具体形式有很多，包括 L 形、π 形、T 形等。常用的匹配电路如图 3.50 所示，每一种网络都有不同的特性，它们本身可以实现高通、低通或带通等特性。其中，L 形网络为 Q 值固定匹配网络（对于负载与信号源已定的场合而言），其他两种网络的 Q 值可灵活设置（具体方案的选择与信号源及负载的特性有关）。

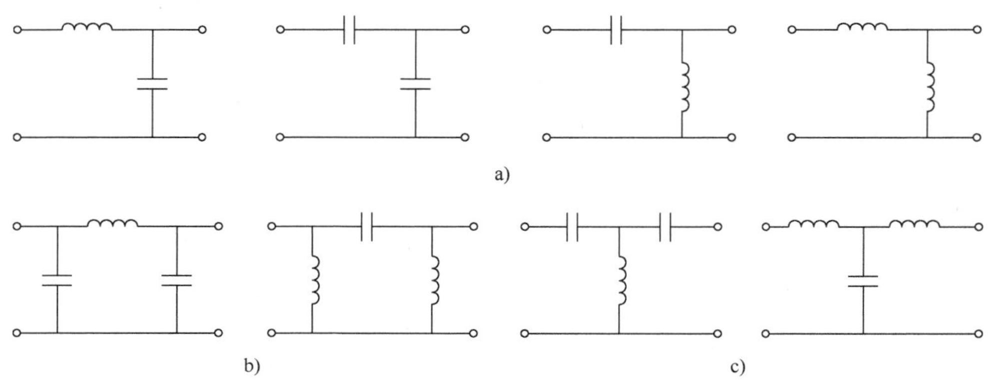

图 3.50　常用的匹配电路

a）L 形　b）π 形　c）T 形

图 3.51 展示了一种最简单的基于晶体管的高频宽带放大电路，其基本结构与低频放大电路差不多，有所不同的是，放大电路的输入与输出都需要针对特定的传输线阻抗（此处为 50Ω）进行匹配，C_1、C_2 为信号耦合电容器，L_1、C_3 为输入 L 形匹配电路，L_2、C_4 为输出 L 形匹配电路，而史密斯圆图是常用的阻抗匹配工具，详情可参考拙作《三极管应用分析精粹：从单管放大到模拟集成电路设计（基础篇）》。

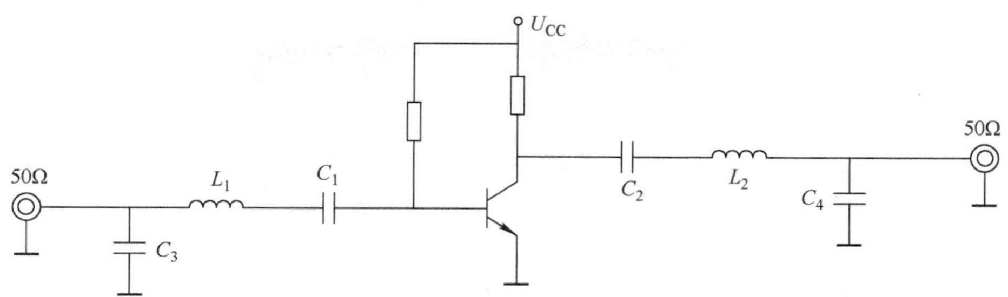

图 3.51　简单的高频宽带放大电路

理论上，任意信号源与负载都可以仅使用两个合适的电抗元件完成阻抗匹配，至少在单个频率点是如此，但是这种方案有时候会使得匹配电路的 Q 值过大，而 Q 值与滤波器的带宽成反比关系，并不适用宽带匹配的场合，因此需要一种低 Q 值的匹配电路，“使用多级匹配电路代替单级”就是常用解决方案（将单级实现的阻抗匹配任务分散到多级，从而使每级匹配电路的 Q 值都能够比较低），类似如图 3.52 所示。值得一提的是，传输线也可以看成是由无数个 LC 滤波器级联而构成，所以其带宽很大（理想传输线是全带宽的）。

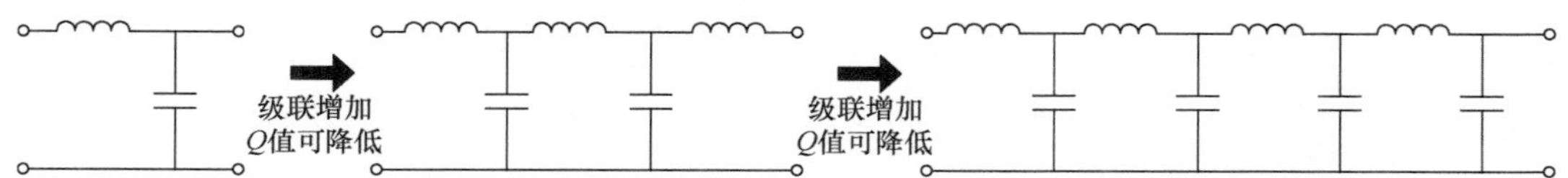

图 3.52　多级 LC 阻抗匹配代替单级 LC 阻抗匹配

在典型的现代无线通信系统中，当高频窄带信号经天线与带通滤波器后，通常并不是直接将其进行解调，而是先将高频信号变换成频率固定的中频信号（因为中频信号的处理难度低得多），这是通过将信号与本地振荡信号混频后实现（简称为“下变频”），也常称为超外差（Superheterodyne）方案。但是由于从天线接收到的信号实在很微弱，无法直接对其进行下变频处理，因此，通常还需要先使用低噪声放大电路（Low Noise Amplifier，LNA）对其进行线性放大，同时尽量减少噪声的额外引入。图 3.53 为某基于 N 沟道耗尽型结型场效应晶体管（Junction Field-Effect Transistor，JFET）的 LNA 基本结构，其直流偏置采用自偏置方案，所以需要在栅极与源极之间添加负压偏置。当 VT_1 漏极添加正电源时，漏极电流会在 R_2 两端产生压降（C_3 在高频时呈现低阻抗，避免在 R_2 上产生能量消耗，根据需要可并联多个不同容量电容器，以便在更宽频段内获得低阻抗），而 VT_1 栅极电位为 0V（通过 L_1、L_2、R_1 到公共地），因此，栅极与源极之间的电压为负值，满足直流偏置条件。R_3、L_4、C_4、C_5 为漏极直流偏置电路，L_1、L_2、C_1 为输入阻抗匹配电路，L_3、L_4、C_6、C_7 为输出匹配电路。

在使用天线对高频窄带信号进行发射前，通常需要使用功率放大器对其进行放大，具体的类型有很多，根据承担电流放大管的导通时间不同可分为甲类（360°）、乙类（180°）、丙类（小于 180°）等，如图 3.54 所示。

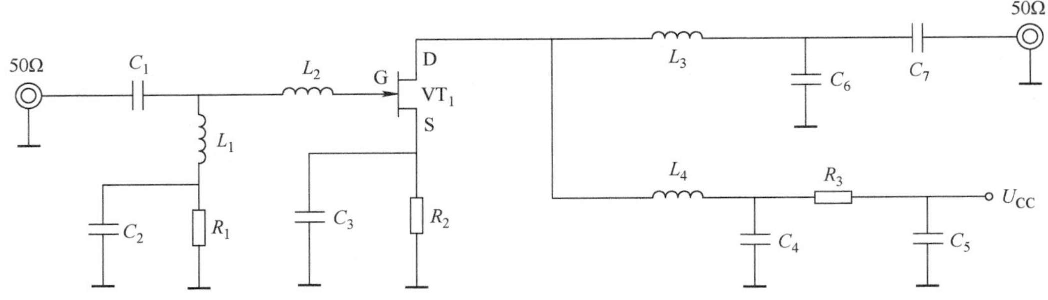

图 3.53　低噪声放大电路

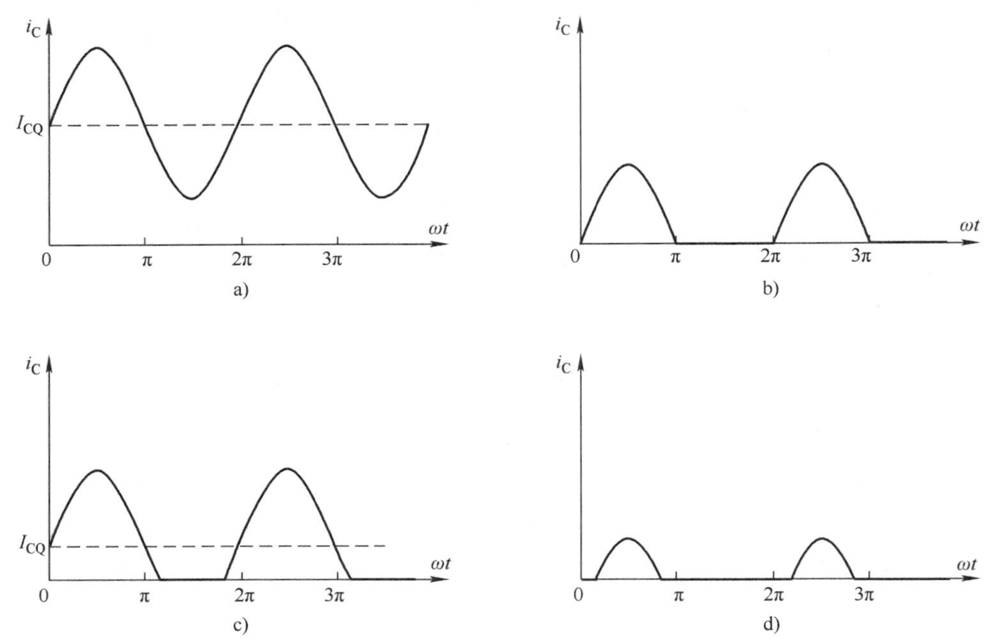

图 3.54　导通时间与功率放大器类型

a）甲类　b）乙类　c）甲乙类　d）丙类

丙类功率放大器由于效率高而被广泛使用，但是由于其放大管处于开关状态，所以产生的谐波也比较大，所以希望阻抗匹配电路具备一定的滤波能力，也就间接要求其 Q 值更高。然而，Q 值一旦高了，匹配电路的传输效率就会降低（阻抗匹配状态就是谐振状态，此时流经电感器与电容器的电流增大了，损耗也会更大），因此丙类功率放大电路的阻抗匹配电路的 Q 值一般不大于 5。当然，Q 值一旦比较小，其滤波能力就会变差，所以通常会采用多个滤波器级联以满足要求。图 3.55 所示丙类功率放大电路中，L_1、C_1、C_2 为 T 形阻抗匹配电路，R_1、L_2、C_3 为基极偏置电路，L_3、L_4、L_5、L_6、C_4、C_5、C_6、C_7、C_8 构成多级阻抗匹配电路，R_2、L_7、L_8、C_9、C_{10}、C_{11} 为电源滤波电路，

L_8 为高频扼流圈（Choke Coil）。

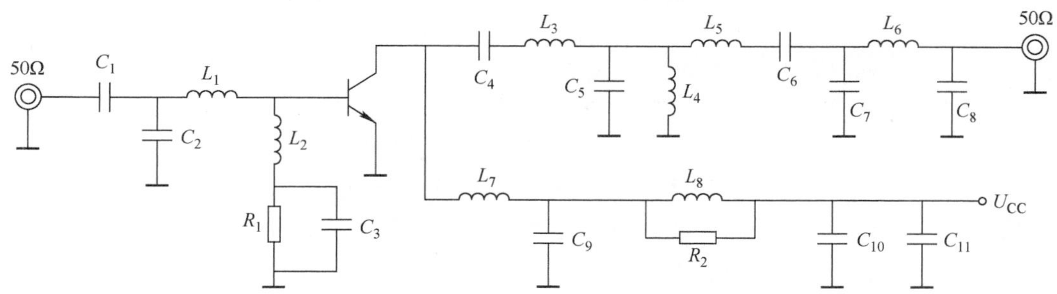

图 3.55　丙类功率放大电路

有人可能会想：电感器与扼流圈之间有什么联系与区别呢？其实很简单：扼流圈是电感器在某个具体应用中的名称，主要体现其在电路中起到的作用（此处的作用就是“去耦”），而电感器只是一个统称。换句话说，扼流圈就是电感器，电感器不一定作为扼流圈使用，而扼流圈与“线圈中是否存在磁心”并无必然关系。

LC 谐振电路构成的带阻滤波器也有一些应用，黑白电视机就需要带阻滤波器在视频放大电路前滤除相邻高频道的图像差频（30MHz）、相邻低频道的伴音差频（39.5MHz）及伴音中频（31.5MHz），相应的电路类似如图 3.56 所示。

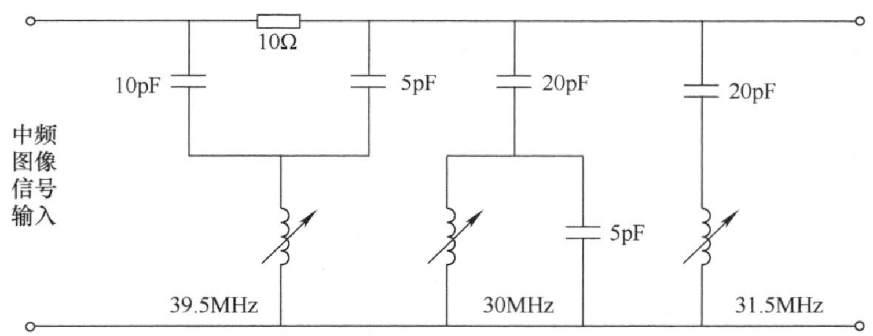

图 3.56　黑白电视机的吸收回路

无线射频相关电路中使用电感器的场合还有很多，这里不展开讨论。

3.7　开关电源中的变压器

电子设备中电源系统的具体表现形式多种多样，但是无论其多么简单或复杂，总是可以分解为最基本的电源模块，这些基本模块的分类方式有很多，如果根据输入电压与输出电压的类型，则可分为直流 / 直流（DC/DC）变换器、直流 / 交流（DC/AC）变换器、交流 / 直流（AC/DC）变换器、交流 / 交流（AC/AC）变换器，如图 3.57 所示。

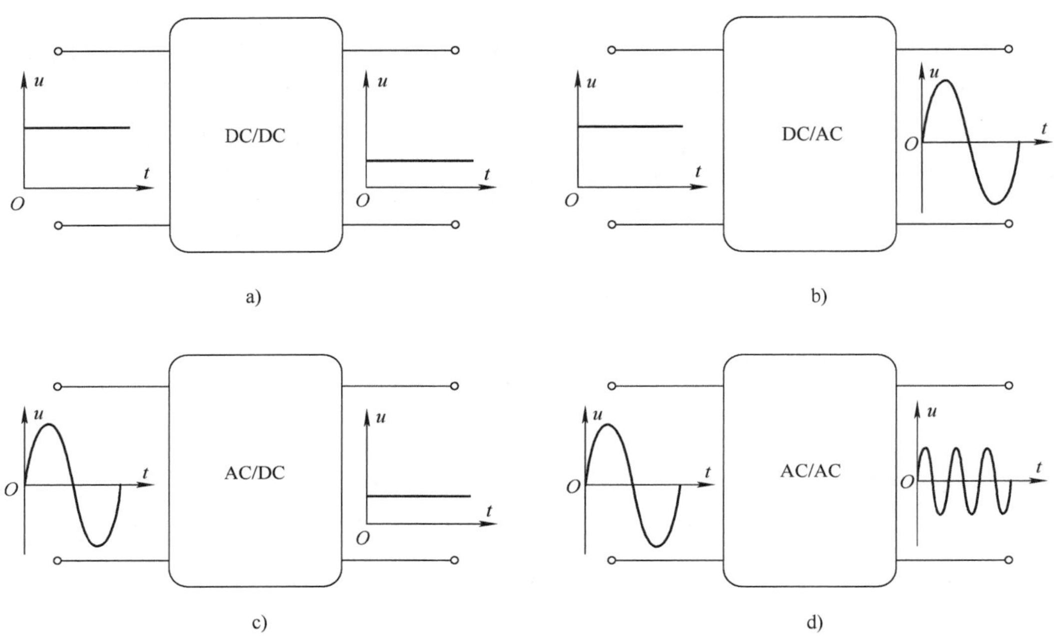

图 3.57　按输入电压与输出电压类型分类

a）DC/DC 变换器　b）DC/AC 变换器　c）AC/DC 变换器　d）AC/AC 变换器

DC/DC 变换器在 3.3 节中已经初步介绍，其输入与输出电压都是恒定直流，而两者的大小关系并无限制（可升压或降压），此种变换器的应用最为广泛，可以理解为电源系统的核心之一。DC/AC 变换器也称为逆变器（Inverter），其从输入直流电压中获取一定频率与幅度的输出交流电压。例如，将电池电源转换成市电（交流电压 220V/110V，频率 50/60Hz）来驱动（需要市电供电的）家用电器。AC/AC 变换器也称为变频器（Variable-Frequency Drive，VFD），其将一定频率的交流电源（如，市电）变换为频率可调的交流电源，以便驱动电动机之类的元器件实现变速运行，节能的同时也可以提高设备自动化程度（变频器可以理解为 AC/DC 变换器与 DC/AC 变换器的组合，当然，也存在没有 DC 变换环节的变频器）。

AC/DC 变换器则将输入交流电压转换为输出直流电压，其在家用电器中也广泛存在。“从市电获取稳定直流电压的”AC/DC 变换器也称为离线式电源（Offline Power），具体架构可分为线性电源与开关电源（在 3.3 节已经初步讨论过），可以理解为 AC/DC 变换器与 DC/DC 变换器的组合。对于线性电源架构的 AC/DC 变换器而言，其中的 DC/DC 变换器输入直流电压是从何而来呢？在没有其他直流电源的情况下，其通常由市电经电源变压器、整流电路、滤波电路获得，相应的 AC/DC 变换器框架如图 3.58 所示（以前的黑白电视机中广泛存在）。

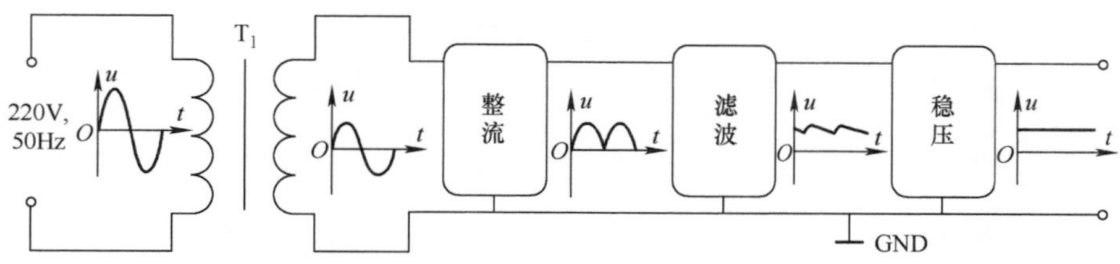

图 3.58　线性 AC/DC 变换器基本框架

线性电源的主要缺陷在于变换效率，通常输出功率越大，相应的能量损耗也越大，自然会引发一系列复杂的热管理问题。在大功率应用场合下通常使用效率更高的开关电源架构，相应 AC/DC 变换器示意如图 3.59 所示。

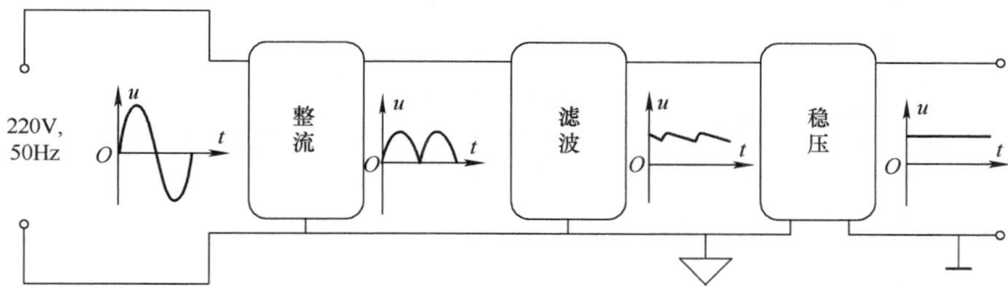

图 3.59　开关式 AC/DC 变换器基本框架

与线性 AC/DC 变换器不同，开关式 AC/DC 变换器中的变压器并没有放在整流滤波电路之前，而是位于稳压环节（DC/DC 变换器），其起到电压变换与隔离作用，因此开关式 DC/DC 变换器的输入与输出并不是共地的（当然，也可以是共地的，取决于方案）。“使用变压器的 DC/DC 变换器”与“3.3 节使用电感器的 DC/DC 变换器”的基本原理相似，其都是采用“将直流变换为高频脉冲再滤波的方式”。从输入波形来看，线性电源变压器是正弦波，而开关电源变压器则是矩形波。

隔离的主要好处是安全，在需要与人体接触的医疗设备中都有严格的要求。从图 3.59 可以看到，整流滤波后的“地”与交流电网是直接相连的，当人体站在大地上接触“公共地”时，相当于直接与交流电网接触，这是非常危险的行为，而经过变压器隔离后的“公共地”则与交流电网没有直接相连关系（没有触电危险），也称为“冷地”。实际上，开关式 AC/DC 变换器也可以在整流之前加上工频变压器，只不过作用只有隔离而已。以前维修彩电就有一个隔离变压器辅助工具，其匝比是 1:1，没有变换电压的作用，只是用来隔离电网以方便维修。

无论是线性还是开关式 AC/DC 变换器，核心还在于其中的 DC/DC 变换器（稳压部分），所以接下来重点讨论开关电源的 DC/DC 变换器（前面的直流获取方案相似，后续电路分析时不再赘述），其具体形式有很多，目前应用最广泛的应该是反激式（Flyback）变换器，基本结构如图 3.60 所示。其中，开关 K_1 通常使用场效应晶体管来实现，VD_1 为整流二极管，C_1 为滤波电容器。

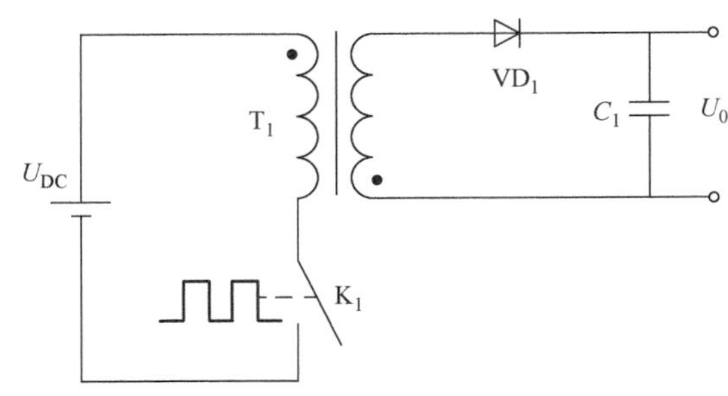

图 3.60 反激式变换器的基本结构

所谓的“反激”，简单来说，是指变压器一次与二次线圈交替进入工作状态（一次线圈工作时二次线圈不工作，而一次线圈不工作时二次线圈工作）。而所谓的“工作状态”，是指线圈是否处于能量储存（对于一次线圈）或释放（对于二次线圈）的状态（或者说，线圈是否流过“最终用于产生能量输出的电流”）。反激式变换器由于比较简单，所需元件数量较少，成本也较低，在 100W 以下的小功率开关电源设备（如智能手机充电器）中应用比较广泛。

反激式变换器的工作原理可简要描述如下：

当开关 K_1 闭合时（前半周期），直流电压 U_{DC} 施加在变压器 T_1 一次线圈两端，其中的电流将线性上升，**此时一次线圈相当于一个正在储能的电感器**（工作状态），其两端感应电动势的极性为“上正下负”。根据同名端的定义，二次线圈两端的感应电动势极性为“上负下正”，二极管 VD_1 因反向偏置而处于截止（断开）状态，**二次线圈因无闭合回路未进入工作状态**，此时输出功率仅由电容器 C_1 提供，如图 3.61a 所示。当 K_1 断开时（后半周期），**一次线圈退出工作状态**，由于流过 T_1 一次线圈的电流不能突变，其两端将产生极性为“上负下正”的感应电动势，而二次线圈两端的感应电动势极性为“上正下负”，此时 VD_1 因正向偏置而处于导通（闭合）状态，**二次线圈进入工作状态**，也就能够将变压器储存的能量传递到输出（释放线圈在前半周期储存的能量），如图 3.61b 所示。

如果仔细观察反激式变换器与 3.3 节介绍的 BOOST 变换器，会发现它们的工作方式是相同的，只不过反激式变换器能够提供隔离输出电源，而且配合变压器可实现升压或降压，是一种增强型 BOOST 变换器（**注意：反激式变换器中的变压器本质上就是电感器，而不是通常意义上的变压器，后续还会进一步讨论**）。

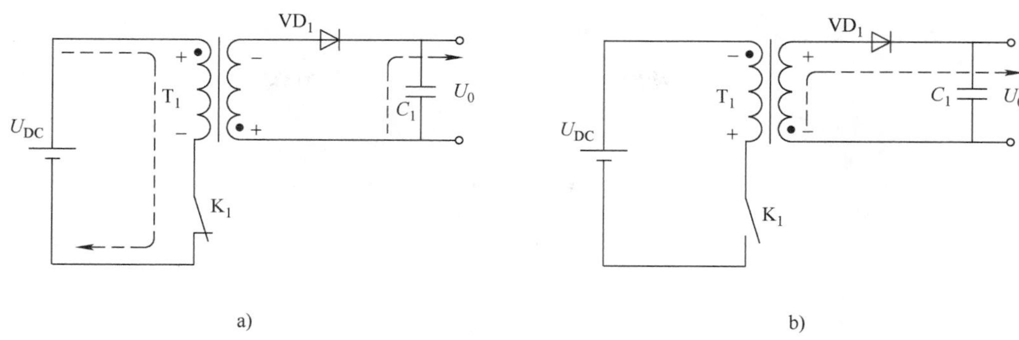

图 3.61　反激式变换器的工作原理

a）开关 K_1 闭合时　b）开关 K_1 断开时

正激式变换器是另一种不同的变换器拓扑，其一次线圈与二次线圈同时进入工作状态，相应的电路通常比反激式变换器更复杂，在大功率开关电源设备中应用更加广泛。BUCK 变换器也可以理解为不含变压器的正激式变换器，而最简单且含变压器的单端正激（隔离）变换器如图 3.62 所示，其与反激式变换器似乎有点相似，但是能量是在开关 K_1 闭合时输出的，而一次线圈 N_{p2} 与 VD_3 构成续流电路，VD_1 为整流二极管，VD_2、L_1、C_1 构成滤波电路。

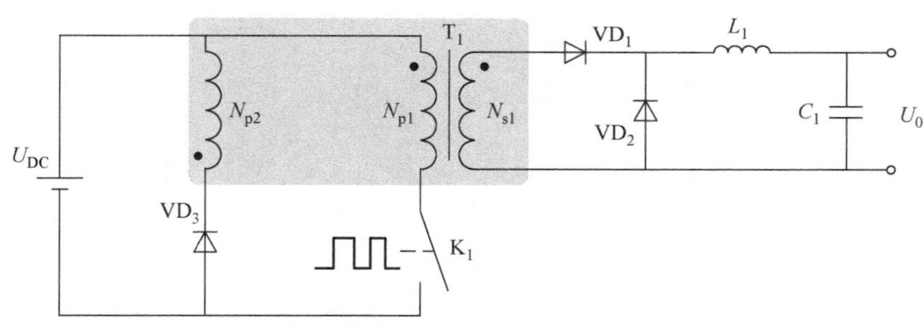

图 3.62　单端正激变换器

单端正激变换器在 K_1 处于闭合状态时（前半周期），U_{DC} 施加在一次线圈 N_{p1} 两端，线圈 N_{p2} 两端感应电动势极性为“上负下正”，VD_3 处于截止状态。与此同时，线圈 N_{s1} 两端的感应电动势极性为“上正下负”，VD_1 因正向偏置而导通，继而通过 DLC 滤波器向负载提供电能，如图 3.63a 所示。当 K_1 断开后（后半周期），N_{p2} 两端的感应电动势极性为“上正下负”，其通过 U_{DC}（直流电源对交流可以认为是短路的）使 VD_3 处于正向导通状态，继而形成续流回路（以释放线圈在前半周期储存的多余能量）。根据同名端的定义，N_{s1} 两端的感应电动势极性为“上负下正”，VD_1 因反向偏置而截止，输出回路断开，如图 3.63b 所示。

单端正激变换器中的开关仅与一次线圈的某一端串联，这就是“单端”一词的来源。如果使用两个开关分别与一次线圈两端串联，则称为“双端”工作模式。双端正激变换器的基本结构如图 3.64 所示，其中，开关 K_1 与 K_2 总是同时断开或闭合，这样可以让两个开关承担高电压以降低对耐压的需求，而 VD_3 与 VD_4 则承担续流的作用。

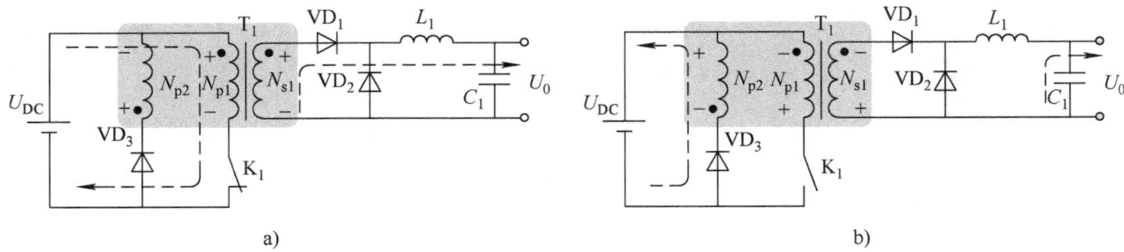

图 3.63　单端正激变换器的工作原理

a）开关 K_1 闭合时　b）开关 K_1 断开时

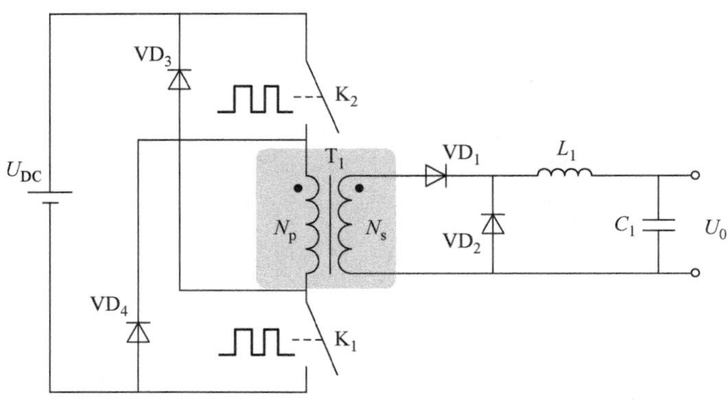

图 3.64　双端正激变换器

双端正激与单端正激变换器的工作原理相似，当 K_1 与 K_2 同时闭合时，变压器输出使 VD_1 导通而向负载提供能量，此时 VD_3 与 VD_4 处于截止状态。当 K_1 与 K_2 断开后，由于输出回路断开，同样需要续流回流将前半周期储存的能量释放，此时 VD_3 与 VD_4 处于导通状态，与直流电源 U_{DC} 形成一个能量释放回路，如图 3.65 所示。

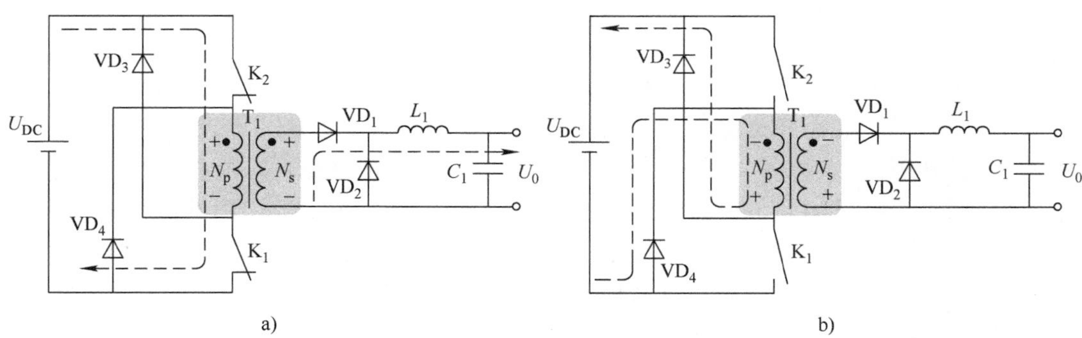

图 3.65　双端正激变换器的工作原理

a）开关闭合时　b）开关断开时

以上介绍的几种变换器通常用于中小功率输出场合（小于 200W），在更大功率需求场合下则可以使用推挽、半桥或全桥变换器。经典推挽变换器的基本结构如图 3.66

所示，其中变压器的一次与二次都是带中心抽头的线圈，一次线圈的中心抽头与直流电源连接，其两端则分别通过开关与公共地相连，而二次线圈则是一个全波整流电路。

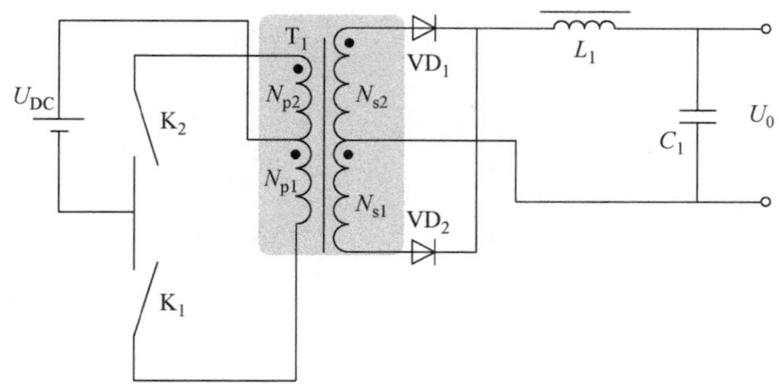

图 3.66 推挽变换器的基本结构

推挽，顾名思义，它暗示了将电流“推上去”与“挽下来”（方向相反），这是由“在任意时刻最多仅一个处于闭合状态的”开关 K_1 与 K_2 完成的。当 K_1 闭合 K_2 断开时，U_{DC} 施加在一次线圈 N_{p1} 两端，使得 N_{p1} 两端的感应电动势极性为“上正下负”，而二次线圈 N_{s2} 两端的感应电动势将使 VD_1 导通，同时向负载提供能量。当 K_1 断开 K_2 闭合时，U_{DC} 施加在 N_{p2} 两端，使得 N_{s1} 两端的感应电动势将使 VD_2 导通，同时向负载提供能量，相应的工作状态如图 3.67 所示。

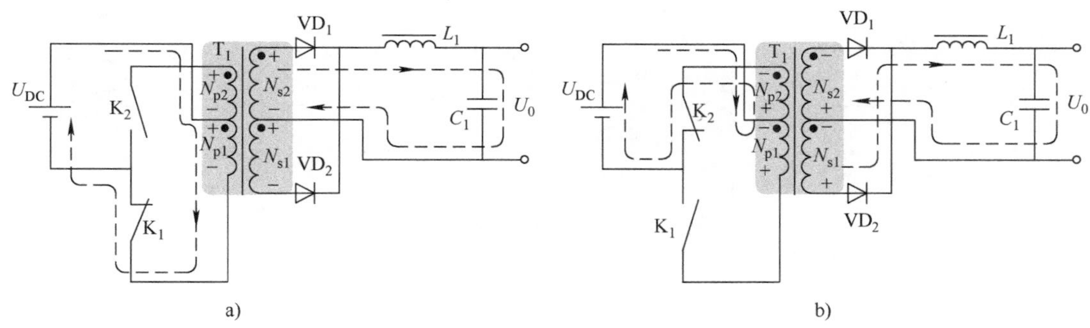

图 3.67 推挽变换器工作原理

a）开关 K_1 闭合时 b）开关 K_2 闭合时

推挽变换器的输出功率为 100 ~ 500W，其优点是两个开关容易驱动，但是从工作原理可以看到，当某个开关闭合时，另一个处于断开状态的开关需要承受 2 倍 U_{DC} 的电压，也就对开关管有着更高的耐压要求。

半桥变换器的基本结构如图 3.68 所示。

“桥”有桥接（或跨接）的意思，对于半桥变换器而言，“桥”指的是需要交流驱动的变压器一次线圈。“桥”架“两岸”之上，此处的“岸”在电路里也称为“桥臂”。半桥变换器中的一条桥臂由开关 K_1 与 K_2 构成，另一条桥臂则由等值大容量电容器（通常是电解电容器）C_2 与 C_3 串联分压电路构成，但是由于电容器支路提供的电位是固定的（$U_{DC}/2$），本身并没有主动激励变压器的功能，所以才称为半桥。

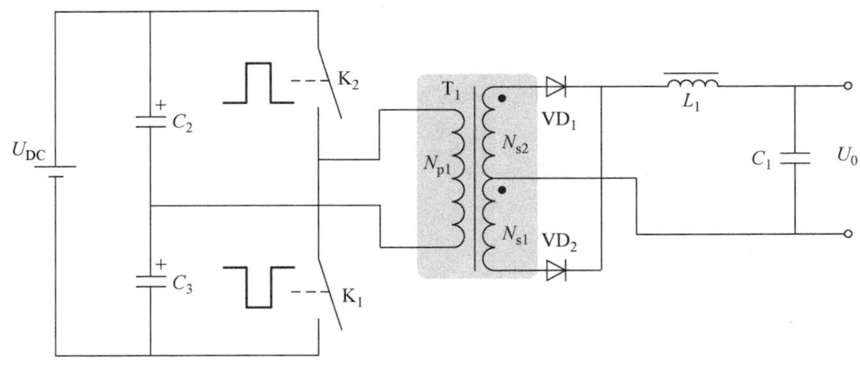

图 3.68　半桥变换器的基本结构

如图 3.69 所示，当 K_1 断开 K_2 闭合时，U_{DC} 与变压器一次线圈 N_{p1} 上端连接（N_{p1} 下端电位为 $U_{DC}/2$），所以施加在 N_{p1} 两端的电压为 $U_{DC}/2$。当 K_1 闭合 K_2 断开时，N_{p1} 下端被下拉到低电平，其上端电位为 $U_{DC}/2$（即 C_3 两端的电压），所以施加在 N_{p1} 两端的电压同样为 $U_{DC}/2$，只不过极性与之前恰好相反。

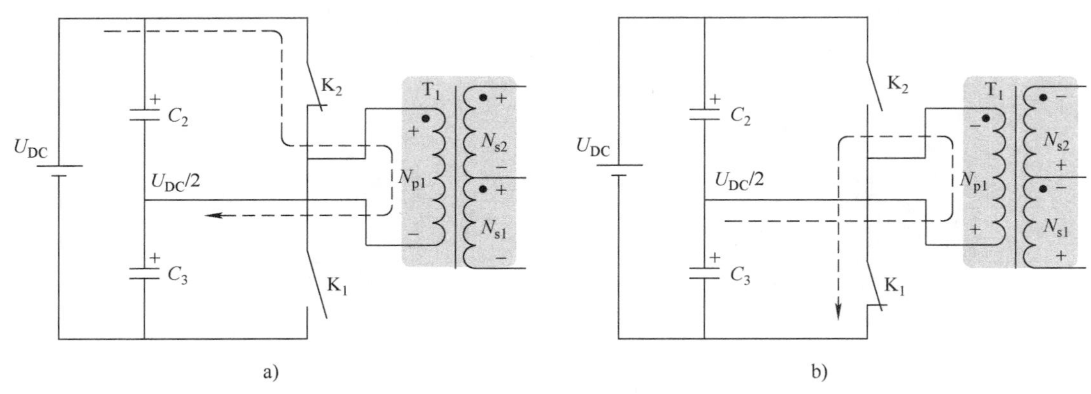

图 3.69　半桥变换器工作原理

a）开关 K_2 闭合时　b）开关 K_1 闭合时

在 1000W 以上的超大功率开关电源应用中，全桥变换器应用更普遍，其是在半桥变换器的基础上，使用另一个开关串联的桥臂代替电容器串联桥臂，所以使用的开关数量多，且要求参数一致性更好，驱动电路也更复杂。全桥变换器的基本结构如图 3.70 所示。

全桥变换器的工作原理与半桥变换器相似，当开关 K_2 与 K_3 闭合时，U_{DC} 经 K_2、T_1 的一次线圈 N_{p1}、K_3 形成回路，此时 N_{p1} 两端直接与 U_{DC} 相连。当开关 K_1 与 K_4 闭合时，U_{DC} 经 K_4、N_{p1}、K_1 形成回路，此时 N_{p1} 两端也直接与 U_{DC} 相连，只不过施加在 N_{p1} 两端的电压极性与之前恰好相反，如图 3.71 所示。

值得一提的是，（半桥或全桥变换器中）同一桥臂的两个开关必须避免同时处于导通状态，否则将出现从电源到公共地的低阻抗路径，由此产生的大电流很容易损坏开关。为此，在使**同一桥臂中**的任意一个开关断开后，通常会先延迟一段时间再使另一个开关导通，而这段延迟时间也称为死区时间（Dead Time），如图 3.72 所示（简单地说，假设高电平时开关闭合，则两个开关的驱动脉冲总是不会同时为高电平）。

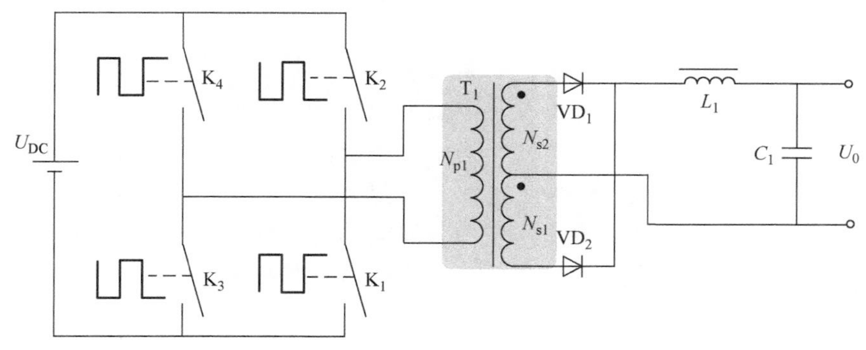

图 3.70　全桥变换器的基本结构

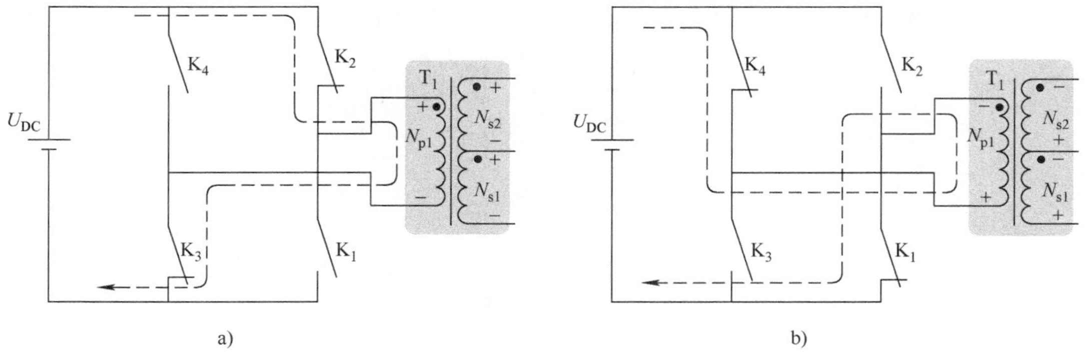

图 3.71　全桥变换器工作原理

a）开关 K_2 与 K_3 闭合时　b）开关 K_1 与 K_4 闭合时

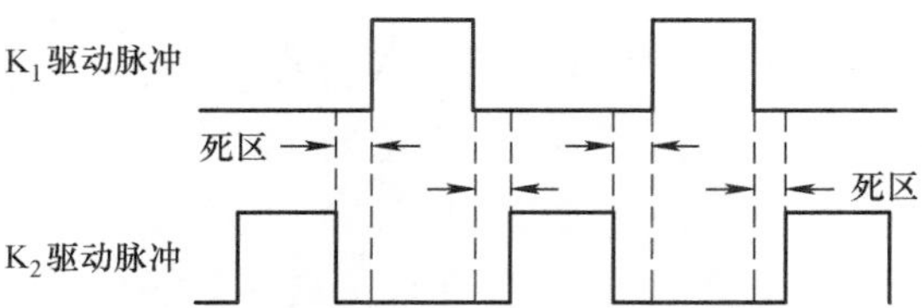

图 3.72　驱动脉冲中的死区时间

3.8　射频电路中的变压器

射频电路中使用变压器的主要目的是信号耦合与阻抗变换，但大多数人对变压器作为此目的来使用的场合应该是音频（频段为 20 ~ 20000Hz）放大电路，相应的变压器也称为音频变压器，通常包括输入与输出变压器两种，前者从单个信号源中获得大小相等、方向相反的两个激励信号（也称为“差模信号”），并分别用于驱动两个推挽放大晶体管，后者则反过来从激励信号中获取驱动负载的信号（也起到阻抗匹配的作用），因此两种变压器通常是配对使用的，类似如图 3.73 所示。

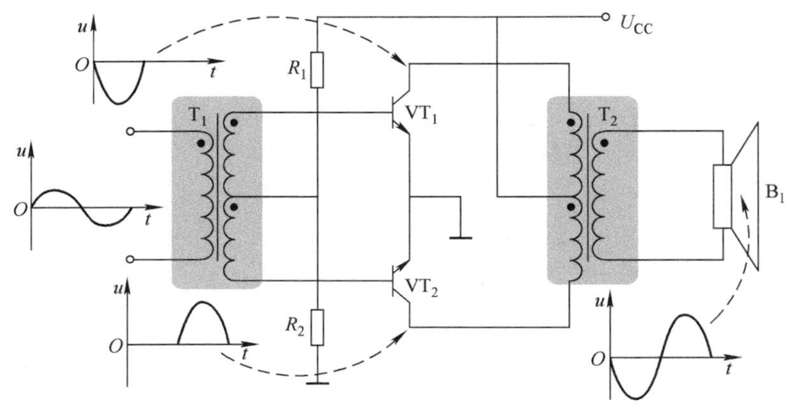

图 3.73　音频变压器应用电路

在图 3.73 所示电路中，VT_1 与 VT_2 构成共发射极组态的乙类推挽功率放大晶体管，R_1 与 R_2 为两个晶体管建立合适的直流偏置。乙类放大电路为了放大完整周期（360°）的音频输入信号，必须借助两个晶体管配合工作，每个晶体管仅放大输入信号的半个周期。也就是说，一个晶体管放大信号时，另一个则处于截止状态，两个晶体管交替工作，就如同推挽变换器一样，只不过放大电路的输入是模拟正弦波信号。

在默认状态下（无音频信号输入时），变压器 T_1 二次线圈将 VT_1 与 VT_2 的基极直接相连（短路）而使两者均处于截止状态。当音频信号的正半周施加到 T_1 一次线圈时，VT_1 与 VT_2 的发射极分别同时施加了正电压与负电压，进入导通状态的 VT_1（VT_2 处于截止状态，）将输入信号放大并反相成为负半周信号。当音频信号的负半周到来时，VT_2 将其放大并反相后成为正半周信号。正负半周信号通过变压器 T_2 耦合到扬声器 B_1，两者叠加起来形成完整的正弦波。

变压器在射频电路中的应用也很广泛。“射频”一词源于“Radio Frequency”的英文直译，其中的“Radio”表示无线电广播（或收音机），调幅（Amplitude Modulation，AM）广播与调频（Frequency Modulation，FM）广播便是其常用形式，前者的频段为

525 ~ 1610kHz（中波）与 1.6 ~ 30MHz（短波），后者的频段为 76 ~ 108MHz。无线电广播是最早最经典的射频应用，而核心的振荡与选频电路中就有变压器的身影。

变压器能够与放大电路组成变压器反馈式振荡电路，其振荡幅度较大，容易起振，频率调节也方便，但由于频率越高，漏磁及寄生电容的影响越大，所以通常应用在数 MHz 以下的场合，也因此称为中频变压器（俗称“中周”，“周”是单位“赫兹”的旧称）。变压器反馈式振荡电路的常用形式有调射、调集与调基（因谐振回路分别连接在晶体管的发射极、集电极与基极而得名），而振荡频率取决于 LC 谐振回路，相应的基本结构如图 3.74 所示。

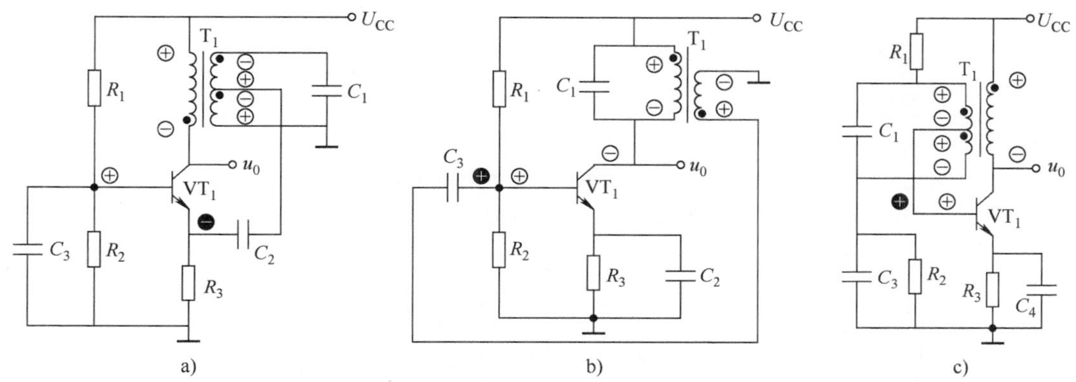

图 3.74 变压器反馈式振荡电路

a）调射形式 b）调集形式 c）调基形式

3.5 节已经提过，振荡电路必须满足相位平衡与起振幅度条件才能正常工作。以调集反馈振荡电路为例，假设 VT_1 基极瞬间电压极性为“+”，经共射组态放大电路反相后的电压极性为“−”，最终由 T_1 二次线圈与耦合电容 C_3 施加到 VT_1 基极的反馈电压极性也为“+”，满足相位平衡条件。调整 T_1 二次线圈的匝数即可改变反馈信号的强度，继而能够满足正反馈的起振幅度条件。

调谐放大电路也是变压器常见应用，具体的形式虽然有很多，但总体可分为单调谐与双调谐，这一点与 3.6 节讨论过的内容相似，只不过信号的耦合都是互感耦合形式，如图 3.75 所示（变压器外围的虚线方框表示金属屏蔽外壳，一般与公共地连接）。

单调谐放大电路由于比较简单而应用比较广泛，其仅在一次线圈并联了电容器（C_1）。对选频性能要求较高的场合通常使用双调谐回路，其在 T_1 与 T_2 两端都并联两个等容量电容器（C_1 与 C_2），并且 L_1 的电感量与 L_2、L_3、L_4 的总电感量相等，所以两个调谐回路的 Q 值相等，且均调整在相同的谐振频率。另外，L_2 用来实现两个调谐回路的信号耦合，改变其匝数即可调节耦合松紧度。当输入信号的频率与 L_1、C_1 组成的并联谐振回路频率相等时，将会被耦合到 L_2，继而施加到 L_2、L_3、L_4、C_2 构成的串联谐振回路完成进一步信号筛选，而最终的信号将从 L_4 两端取出并送到下一级放大电路。

超外差调幅收音机是中频变压器的典型应用，其中就包括振荡与调谐电路，用于从天线接收到的高频载波信号中变换出需要的中频载波信号，具体由本地振荡、混频及调谐电路（三者统称为变频电路）完成，相应的典型电路如图 3.76 所示。

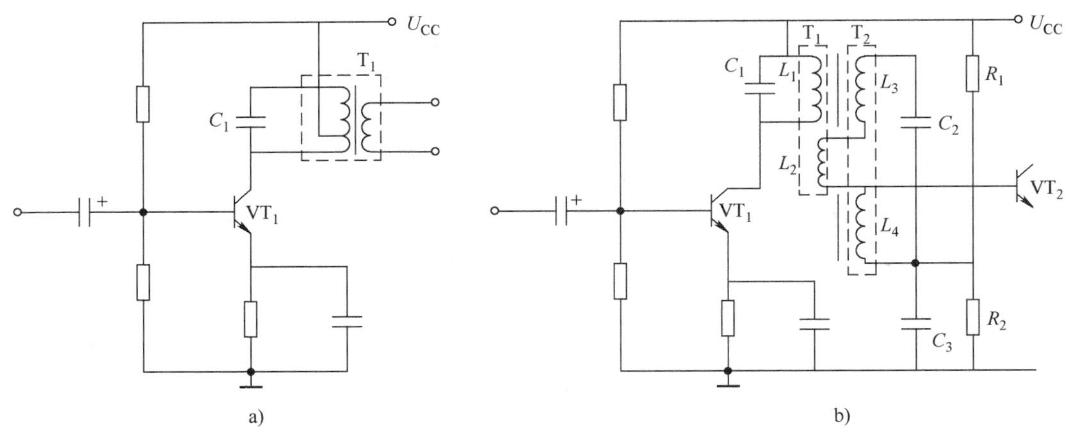

图 3.75 单调谐与双调谐互感耦合

a）单调谐放大电路 b）双调谐放大电路

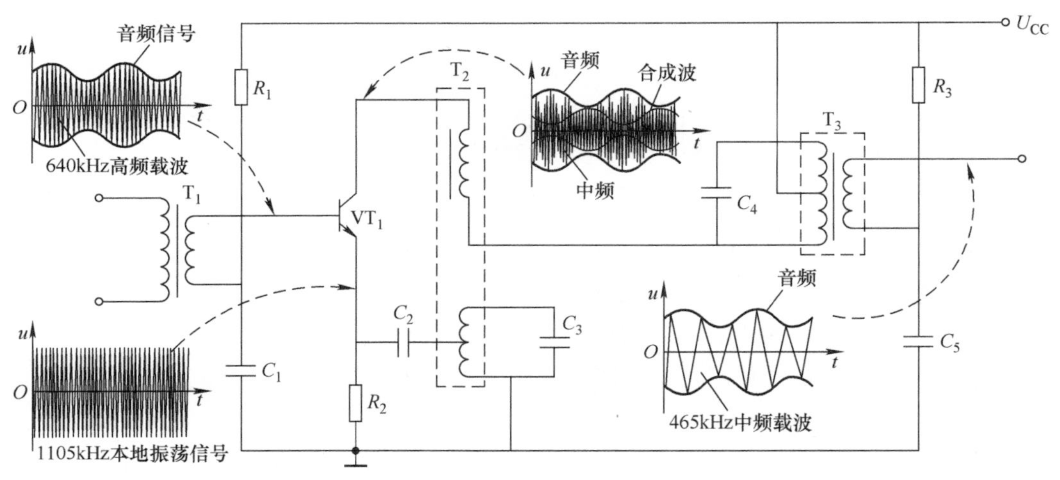

图 3.76 超外差调幅收音机变频电路

"超外差"在 3.6 节就已经提过，它将接收到的高频信号与本地振荡（简称"本振"）电路生成的信号混频后完成频率变换，从而将高频信号转换为较低的固定中频信号（即频谱搬移）。也就是说，无论接收到的高频信号频率为多少，本振电路总是会产生与之存在固定频率差值的振荡信号，而经过混频之后的信号频率总是相同的。假设接收到的高频信号分别为 640kHz 与 720kHz，则相应的本振信号频率总是会比其高 465kHz（即分别为 640kHz + 465kHz = 1105kHz 与 720kHz + 465kHz = 1185kHz），因此，高频信号经过变频（相减）后的固定中频信号频率仍然均为 465kHz。当然，混频之后还会产生不需要的干扰信号，但其中的 465kHz 中频信号正是我们所需要的，后续还需要调谐放大电路进一步筛选。

在图 3.76 所示电路中，VT_1 为变频管，其同时与 T_1 二次线圈、T_2、R_1、R_2、R_3、C_2、C_3 构成变压器调射振荡电路，当 VT_1 基极输入高频信号（假设载波频率为 640kHz）时，其发射极会产生比高频信号频率高 465kHz 的本振信号，两种信号经 VT_1 混频后产生多种频率的合成波（其中包含了 465kHz 的中频调幅信号），再经 T_3 一次线圈与 C_4 构成的调谐电路选出 465kHz 信号，并由 T_3 二次线圈耦合到下一级中频放大电路。

值得一提的是，超外差收音机的磁性天线也是一个高频变压器，其与电容器构成调谐电路，相应的电路也有多种形式，典型电路类似如图 3.77 所示。其中，高频变压器 T_1 本身就是磁性天线，其磁心为锰锌或镍锌铁氧体磁棒（前者适用于中波，后者适用于短波），由绕制在磁心上的两个线圈构成。T_1 一次线圈与一个可变电容器 C_1 构成输入并联 LC 谐振回路，用于确定需要接收的信号频率。有时候，为了提高信号接收的灵敏度，也可以将另一个天线外接在输入回路中。由于天线等效为一个电容器，直接与输入回路相连会影响其谐振频率，继而影响灵敏度与选择性，因此在天线与输入回路之间串入一个数十 pF 的电容器 C_2，而此处的 T_1 就对应图 3.76 中的 T_1。

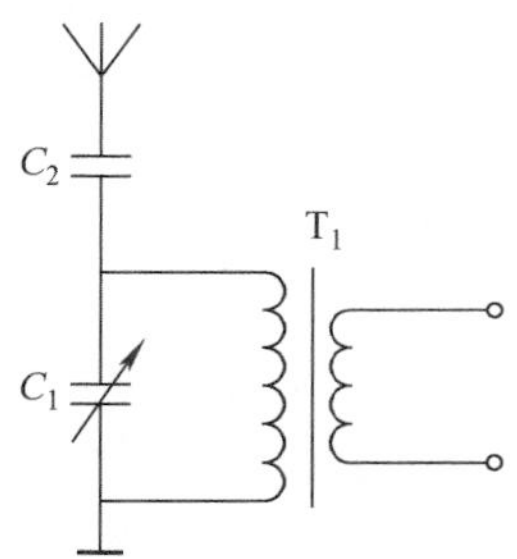

图 3.77　天线输入电路

以前的黑白与彩色电视机里面都有一个用来处理电视信号的高频调谐器（俗称“高频头”），其中也有本振电路与混频电路，基本原理与超外差收音机相似，只不过处理的信号频率更高，大致可分为 VHF 与 UHF 两个频段，前者频段约为 48.5 ~ 223MHz，后者频段为 470 ~ 958MHz，每个频道占用 8MHz 带宽。将天线接收到的电视信号与本振信号送入混频电路，就能够产生两个差频信号，即 38MHz 的图像中频与 3.15MHz 的声音中频。

某高频头的混频电路如图 3.78 所示。其中，T_1、C_1、C_3、C_4 是一个双调谐回路（其与前级高频放大晶体管组成的调谐放大电路对接收到的电视信号进行放大，图 3.78 中未展示），采用电容器分压输入主要是为了减小混频电路对谐振回路 Q 值的影响（本质上就是部分接入阻抗匹配方案）。VT_1 将电视信号与本振高频信号（可由电容三点式振荡电路产生，并由电容器 C_2 耦合至 VT_1 基极）进行混频。T_2、C_5、C_7、C_8 也是一个双调谐回路，其中心频率在 34 ~ 35MHz，并且带宽大于 8MHz，也就能够将图像中频与声音中频选出，之后再由电容器部分接入电路取出并送入到后续的中频放大电路。

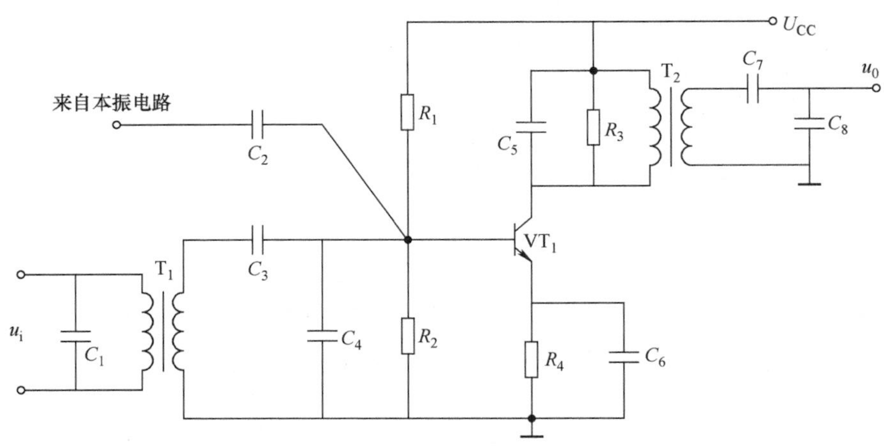

图 3.78　高频调谐器中的混频电路

顺便提醒一下：**所谓的高频、中频、低频的划分依据并非来源于某个绝对频率值，而是整个系统中需要处理的信号频率范围。例如，中波收音机接收的信号频率不过数MHz，相对于更高的微波频段而言很明显属于低频，但是其与音频信号相比却是高频，而比音频更高的本振信号（465kHz）却是中频。再如，经过混频后的电视信号中心频率约在数十 MHz，虽然相对于音频要高很多，但是与天线接收的电视信号相比却也只是中频。**

普通变压器由于线圈漏感与寄生电容的影响，其工作频率一般仅能够达到数十MHz，传输线变压器将漏感与寄生电容作为传输能量的有效工具而提升了带宽，它是将传输线与变压器结合起来的新元件（同时具有变压器与传输线的特性），最高频率可达几百 MHz 甚至上千 MHz，其基本结构如图 3.79a 所示。从结构可以看出，传输线变压器与双绞线式共模电感器相同，也有四个端子用于分别接信号源和负载，相应的原理图符号与共模电感器相同，但是其高频和低频特性良好，且具有体积小、易制作、承受功率大、损耗小等特点，因而被广泛应用在射频电路中，也称为宽带变压器。

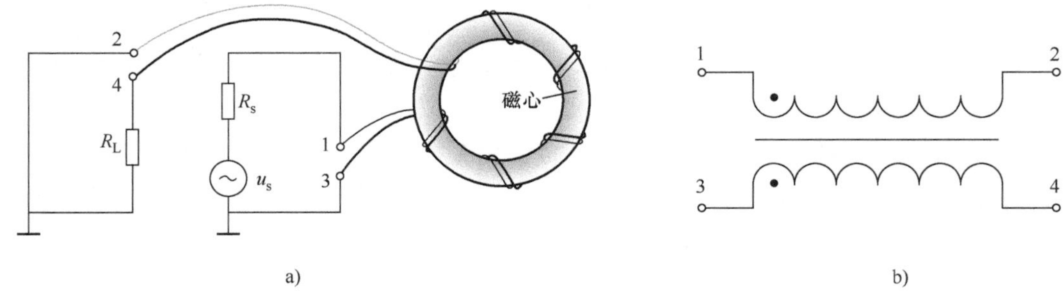

图 3.79　传输线变压器的基本结构及原理图符号

a）基本结构　b）原理图符号

传输线变压器在实际应用时可以理解为一个倒相变压器，如图 3.80a 所示。在传输高频信号时，传输线方式起主导作用，此时漏感与寄生电容都成为传输线特性阻抗的重要组成部分，其等效电路如图 3.80b 所示，其上限频率仅受限于传输线的线长，在“线长不大于波长的 1/8”的场合可以等效为 1∶1 的倒相变压器。

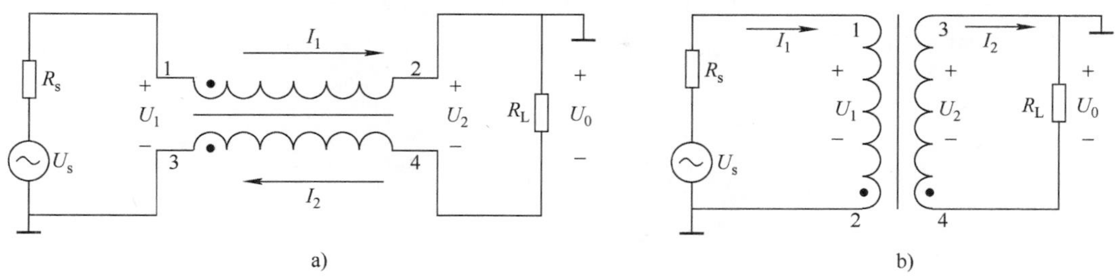

图 3.80　传输线变压器等效为倒相变压器

a）基本应用电路　b）等效为倒相变压器

传输线变压器的应用主要包含阻抗匹配、平衡与不平衡转换以及功率合成或分配，受限于篇幅与本书（基础篇）的定位，此处仅就前两者进行简要介绍。平衡与不平衡信号在前面已经介绍过，简单地说，如果二端口网络有一端是接地的，则称为不平衡端口，如果两端都不接地，则称为平衡端口。有时候需要将不平衡信号变换为平衡信号以便驱动平衡负载。例如，很多长距离传输媒介是平衡传输线，而信号源可能是非平衡形式，此时就需要进行非平衡与平衡信号的变换。再如，广泛应用于无线通信、雷达等领域的偶极子天线（Dipole Antenna）属于平衡负载，而相应的馈电线通常是不平衡传输类型的同轴电缆，两者之间不能直接相连，也需要加入平衡与不平衡变换器。完成平衡与不平衡端口之间进行变换（也可以同时做阻抗变换）的元件也称为巴伦（Balun），其英文是由“Balance”与“Unbalance”合并而成，相应的电路示意如图 3.81 所示。

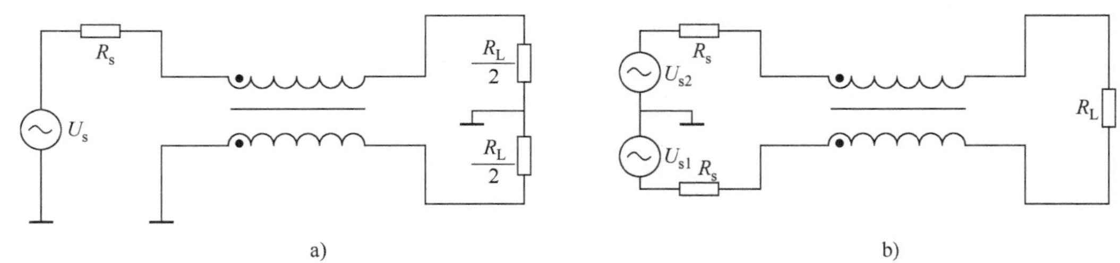

图 3.81　平衡与不平衡变换

a）不平衡 - 平衡　b）平衡 - 不平衡

阻抗变换也是传输线变压器的常见应用，通常使用输入阻抗与输出阻抗的比值来命名，例如，1∶4、4∶1、1∶9、9∶1 等。经典的 4∶1 阻抗变换器的基本结构如图 3.82 所示，只需要将传输线变压器的 2 端与 3 端连接起来，并且让 4 端接地，1 端与输入信号源相连即可。在分析传输线变压器阻抗变换电路时主要考虑两点（假设为阻抗匹配状态）：其一，传输线变压器的输入电压（1-3 端）、输出电压（2-4 端）、负载两端电压 U 都是相等的；其二，“流过传输线变压器中两个线圈的电流 I” 的大小相等而方向相反。由于 3 端与 2 端是短接的，因此流过的电流也是 I。根据节点电流法，流过负载的电流即为 $2I$，那么负载阻抗 R_L（两端的电压与流过其中电流的比值）为 $\boldsymbol{U/(2I)}$。又由于 3-4 端电压等于 2-4 端电压，从信号源看到的输入电压（1 端对公共地）是 1-3 端与 3-4 端压降之和（即 $2U$），所以输入阻抗 R_i 为 $\boldsymbol{2U/I}$，恰好是前述 R_L 的 4 倍。

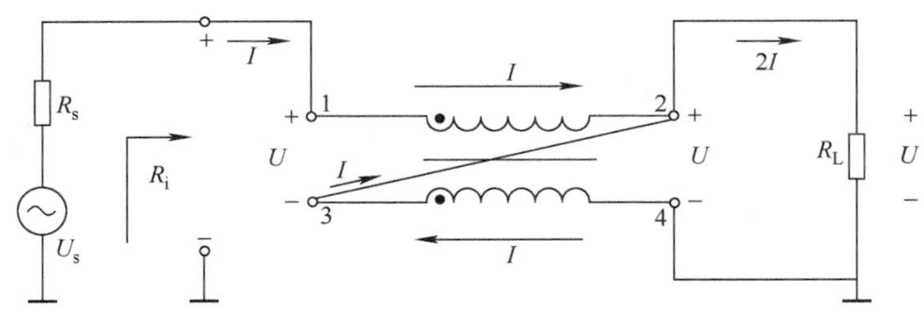

图 3.82　4∶1 阻抗变换器

3.9 传输脉冲信号的变压器

前面基本都在讨论变压器传输正弦波信号的应用，但是与电源系统一样，变压器传输的信号也可以是脉冲（至少从时域角度来看正是如此，因为从频域角度来看，脉冲也可以认为由正弦波叠加而成），我们将此类变压器统称为脉冲变压器，其具体的作用有很多，包括但不限于升高（或降低）脉冲电压、改变脉冲极性、隔离强弱电等。

脉冲变压器的典型应用之一便是驱动场效应晶体管。例如，在 BOOST 变换器中，开关可以由场效应晶体管实现，而其驱动电路则可以由脉冲变压器构成，由于直流电源 U_{CC} 可能比场效应晶体管的栅极驱动电压高很多，脉冲变压器能够同时完成栅极驱动与强弱电隔离的作用，相应的基本电路结构如图 3.83 所示（在实际电路中，通常还会在变压器一次线圈串联隔直电容器以消除直流分量，此处为简化分析而省略）。

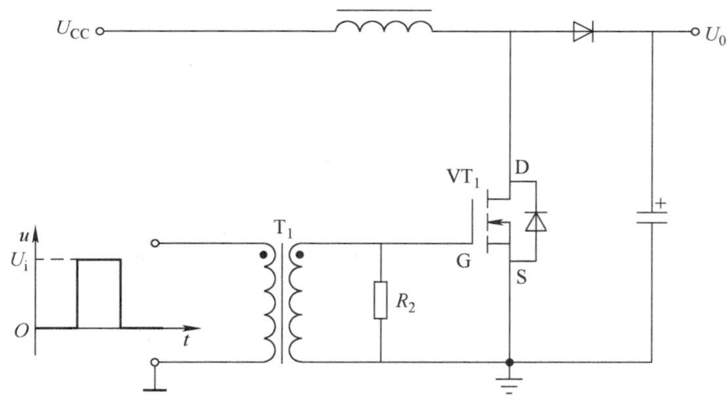

图 3.83 脉冲变压器驱动场效应晶体管

在图 3.83 所示电路中，假设 T_1 的匝比为 1∶1。输入信号源是一个脉冲发生器，当高电平到来时，T_1 一次线圈两端的感应电动势极性为“上正下负”。根据同名端的定义，施加到 VT_1 栅极与源极之间的电压极性也为“上正下负”，也就能够使 VT_1 进入导通状态。而当低电平到来时，VT_1 则处于截止状态。

半桥变换器的脉冲变压器驱动电路也是相似的，只不过增加了一个二次线圈用于驱动上侧场效应晶体管，而一次则采用双端互补脉冲驱动（通常由全桥电路完成）以保证上下两个场效应晶体管驱动电压的对称，如图 3.84 所示。

晶闸管（Thyristor）也常采用脉冲变压器驱动，这样不仅实现触发电路与强电之间的电气隔离，还可以降低输入的脉冲电压，提升输出的触发电流。在特殊情况下，脉冲变压器还可以通过多个二次线圈达到同时触发多个晶闸管的目的。图 3.85 为脉冲变压器驱动晶闸管的典型电路。其中，VD_3 为单向晶闸管，也称为可控硅整流器（Silicon

Controlled Rectifier，SCR），相当于一个导通状态可控的整流二极管，所以其也有阳极（A）与阴极（K），额外的电极则为控制极（G）。当G极与K极之间施加一定的正电压时，晶闸管就会满足导通条件（此时晶闸管就相当于二极管），更进一步，如果此时A极与K极之间的正电压超过一定值晶闸管就会导通。当晶闸管进入导通状态后，G极已不再有控制作用，当A极与K极之间的电压下降到一定程度后，晶闸管将自动进入截止状态。

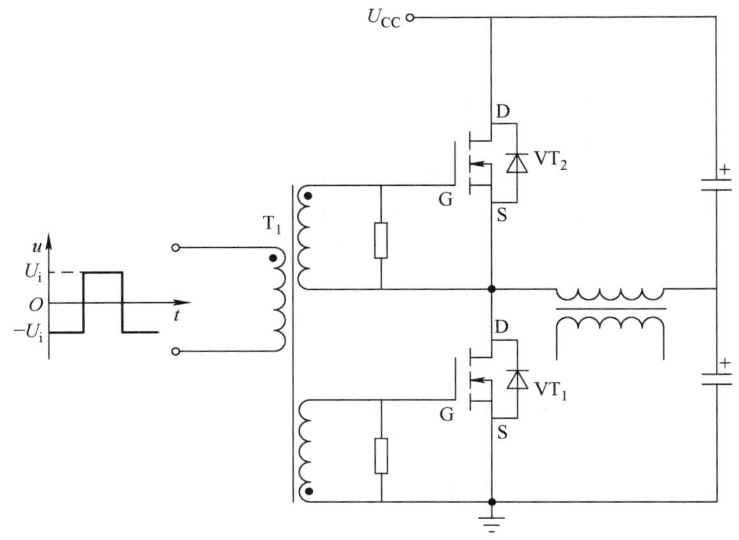

图 3.84　半桥变换器的脉冲变压器驱动电路

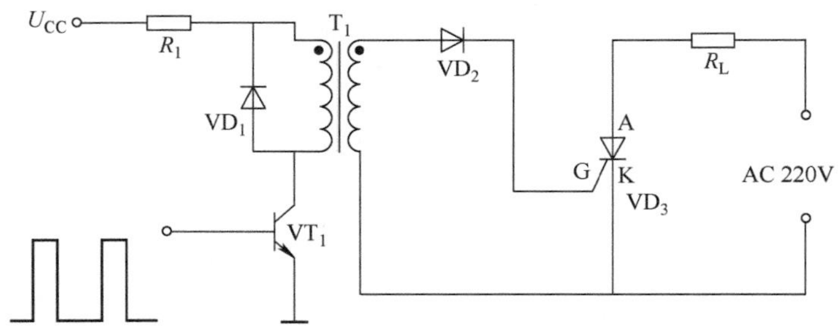

图 3.85　脉冲变压器驱动晶闸管电路

在图3.85所示电路中，当输入脉冲到来时，VT_1导通并在T_1一次线圈形成触发脉冲，经过二次线圈、VD_2，即可让VD_3满足导通条件。之后，一旦220V交流电压高于一定值时就能够使VD_3导通，而低于一定值时又会使VD_3截止。只要将输入脉冲与交流220V关联起来（如，通过对220V交流电压进行过零点采样），并控制其触发时间，也就可以控制晶闸管在交流电压每个周期的导通时间（也就是说，220V交流电压的每个周期都会对应一个输入脉冲），继而达到控制负载消耗功率的目的。另外，R_1主要用来限制最大电流，VD_1是T_1一次线圈的续流二极管，VD_2则仅允许正向脉冲施加到晶闸管的 G 极。

网络变压器（Network Transformer）可能是与用户最接近、也是用户最不熟悉的脉冲变压器，因为很多人感觉不到其的存在，但是几乎所有使用有线以太网（Ethernet）的设备（如，路由器、集线器、网络交换机、网卡、服务器、计算机等）中都有其身影，其通常与 RJ45 插座（一种网络接口规范，“RJ”为“Registered Jack”的简写，意为“已注册插座”，“45”为接口标准的序列号，因为接口规范并非只有一种，还有 RJ11、RJ12、RJ21 等）一起使用，与 RJ45 插座配套的插头俗称为“水晶头”，因其外表晶莹透亮而得名。

独立网络变压器的外形有点像双排管脚的贴装集成芯片，但厚度通常会大很多，如果翻看一下底部，很可能会发现里面藏着几个绕制了线圈的磁环（有些可能被封住了，外面无法直接看到），其在网络设备中所处的位置如图 3.86 所示。其中，以太网芯片中与信号线直接打交道的部分称为物理层（Physical Layer，PHY），网线通常是目前生活中普遍使用的非屏蔽双绞线（Unshielded Twisted Pair，UTP），网络变压器就位于 PHY 与 RJ45 插座之间。当然，现在很多 RJ45 插座已经集成网络变压器，此时外部看不到网络变压器。

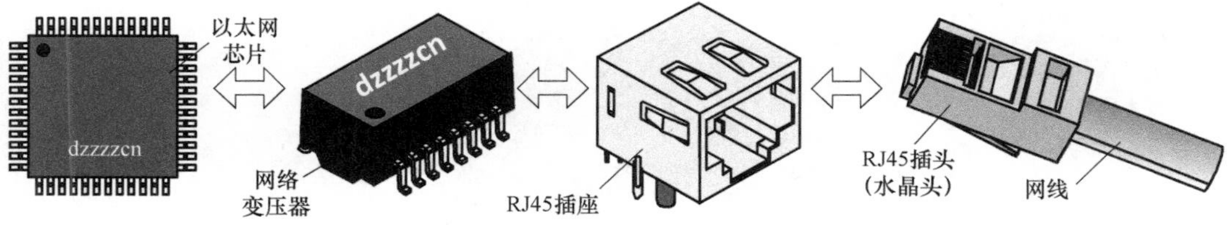

图 3.86　网络变压器所在的位置

网络变压器也称为网络隔离变压器，其使用差分线传输脉冲信号。由于网络数据输入与输出通道完全独立，所以需要 4 条信号线。网络变压器的具体形式有很多，以适用于 100Mbps 快速以太网的常见电压型网络变压器为例，其基本结构由隔离变压器（匝比 1:1）与共模电感器构成（输入与输出通道完全相同），网络变压器传输差分信号示意图如图 3.87 所示。

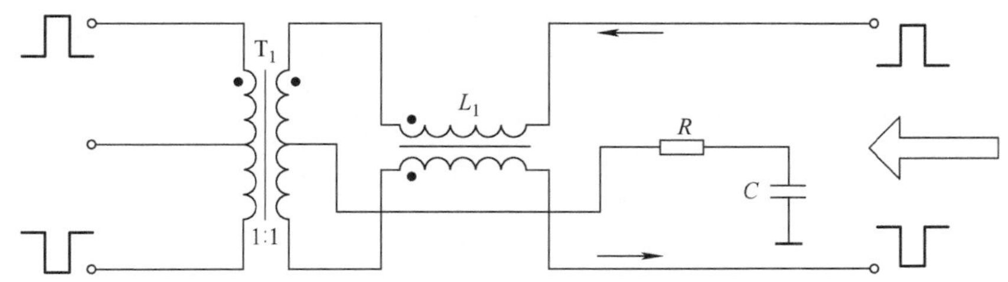

图 3.87　网络变压器传输差分信号示意图

当差分信号到来时，变压器 T_1 可将其耦合到接收端，而信号线上串联的共模电感器 L_1 能够抑制共模噪声。T_1 的一次线圈中心抽头通过电阻 R 与高压电容器 C 可以进一步将共模噪声释放到公共地，T_1 的二次线圈中心抽头需要对公共地连接一个电容器，可能存在的共模噪声同样通过其释放到公共地。可以看到，网络变压器的主要作用是隔离不同网络设备，以避免传输电压冲突而损坏设备，同时也能够增强抗干扰能力。

图 3.88 给出了网络变压器、驱动芯片及 RJ45 插座的连接示意图（电容器标注的容量仅供参考），与 RJ45 插座对接的网线包含 8 条信号线（两两绞合），但传输信号使用了 4 条（其他保留）、2 条用于差分输入、2 条用于差分输出。4 个 75Ω 电阻还用于提供差分信号间 150Ω 的阻抗匹配，它们与连接的高压电容器也被称为鲍勃史密斯（Bob Smith）电路。

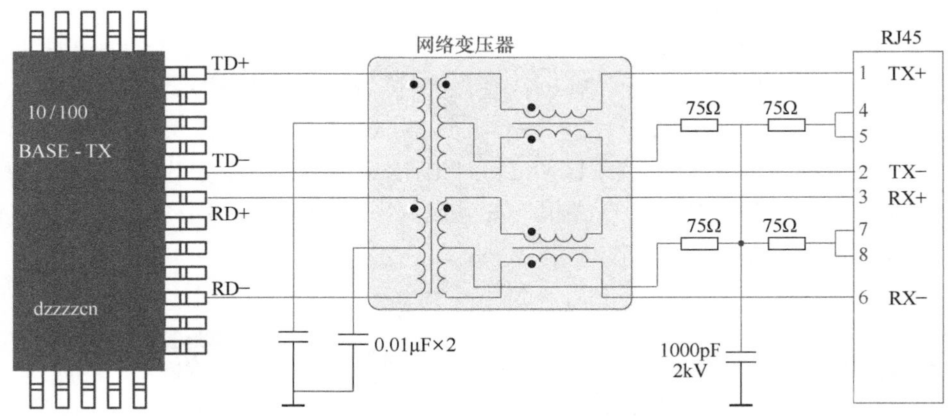

图 3.88　网络变压器、驱动芯片、RJ45 插座之间的连接

第 4 章　磁能形态及其转换

到目前为止，你已经初步熟悉磁学基础、磁性元件基础及其经典应用电路的基本结构与工作原理，似乎系统学习了从磁学基础理论到工程应用层面相关的知识（至少表面上如此）。然而实际上，在“磁学基础”与“磁性元件基础”两个话题之间还存在关于“磁能管理机制”的关键枢纽很少被提及，也直接导致磁学相关知识体系并不完整，这将引发什么问题呢？你很容易会发现：不少工程师虽然能够熟练设计与应用磁性元件，但是却很难解释诸多看似复杂或矛盾的磁学工程问题。为什么会出现如此奇怪的现象呢？“能够熟练设计与应用磁性元件”难道就不应该等同于“对磁学与磁能本质的理解非常深刻”吗？还真不一定！因为很多时候，某项技术的工程应用并不需要理解其本质（有时甚至理解错误也不影响工程应用），所以，即便对诸多常见磁学问题置之不理，却仍然不会影响实际项目的运作。但是反过来，掌握磁能本质能够提升理解磁性元件的层次，对磁性元件的应用与设计也有着很大的指导意义，而以往认识模糊的问题也将迎刃而解。

如何确定对磁能本质的理解是否透彻呢？从看似基础且简单的问题就能够体现。例如，大多数人基本认同“磁心的磁导率越大，相应电感器的电感量越大”，但是，你是否曾经想过：磁心到底管理什么能量呢？难道就停留在“磁导率越高的磁心能够产生更强的磁场”？如果从“磁能管理机制”的角度来看，相应的问题应该是：类似“对磁心调整的各种行为的最终目标”当然是为了管理磁能，但具体的管理依据是什么呢？更确切地说，为什么要以这样或那样的结构设计电感器呢？难道只是为了增强磁场吗？然而，只有提升磁心的磁导率才能够让电感器储存更多的能量吗？不一定！很多实际应用中反而会在高磁导率磁心中添加气隙，也就降低了磁心的有效磁导率，但是为什么电感器储存的能量似乎更大了呢？是否觉得很迷惑？这就是对磁能认识不够深刻的具体表现！当然，类似的问题还有很多……

磁能的有效利用必定离不开对其进行管理（或储存，或传输，或转换，或消耗），而为了有的放矢地设计磁性元件，本应该先对其能量形态进行深度分析，继而洞察“磁能管理机制”的核心，但是很多工程师却对此茫然不知，以至于对磁性元件的设计与应用依旧停留在“知其然而不知其所以然”的层次。本章从电感器与水电站的深度对比过程中直观认识磁能本质，由此获得磁能形态高效转换条件，并分析不同磁能管理方式的有效性，继而清晰解释诸多看似矛盾的磁学工程问题，最终也可以帮助你构建完整的磁学体系。

4.1 电感器的能量储存在气隙里吗

电感器相对电容器要神秘得多，因为磁能比电能更加不容易为人所理解。大多数人能够清楚地说出：电容器用来储存电荷（电能），正负电荷分别储存在两个平行板上，甚至还可以拿出公式 $Q = C \times U$（Q 表示电荷量，C 表示电容器，U 表示电容器两端的电压）佐证一下。也就是说，业界工程师对“**电容器的能量储存在哪里？**”的答案几乎是统一的。但是，如果向同样的人提出关于电感器的相似问题，恐怕大多数人都无法明确地回答，甚至很多开关电源工程师各自持有互相矛盾的说法（谁也说服不了谁，也不愿意被别人说服）。

电感器的能量到底储存在哪里？这是很多人关心、但分歧却很严重的问题，其也是业界工程师（尤其是开关电源工程师）讨论得较多的问题。有些网站还针对此问题进行了比较广泛的讨论。本文暂且不理会其讨论的结果是否正确，但客观存在的事实是：**大多数人对此问题持有不同的观点，对“电感器储能之地”的理解尚存在很多分歧**。

如果使用图 4.1 所示概念分层的形式说明“**电感器的能量到底储存在哪里**”，电容器与电容器储存的能量应该分别为电能与磁能，相应能量的载体应该分别是电场与磁场，那么电感器储存的对象是什么呢？能量储存的位置又是哪里呢？

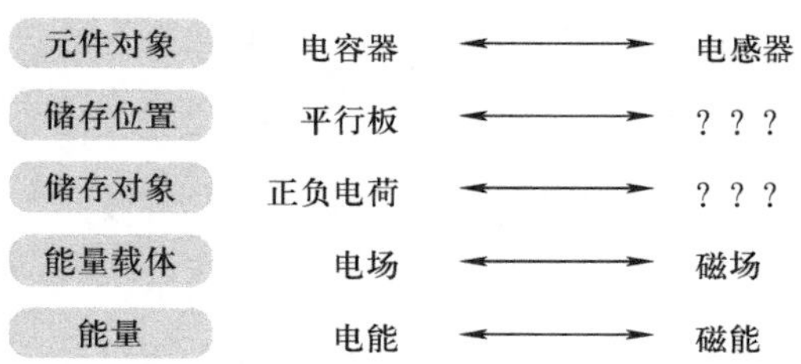

图 4.1　电容器与电感器的对应关系

也有不少人由于无法获取“**电感器的能量到底储存在哪里**”的答案而选择直接“摆烂”：能设计电感器与变压器就行了，不需要理会能量储存在哪里。

从实用的角度来看似乎的确如此，然而，深刻理解“电感器储能之地”对磁性元件的应用与设计有着非常重大的意义。反过来，你将很难解释实际应用中很多看似矛盾的现象，也就意味着难以应对复杂多变的磁性元件设计。也就是说，你仅停留在“知其然不知其所以然”的层面，只能设计某些特定拓扑中的变压器（因为已有完备的参考设计，在其基础上稍加修改即可），一旦更换应用场景就显得捉襟见肘。

目前，众多工程师对“电感器储能之地”的主流观点包括**气隙**、**磁心**与**磁场**，本章将对相应的观点进行简要阐述，并且提出各自存在的一些似乎无法解释的矛盾之处。

本节主要讨论“电感器的能量储存在气隙里”的观点，其被很多工程师所接受，支持此观点的论证方式也有很多，说是前赴后继也不过分。

最直观支持此观点的工程案例便是反激式变换器。反激式变换器所使用的变压器磁心通常是添加气隙的，如果磁心不添加气隙，实际工作时就很容易饱和，自然也就无法获得需要的输出功率（甚至无法正常工作），那么一个看似再简单不过的推论就出来了：如果磁心不添加气隙，变换器的输出功率很小（甚至没有输出），而磁心添加气隙后，变换器的输出功率就提升了很多，所以工程师很自然地认同“气隙储能”的观点，相应的论证过程如图 4.2 所示。

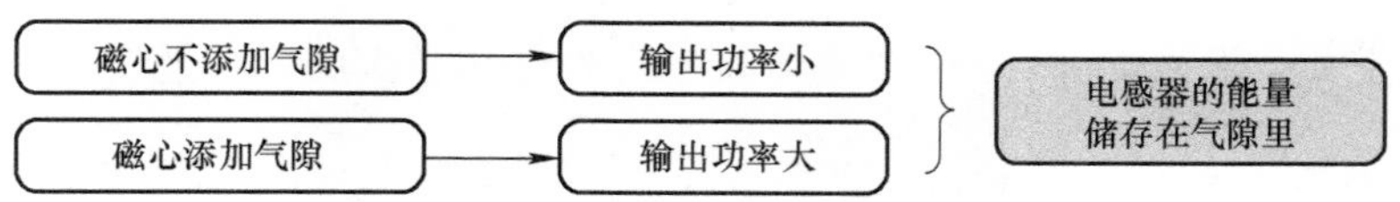

图 4.2　反激式变换器输出功率大小支持“气隙储能”观点

使用数学推导证明“气隙储能”观点的方式也有很多，此处选择一个比较有代表性的论证过程。以图 1.40 所示磁心结构为例计算其储存的能量，相应的推导过程如下：

结合式（1.19）、式（1.20）、式（2.2）、式（2.4），则有

$$W=\frac{1}{2}LI^2=\frac{1}{2}\frac{\mu_c N^2 A_c}{l_c}\cdot I^2\approx\frac{1}{2}\frac{\mu_0\mu_r N^2 A_c}{1+\dfrac{\mu_r l_g}{l_c}}\cdot I^2=\frac{1}{2}\frac{\mu_0 NI}{l_g+\dfrac{l_c}{\mu_r}}\cdot NIA_c=\frac{1}{2}B\cdot NIA_c \tag{4.1}$$

“NI”表示整个磁路的磁动势，根据式（1.15）则有

$$W=\frac{1}{2}B(H_c l_c+H_g l_g)A_c=\frac{1}{2}BH_c l_c A_c+\frac{1}{2}BH_g l_g A_c \tag{4.2}$$

再结合式（1.5）则有

$$W=\frac{1}{2}\frac{B^2 l_c}{\mu_0\mu_r}\cdot A_c+\frac{1}{2}\frac{B^2 l_g}{\mu_0}\cdot A_c \tag{4.3}$$

论证者认为：式（4.3）表示电感器储存的能量是磁心与气隙储存的能量之和，很明显，在磁心已经选定的情况下，如果 $l_g\gg\dfrac{l_c}{\mu_r}$（满足此条件不难，因为磁心的 μ_r 比较大，相当于磁心的磁路长度减小了 $1/\mu_r$），磁心储存的能量相对气隙而言是很小的，因此可得出结论：电感器储存的能量绝大部分在气隙里。

如果“气隙储能”的观点成立的话，实际工程应用中存在一些似乎无法解释的现象，具体举例如下：

1）**磁心气隙的长度越大，电感器能够储存的能量是否越大？**事实上，也经常有人提到“气隙应该开多大”的问题。有人说：理论上应该是这样，只不过限于磁心的体积，磁心窗口（能够缠绕的励磁线圈匝数）总是有限的，所以更大能量传递需要更大的磁心。但是，如果存在一个线圈匝数与气隙长度均为无限大的磁心，那么气隙储存的能量也会无限大吗？不太可能！如何解释？（见 4.6 节）

2）磁心添加气隙的目的是为了防止磁心饱和，根据式（1.19），磁心添加气隙后的有效磁导率下降了。既然如此，为什么不能从一开始就选择磁导率较低的磁心？这样不就不必添加气隙了吗？如何解释？（见 4.6 节）

3）在使用规格完全相同的磁心条件下，即便不为正激式变换器中的变压器磁心添加气隙，为什么也能够获得反激式变换器那么大的输出功率呢？如何解释？（见 6.2 节）

4.2　电感器的能量储存在磁心里吗

从初高中物理知识可知，磁心微观上包含很多**磁畴**（Magnetic Domain），它可以理解为非常小的磁铁（本质就是分子电流），每一个微小的磁畴都会产生一定的磁场。在磁心未曾被磁化前，由于内部磁畴的排列方向杂乱无章，磁畴产生的磁场相互抵消，因此整个磁心对外不显磁性，如图 4.3a 所示。当磁心处于某磁化场中时，磁化场对磁心中的每一个磁畴施加一个磁力矩，使得磁畴以顺从磁场的方向排列起来。由于磁化后的磁畴排列方向整体更有序，大量小磁畴的磁场叠加就能够产生更强的磁场，所以磁化后的磁心对外显现一定的磁性，如图 4.3b 所示。

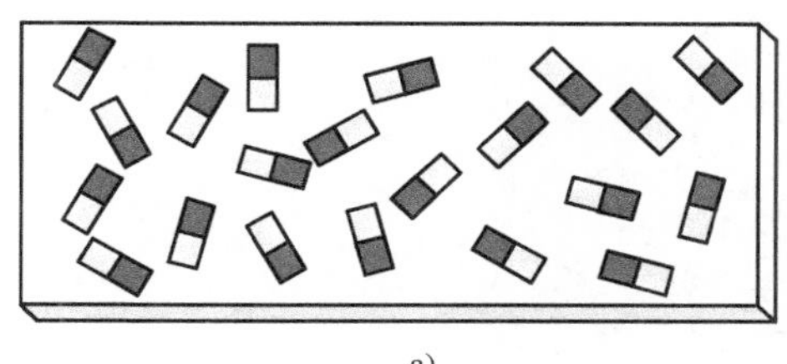

a)

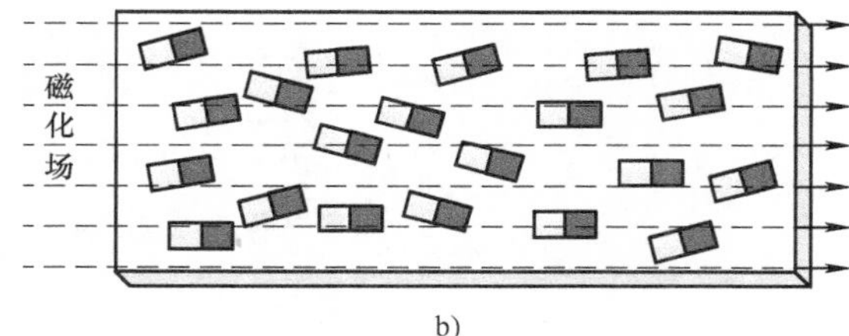

b)

图 4.3　磁化前后的磁心

a）磁化前　b）磁化后

我们可以这么理解磁畴磁化过程：**每个小磁畴本身都有初始状态，并且也有恢复初始状态（扭转回来）的趋势。磁畴被磁化就相当于磁畴在磁化场的作用下做功，也就是将磁能转化为磁力矩保存起来**。在外部磁化场撤销的一瞬间，磁心本身对外是显磁性的，但很快磁畴因本身的状态恢复而释放磁力矩，也就相当于释放能量，如图 4.4 所示。

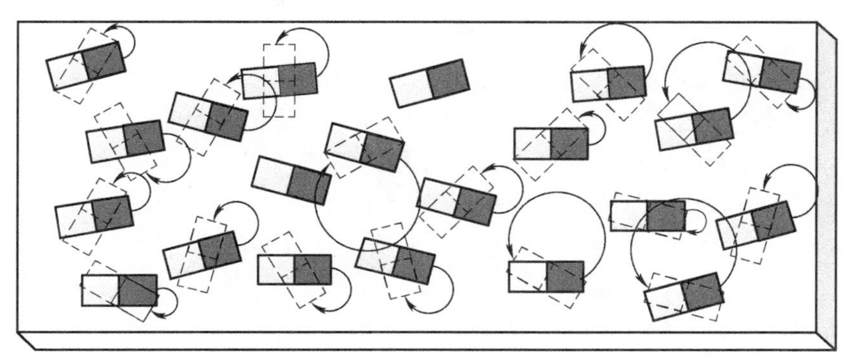

图 4.4　磁畴释放能量

在磁畴释放能量的过程中，磁心对外显现的磁场将从大到小变化。如果磁心周围存在线圈，就会由于磁通变化而在线圈两端感应出电动势。如果线圈连接在闭合回路中，也就能够产生感应（回路）电流，整个过程中的能量转换关系如图 4.5 所示。

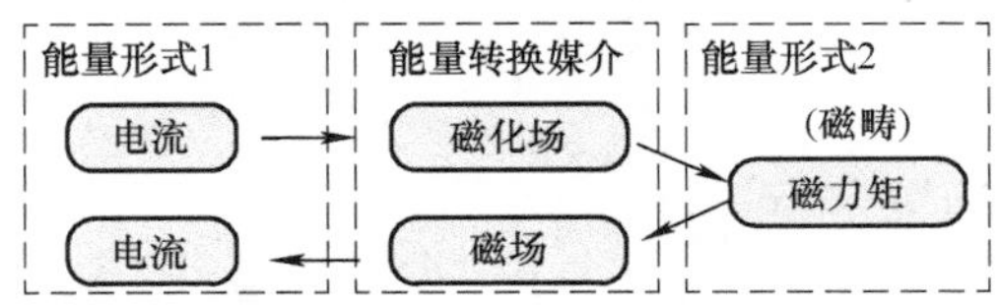

图 4.5　磁心能量转换关系

磁畴的磁力矩与弹簧的弹力非常相似。当空闲弹簧（初始状态）因外力被压迫后（相当于磁畴被磁化），弹簧的弹性势能增加（相当于磁畴的磁力矩增加，即磁心储能增加），如图 4.6a 所示。当压迫弹簧的外力撤销后，弹性势能转换为动能对外做功（相当于磁畴释放能量），如图 4.6b 所示。

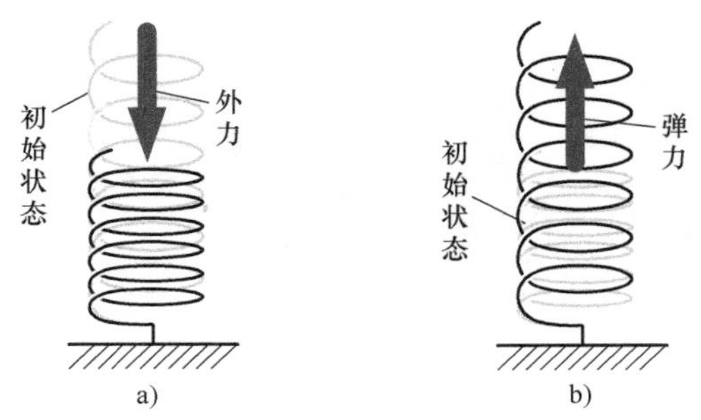

图 4.6　弹簧受到外力被压迫后

a）磁畴储存能量　b）磁畴释放能量

也就是说，磁心的体积越大，则内部的磁畴越多，相同类型的磁心材料能够储存的能量就越大，因此，**电感器的储能需求越大，则需要体积更大的磁心**。正如同弓箭一样，施加的弓弦拉力越大（在合理范围内），箭就有可能射得更远。所以，有磁性元件设计经验的工程师会更加信服此观点，因为电源输出功率越大，相应需要的磁心体积越大，这与“磁心储能”的观点是一致的。

“磁心储能”的观点也可以解释磁滞回线与铁损之间的关系。从 1.4 节的讨论已经知道，磁滞回线包围的面积代表了磁心的磁滞损耗，从另一个角度看来，磁心损耗也可以理解为磁化场对磁畴的磁化效率。在撤销外部磁化场后，理想情况下，磁心内的磁畴应该全部恢复至初始状态（即能量释放为 0，相当于弹簧的弹性势能为 0 时），否则可以认为还有一部分能量储存在磁心中（没有完全释放出来），其表现形式就是剩磁 B_r。很明显，电感器磁心的剩磁自然越小越好（与外部电源交换能量的效率也越高）。如果磁畴状态没有完全恢复，则必须施加一个反向外磁化场以抵消磁心的剩磁，而将剩磁减少到 0 时的磁化强度称为矫顽力 H_c。很明显，电感器磁心的矫顽力自然也是越小越好（理想为 0），因为其代表了能量的损失。

综上所述，磁滞回线比较窄的铁磁材料更适合作为电感器磁心，这与软磁材料的磁滞回线特征是吻合的。图 4.7 所示内部磁滞回线（虚线）的面积比外部回线（实线）要小，因此其磁滞损耗也要小一些。按照“磁心的剩磁与矫顽力越小，则相应磁滞损耗越小”的思路，完全无磁滞损耗的磁滞回线应该就是一条细线，其代表了两个方面的含义：其一，在每一个周期，电感器储存的能量在释放时都是完全的；其二，外部磁化场不需要为了消除剩磁而消耗额外的能量。

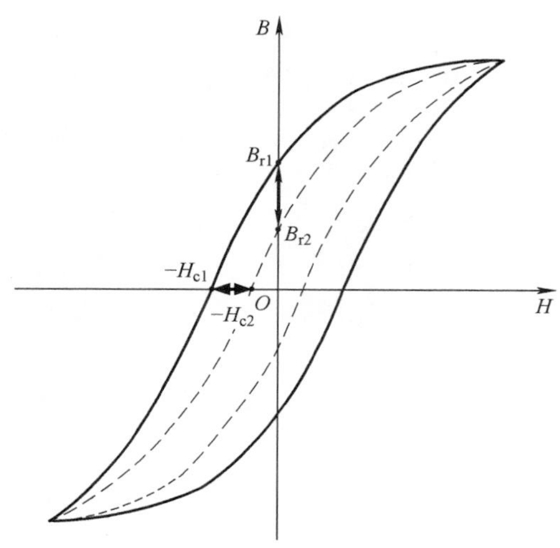

图 4.7　磁滞损耗不同的磁滞回线

我们也可以解释“为什么反激式变换器中的变压器磁心需要添加气隙”。如图 1.42 所示，磁心添加气隙后的有效磁导率下降了（磁滞回线更平缓），这也就同时意味着，磁心更难被磁化（相当于磁畴保存磁力矩的能力更强），因为在相同磁化场的条件下，添加气隙后的磁心对应的磁感应强度要小于添加气隙前的磁心。也就是说，添加气隙后的磁心能够承受更强大的磁化场（而不进入磁饱和状态），更多的能量被转化成磁力矩，也就可以认为磁心储存的能量更多了。换句话说，能够施加在电感器线圈的磁动势（NI）就是储存在磁心中的能量，其也是磁心能够释放的最大能量。

值得一提的是，磁心添加气隙可以降低剩磁，但是却并不改变矫顽力，因为其并未改变磁心材料本身的特性。1.7 节已经提过，磁心添加气隙后，励磁线圈产生的大部分磁动势将会以磁压的形式分配在气隙两端，高磁导率磁心分配的磁压相对会小很多，也因此使得磁心**看起来**能够承受更大的磁场强度（更不容易饱和）。也就是说，磁心添加的气隙越大，磁畴释放的能量会越多（因此剩磁更小），理论上相应的矫顽力应该也会变小。然而，（消除剩磁所需要的）反向磁化场强度产生的大部分磁压也同样分配在气隙两端，用于消除磁心剩磁的那部分磁压也更小，所以矫顽力总体并没有发生变化。

如果“磁心储能”的观点成立的话，也存在很多似乎无法解释的问题，具体举例如下：

1）**电感器的磁心饱和后，电感器的储能值是最大还是最小？**磁心在进入磁饱和状态后的磁导率约为1（相当于空气的磁导率），此时的磁心电感器就相当于空心电感器，很自然，电感量也就下降了，根据式（2.4），电感器储存的能量似乎是下降的。然而，如果按照“电感器的能量储存在磁心里”的观点，磁心电感器的磁心进入磁饱和状态后，内部磁畴的磁力矩应该都是最大值（磁化场能够转化的能量达到了极限），此时磁心的磁感应强度应该为最大值，那么电感器储存的能量值不应该是最大吗？如何解释？（见5.1节）

2）在反激式变换器中，变压器在添加气隙之前输出的功率比较小，而添加气隙之后输出的功率却比较大，这又怎么解释？添加气隙就相当于把磁心的某个部位截掉了，磁心中总的磁畴数量已经下降，如此说来，磁心储存的能量不是应该更小吗？变换器输出的功率不应该更小吗？如何解释？（见5.3节）

3）空心线圈并没有磁心，那么其能量又储存在哪里呢？难道是在空气中？因为空气中也存在看不见的磁畴？但是真空中并没有空气，那是不是意味着空心线圈在真空中无法储能？很明显存在矛盾，这又如何解释？（见4.7节）

4.3　电感器的能量储存在磁场里吗

一部分工程师由于无法使用“气隙储能”或“磁心储能”的观点解释磁学工程应用中的很多矛盾现象，转而倾向于“磁场储能”之类万金油式的观点，因为作为一个资深工程师，总不能别人问起的时候没有自己的见解吧？！

“磁场储能”的观点似乎确实不太好反驳，甚至还有人直接给出这样的见解：磁场属于更高维度的物质，具体解释很困难，你只需要知道“电感器的能量储存在磁场里”就行了。

当然，如果非得通过具体阐述来支持此观点，工程师也有比较简单的论证思路。因为“电容器储存电能，电感器储存磁能”已经普遍为大多数人接受，应该算是通识（人类文明中具有普遍性的知识），那么需要论证的就是：磁能是否储存在磁场里？但对于大多数人而言，这个结论也是成立的，原因很简单：水能储存在水中，风能储存在风中，潮汐能储存在潮汐里，地热能储存在地热中，核能储存在原子核中，和尚住在和尚庙里（**然而，和尚并不一定住在和尚庙里，这不是玩笑！！！**），依此类推。那么“磁能储存在磁场中”自然也是不言而明的，也就自然得到“磁场储能”的结论，相应的推导关系如图 4.8 所示。

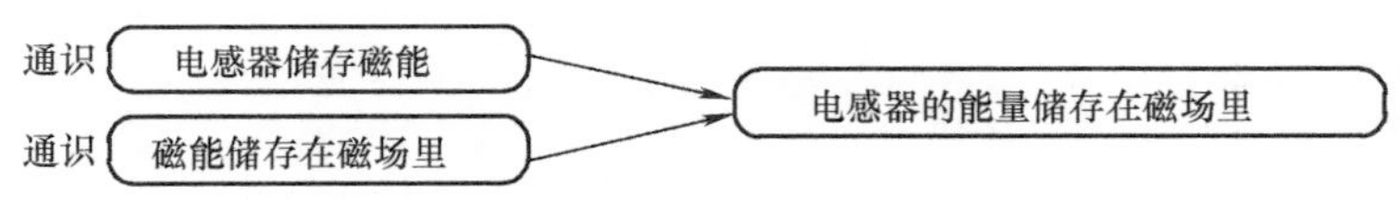

图 4.8　“磁场储能”的结论推导

如果你也因此同意“电感器的能量储存在磁场里”的观点，那么现在请将一个石子投入盛有水的杯子中，石子落水点周围就会泛起水波，这些水波就存在一些能量，因为其能够对漂浮在水中的物体做功，对不对？前面已经提过，磁场是由运动电荷激发出来的，就相当于运动石子激发出水波。如果将杯子、石子、水波分别比作电感器、电荷、磁场，那么请问：杯子（电感器）的能量储存在哪里？是不是觉得此问题本身就好像存在问题？石子投入水中的过程存在一系列能量形态及其转换，如果不说明储存的能量是什么，根本没有办法回答。

相应地，如果电感器储存的能量专指磁能，那么能量储存在磁场中并没有错，但问题的关键在于：**电感器储存的能量就只是磁能吗？**“能量储存在磁场中”与“能量**全部**储存在磁场中”是两个不同的命题（就如同不能从“庙里有和尚”推导出“和尚都在庙里”一样），只能说明：**部分能量转化为磁能并储存在磁场中**，如图 4.9 所示。

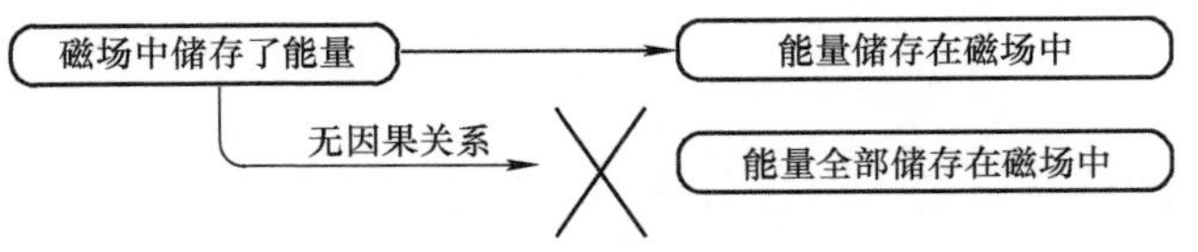

图 4.9　命题之间无因果关系

总的来说，对“电感器能量储存之地”产生分歧的根本原因在于：没有清晰认识“电感器储存的能量到底是什么”，而其答案与磁能的本质又有着非常密切的关系，深入理解磁能形态及其高效转换条件将有助于透彻理解电感器储能及其应用与设计，详情见下节。

最后留一个问题：能量储存在电荷还是电场中?

4.4 磁能的形态有哪些

工程师之所以对“电感器储能之地”产生了分歧，是因为相对于电场与电能，磁场与磁能似乎确实不太容易理解，但是归根结底，出现这种分歧的源头在于并未透彻理解电感器储存的能量是什么。然而，如果能够从磁能形态的角度认识到磁能的本质，对于正确分析或判断磁能相关的诸多看似矛盾的磁学工程问题将有着非凡的意义。

既然磁场与磁能似乎不太容易直观理解，那么是否可以使用生活中常见的其他对象做类比，以期达到透彻理解磁场与磁能的目的呢？答案当然是肯定的！最常见的能量就是电能，而水就是电能主要来源之一，先来了解一下水电站的发电原理吧，其相应基本结构如图 4.10 所示。

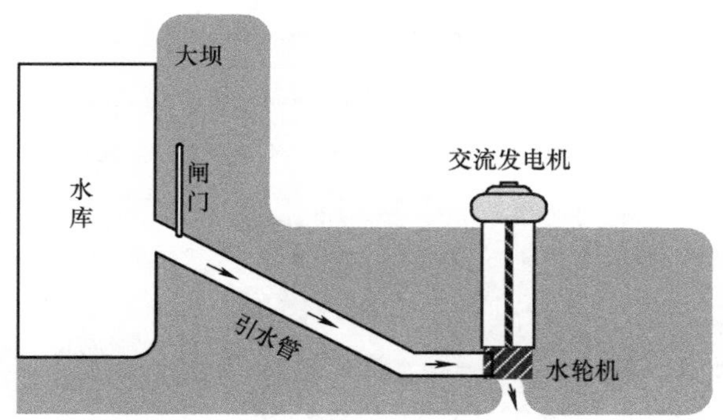

图 4.10 水电站的基本结构

水电站主要由大坝、闸门、引水管、水轮机、交流发电机构成（后续还需经多级变压器传输至千家万户，此处不赘述），其中，大坝是一个用于储存足够水量的大型蓄水库，引水管可以将势能（或压力）较高的水传输至势能较低位置的管道，它被设计成利用重力把流水往下拉至水轮机（由大型扇叶和主轴构成）以产生机械能。深水处的水压很高，当闸门开启时，高水压使水流高速撞击水轮机的扇叶使主轴旋转，由此产生的机械能带动交流发电机的磁极旋转，继而切割线圈（电磁感应）以产生交流电。

简单地说，（由水电站输出的）电能最初的能量形态便是水的势能，经过水电站的特殊结构将其转化为水的动能，紧接着经过水轮机转化为机械能，然后由发电机将机械能转换为电能，相应的能量传输过程如图 4.11 所示。其中，“磁能转换为电能”的阶段就包含在“水能转换为电能”的过程。

图 4.11 水电站的能量传输

我们可以通过对比“水”与“磁场”获得图 4.12 所示的概念对应关系，简要描述如下：

1）水之所以可以发电，是因为水的势能（水压也是由势能引起的）转换成水的动能，继而驱动水轮机旋转而做功。相应地，磁场之所以可以发电，是因为其磁通存在变化。

2）水的势能不可能无缘无故产生变化，其之所以能够转换为动能，是因为存在水势差。相应地，磁场的磁通也不可能无缘无故产生变化，其变化原因就是磁势差。

3）水能转换为电能的效率取决于水电站建立的能量转换条件，而磁能转换为电能的效率取决于电感器建立的能量转换条件，详情见下节。

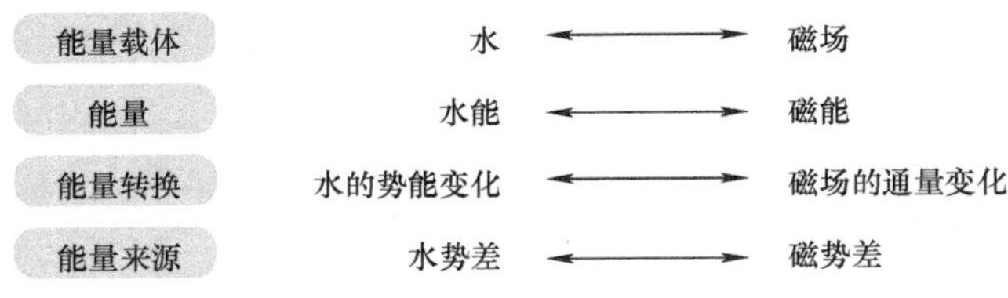

图 4.12　水与磁场之间的对应关系

那么，磁能的形态有哪些呢？假设以海平面为参考，水所处的高度就决定了储存其中的能量大小，也就是大家所熟知的“势能”，大坝就是将大量“势能”储存起来的物理条件。在“势能”储存条件缺失的情况下（如，闸门开启），水就有从高“势能”变换到低“势能”的特性，在此过程中就能够将水的“势能”转化为“动能”。磁场也有相似之处，假设以真空中的磁通作为参考，磁导率更大的磁介质能够聚集更多的磁力线，也就表现出更大的磁通，这是另一种表现形式的“势能”，而磁介质就是将磁通往上“推起”的物理条件。在磁通“推起”条件缺失的情况下，磁通就有从高“势能”到低“势能”释放的特性，在此过程中就可以将磁场的“势能”转化为“动能”。

也就是说，水的基本能量形态存在“势能”与“动能”两种，后者是一种“势能”变化率，相应的能量依附于“势能”变化的水。**与水一样，磁场也存在两种能量形态**，其中之一是“磁势”变化率，相应的能量依附于磁通变化的磁场，后续简称为“磁动能”（或“动磁能”）。有动必有静，水能是水的流动所表现的能量，但是很明显，静态水也是有能量的（水的势能，也可以简称为水能，只不过前述的“水能”专指“水的动能”）。高水位的静态水包含的静态水能更大。相应地，磁场与水一样也有“势”，其大小取决于某一时刻的磁通本身。磁通越大，则相应的静态“磁势”也越大（因为磁通不可能无缘无故变大或变小，磁势差即是磁通变化的原因），后续简称为“磁势能”（或“静磁能”）。

有人可能会想：水的能量形态并不是仅有“势能”与“动能”吧？水加热后产生的水蒸气带动蒸汽机也可以发电呀？

请注意：“水能”与“势能”是两种不同的概念。水只是“势能”的载体之一，如果思路开阔一点，沙子、木头、手机、人类、汽车、房子、飞机、星球等物体都可以用来发电，只要有合适的工具将它们的“势能”转化为“动能”。我们讨论的能量是

“势能”，是能量最原始的形态。同样，**“通量”本身就是一种能量，但其并不一定依附于磁场，磁场只是“通量”的载体之一，**如图 4.13 所示。例如，流体在高压条件下被推入到狭小的水管中，当流体从水管中喷出并散开时，也算是一种通量变化。也就是说，磁能只是“通量”这种能量的表现形式之一。

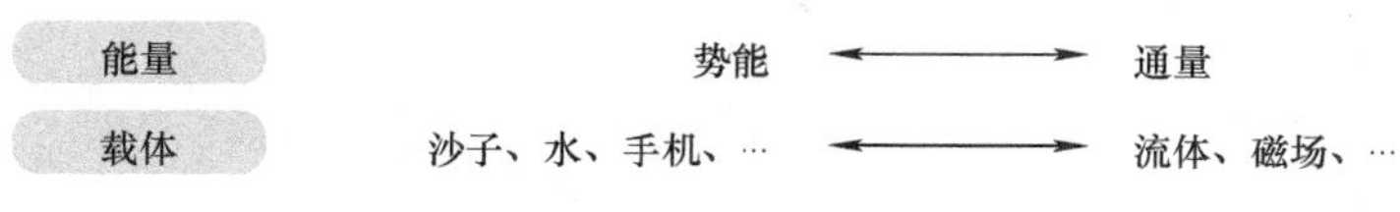

图 4.13　势能与通量的载体

了解磁能的形态有什么用呢？因为磁性元件应用与设计的本质就是促成不同磁能形态之间的高效转化，电感器就是“磁势能”与“磁动能”之间的转换工具之一。从前面的描述可以看到，“势能”可以用来储存，而“动能”则用来进行能量转换（而不是储存）。那么，磁能的两种形态又是如何转换的呢？转换的效率又与哪些因素有关呢？下面仍然从水电站角度深入认识一下电感器吧！

4.5　如何建立磁能形态高效转换条件

到目前为止，我们已经知道“磁势能”与“磁动能”是磁场的两种基本能量形态，但是它们又是如何相互转换的呢？同样似乎不太好理解！没关系，使用相似对象进行类比的思路仍然适用。水能的获取工具可以是水电站，磁能的获取工具可以是电感器，如果将水电站与电感器进行深入对比，你将会发现两者之间存在着惊人的相似点，借此也可以透彻理解磁能形态及其高效转换条件，也就能够对“电感器储能”有着更深刻的认识，对磁性元件的理解层次也会上升到新的台阶。

能量转换必然涉及转换效率，水电站如何才能输出更多的电能呢？在修建水电站时，通常需要考虑一个合适的地域，**至少水流量要足够大**，而且高度差（专业术语为“静水头”或“毛水头”，即水的落差）要大（如果自然条件达不到要求，那就得修建大坝蓄水获得足够的静水头），这样大量倾泻而下的流水才能具备足够的冲力带动水轮机，以表现出足够可供转换的机械能。

修建水电站与设计电感器是相似的。一般来说，在水电站既定的情况下，水库最大储水量总是一定的。换句话说，在水电站修建完毕的情况下，水电站的最大发电量总是有限的。磁心可以类比一个储水库，在材料相同的情况下，磁心的体积越大，可提供用于转换的磁能就会越多，所以储能需求越大的电感器自然需要越大的磁心，就如同发电量越大的水电站需要更大的水库。

水库存在的目的虽然是储存水（势能），但是归根结底，水电站修建的最终目的是为了建立水的势能差，这是其能够转换出足够电能的先决条件。也就是说，水电站用来发电的水必然存在高“势能”与低“势能”两个位置，缺一不可！**磁心存在的目的当然是储存磁场的势能（即磁势能）**，与水有所不同的是，磁场的“磁势能”大小是以磁通（磁力线的密度）来衡量。然而，电感器与水电站的相同点在于：**设计电感器的最终目的是建立磁场的势能差（磁势差）**，这也是其能够转换出足够能量的先决条件。也就是说，电感器用来转换能量的磁场必然存在高“磁势能”与低“磁势能”两个位置。

那么怎么样才能建立高“磁势能”呢？同样以水电站为例，假设原来的水位并没有足够的水位差，该如何获得足够的水动能呢？可以想办法将低水位处的水搬运到高水位处。同样的道理，为了获得更高的“磁势能”，你需要往电感器的线圈中注入更大的电流，之后将线圈与磁心产生磁力线聚集起来，也就形成了高“磁势能”。磁心的磁导率越高，相应的磁通越大，“磁势能”也就会越高。当流过线圈的电流撤掉后，“磁势能”就会下降到与空气相同的程度（相当于水从“高势能”向“低势能”转变），在此过程中，“磁势能”转换为“磁动能”。

那么，磁路中的低“磁势能”位置在哪里呢？**磁导率越小的地方，其能够聚集的磁力线越少，相应能够储存的“磁势能”就越小！**所以，在一个完整（未添加气隙）

的高磁导率磁心的磁路中，相应电感器的储能可以很大，理想情况下（磁导率无穷大），电感器的**储能**可以达到无穷大。但是请注意，刚刚提到的“储能”指的是“**磁势能”（磁场的静势能或静磁能）**。电感器从“磁势能”转换出的能量是“磁动能”（就像水电站最终产生水动能一样），为了使“磁动能”最大化，应该怎么办呢？很明显，最好使用磁导率非常高的材料作为磁心，这样才能够获得足够大的磁通（磁势能），对不对？就如同水量足够大才能转换出更大的能量一样。但是，仅仅如此还不够，你还必须提供一个磁导率非常低的材料用来建立磁势差（对应水位差），而空气（气隙）等低磁导率材料就是比较理想的选择。

有人可能会想：好像不太对，气隙的“磁势能”应该比磁心更大吧？因为在同一磁路中，其两端分配的磁压比磁心更大呀？

“势能”总有从大到小变化的趋势，所以判断“磁势能”大小的关键在于：当外磁化场撤销之后，“磁势能”（磁通）的变化趋势。很明显，气隙处的磁通（磁力线分布）更接近能量释放后的状态（就像支撑水的闸门开启后，水就会从高水位流至低小位，所以高水位的水势能更大）。也可以这么理解：气隙分配的磁压更大，说明其“推起”的“磁势能”越大，但是磁场与水不同，其是无始无终的闭合曲线，如果以气隙的“磁势能”作为参考，高磁导率磁心的“磁势能”肯定比气隙更大，如图 4.14 所示。

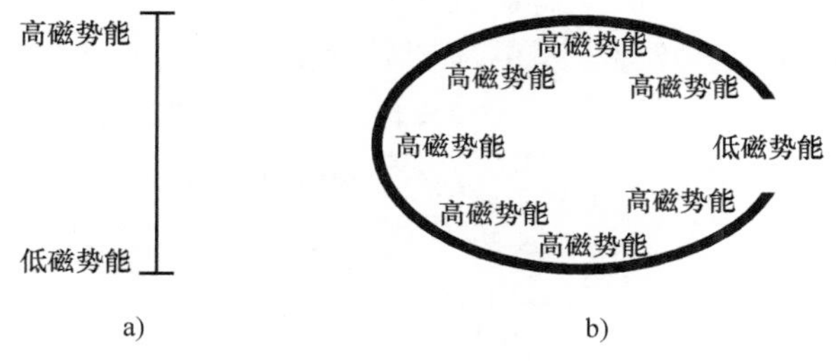

图 4.14　不同路径中的高低磁势能

a）有始有终路径中的磁势能　b）无始无终路径中的磁势能

高“磁势能”与低“磁势能”的实现是否就意味着**高效**能量转换条件的建立呢？当然是不够的！以图 4.15 所示水电站的水位为例，A 与 B 的垂直水位差相同，但 A 与 B 的高低水位的水平距离分别为 1m 与 100m，它们转换能量的效率会一样吗？很明显，水电站 A 的转换效率更高。所以，为了使能量转换的效率最大化，还应该使水势变化率最大化。从水电站的结构来讲，就是让高低水位的水平距离尽可能小。

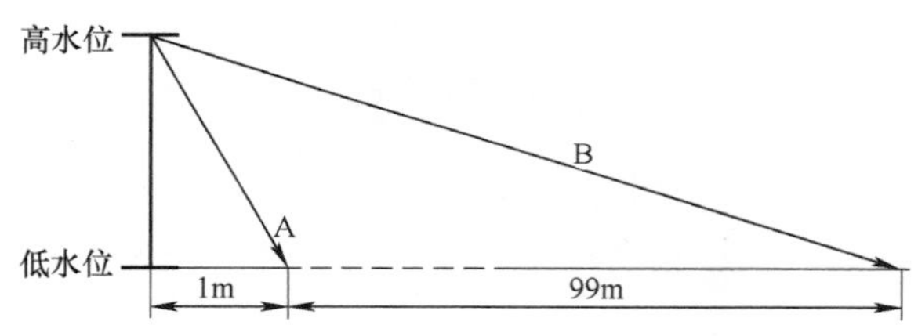

图 4.15　不同水电站的低水势位置

电感器的设计也是相似的。假设磁路中存在高磁导率与低磁导率材料创建了**磁势差**的条件，但这并不意味着其转换能量的效率最大，还必须让这两个磁导率相差较大的材料**相邻放置**，如此才能实现“磁势能”变化率最大化的条件，图 4.16 描述了电感器与水电站之间的对应关系。

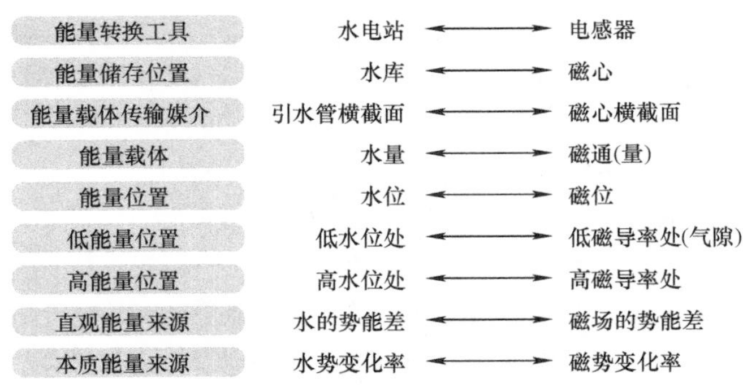

图 4.16　电感器与水电站之间的对应关系

也就是说，在设计电感器时，如果你选择高磁导率的磁心，那么总是需要在磁路的磁心中添加气隙（低磁导率），这样就能够产生一个与高“磁势能”位置足够接近的低“磁势能”之处（相当于修建了水的势能转换效率更高的水电站）。在相同的情况下，磁心的磁导率越大，添加气隙之后能够转换出来的“磁动能”也会越大。**为什么添加气隙之后，磁心的剩磁更小了？**因为更多储存的“磁势能”被更高效转换成“势动能”输出了。

总体而言，在磁性元件应用与设计过程中，必须先明确关于能量形态的基础问题：**你需要的能量是“磁势能”还是“磁动能”**？这一点非常重要！如果磁性元件本身需要转换“磁动能”（如电感器），在设计时必须创建高效的磁能转换条件，而在高磁导率磁心中添加气隙就是常用的手段。如果磁性元件本身不需要转换“磁动能”（如变压器），则不需要创造高效磁能转换条件，也就不必添加气隙（即便变压器磁心中添加了气隙，其目的也不是为了创建高效磁能转化条件），如图 4.17 所示。

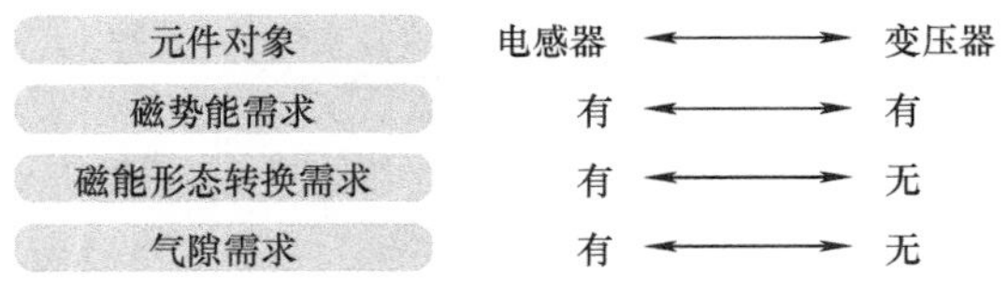

图 4.17　电感器与变压器的不同需求

请记住：**电感器是一种能量转换装置**。如果你希望该装置的能量转换效率更大，就应该使用高磁导率与低磁导率的两种磁心，并且将其尽量靠近放置。

4.6　电感器中何处能够转换磁能

从前面的论述可知，完成磁能形态高效转换是磁心电感器的主要作用，具体实现需要满足两个条件：其一，磁心产生的磁通必须足够大，因为其代表着高“磁势能”位置（对应水库中的“水势能”），而提升“磁势能”最简单有效的方式便是使用磁导率较高的磁心；其二，磁通的变化率必须足够大，这样才能将“磁势能”充分转换为“磁动能”（对应“水势能”转换为“水动能”），而“在高磁导率磁心中添加气隙的方式”既能够实现磁能转换条件中的低“磁势能”位置（从而建立起足够的磁势差），还由于相邻磁心与气隙的磁导率差而使得磁通变化率足够大。

如果从磁力线的角度来看，高效的磁能转换条件必然伴随着“从密集磁力线**突然散开**的磁力线”（磁力线密集程度与散开程度的差距越大越好，同时磁力线密集与散开的分界处越靠近越好），图 4.18a 所示磁心结构就具备高效磁能转换条件。图 4.18b 是在低磁导率磁心中添加气隙，磁力线从密集处（此处的“密集”只是相对于气隙的“松散”而言）散开的突然性不够大，所以磁能转换效率并不高。图 4.18c 虽然同时具备高低磁导率磁心，但是由于磁导率的变化没有突然性，所以磁力线分布是渐变的，磁能转换效率也不高。

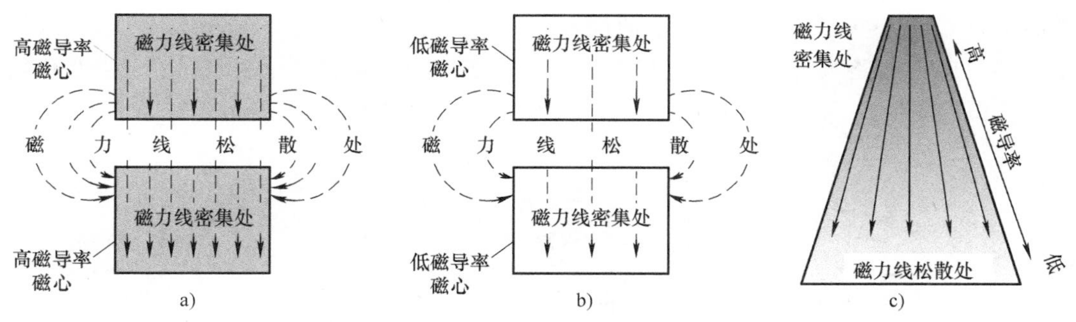

图 4.18　不同的磁能转换效率

a）添加气隙的高磁导率磁心　b）添加气隙的低磁导率磁心　c）磁导率渐变的磁心

接下来，我们根据前述“具备高效磁能转换条件的磁力线特征”指出常见电感器的磁能转换位置，这样就能够更容易理解磁能转换条件。首先来分析图 4.19 所示横截面面积不均匀的高磁导率磁心，如果将其作为电感器的磁心，是否能够高效转换能量呢？

有人可能会想：应该不能！虽然磁心横截面最小处（A_3）的磁力线最集中，而其他处磁力线松散，但是由于磁导率相同（没有建立磁能转化条件），所以不满足高效磁能转换条件。

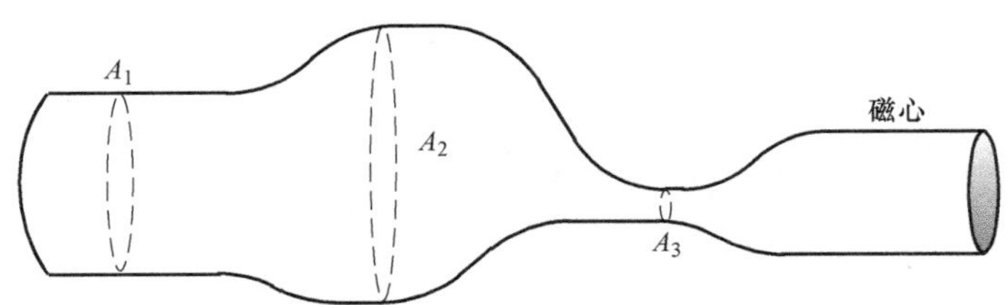

图 4.19　横截面面积不均匀的高磁导率磁心

磁能转换效率的确不高，但原因并非如此。当该磁心聚集的磁通逐渐上升时，横截面最小处（A_3）会率先进入磁饱和状态（也就相当于一个气隙），此时建立了高效的能量转换条件，但是在 A_3 处进入磁饱和状态前的磁通（磁势能）无法高效转换为磁动能。也就是说，相对于直接在 A_3 处添加气隙的磁心，图 4.19 所示磁心的剩磁会更大。

值得一提的是，A_1、A_2、A_3 表示磁心各处的横截面面积，尽管 A_2 比 A_1、A_3 大很多，但是磁心的有效横截面面积（有时用符号 A_e 表示）取决于 A_3，**这一点与“平板电容器中两个平板的相对有效面积”的意义是完全一致的**。因此，为了使磁心的利用率最大化，现有厂商生产的磁心在磁路各处的横截面面积都会尽量均匀。

有人可能会说：有些磁心（如 EE/EI/EC/PQ 形磁心）并不是均匀的，中心柱的横截面面积会比两侧大很多。

实际上，无论磁心横截面的形状有多么复杂，整个磁路的横截面面积应该是相等的（实际无法做到完全相等，但厂商总是会尽量做到接近）。图 4.20 所示各种磁心的横截面形状看似千差万别，但中心柱的横截面面积总是约为外侧横截面面积之和。如果从每一个单独磁路来看，每个磁路对应的横截面面积仍然是均匀的，也就是中心柱横截面面积的一半。

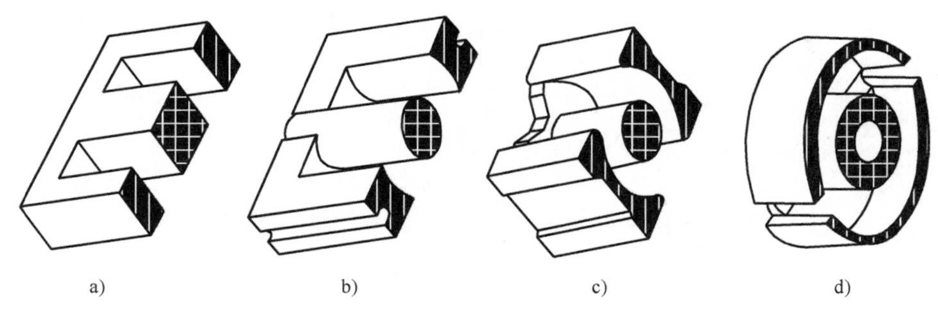

图 4.20　磁心的有效横截面面积

a）EE 形　b）EC 形　c）PQ 形　d）罐形

对于一个添加了较大气隙的高磁导率磁心，其磁力线分布类似如图 4.21b 所示。磁心的磁导率比空气要高很多，其聚集磁通的能力比空气更强。对于一个给定的磁路，磁通处处都应该是相同的（相当于串联电路中的电流）。高磁导率磁心将磁力线聚集在体积较小的磁介质中（相当于电阻较小），一旦磁力线遇到气隙则无力聚集而散开，这正是图 4.18a 所示的磁心结构，所以是一种高效的能量转换结构，而气隙的功能就是为了满足能量转换条件。

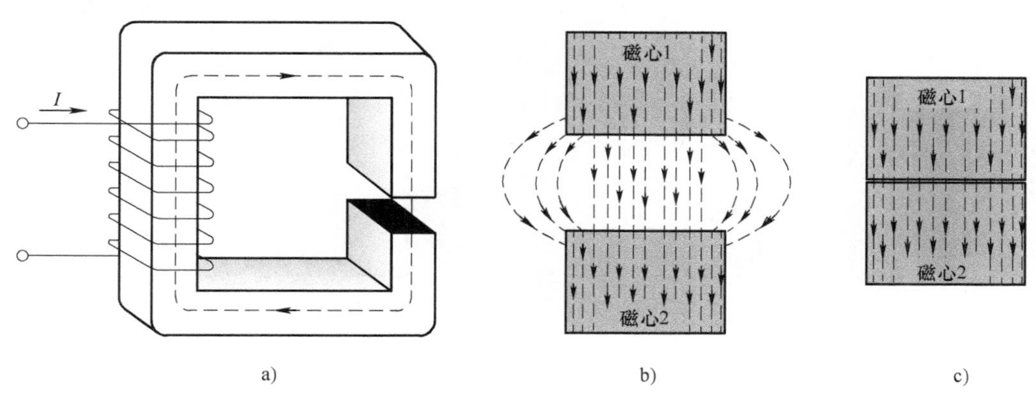

图 4.21　添加了气隙的磁心

a）添加气隙的磁心　b）较大气隙的磁心　c）很小气隙的磁心

如果两个高磁导磁心之间的气隙非常小，磁心与气隙中的磁力线分布是非常接近的，这并不是高效磁能转换所需要的磁力线分布，如图 4.21c 所示。也就是说，气隙越小（理想情况下不添加任何气隙），磁能转换效率越差。（理想情况下）没有添加气隙的磁心是无法转换能量的。

这样就出来一个问题：**对于给定的磁心，添加的气隙越大，能够储存的能量是否越大？**你也许犹豫一下，觉得不可能。但是如果换一种问法：**对于给定的磁心，添加的气隙越大，能够转换的能量是否越大呢？**你肯定会毫不犹豫地给出否定答案，因为转换所需的能量（磁势能）主要从磁畴而来，而磁畴的有效数量受限于磁心的有效横截面面积。我们也可以这样解析：假设某磁心能够聚集的磁通为 100 个单位，而空气能聚集的磁通为 1 个单位，那么磁心可供转换的“磁动能”上限就已经固定了（即 99 个单位），无论添加的气隙有多大（无论磁能转换效率有多高）。换句话说，磁心有效横截面面积越大，则电感器能够储存的能量（磁势能）越多，也正因为如此，储能要求越大的电感器需要使用更大体积的磁心（体积只是间接因素，本质上需要更大的有效横截面面积）。

顺便讨论一下式（4.3）推导出“气隙储能”的三个漏洞：其一，“公式结构”与“储能位置”没有因果关系，举个直观的例子，水电站中的静水头越大，相当于储存的能量也越大。如果现在将低水位进一步降低，那么转换的能量也会进一步提升，但难道能够因此而推导出能量就储存在低水位处？很明显不妥；其二，式（1.19）成立的前提是 $l_g \ll l_c$，一旦 l_g 提升到一定程度将不再有效，式（4.3）直接套用此式就存在一定的局限性；其三，式（4.3）忽略了边缘磁通，认为气隙处的磁通也仅限制在“与磁心横截面面积大小相同的”区域，实际上，随着气隙尺寸的不断增加，边缘磁通进一步增多，在横截面面积相同的条件下，气隙处的磁通要小得多，式（4.3）就已然不再适用了。也就是说，从一个不考虑实际情况的推导公式得出“气隙储能”的观点并不严谨。

言归正传，“从磁力线分布特征的角度”分析磁能转换条件也适用于磁棒电感器。磁棒两端是气隙，如果其使用高磁导率磁心，也就创建了高效磁能转换条件，如图 4.22 所示。

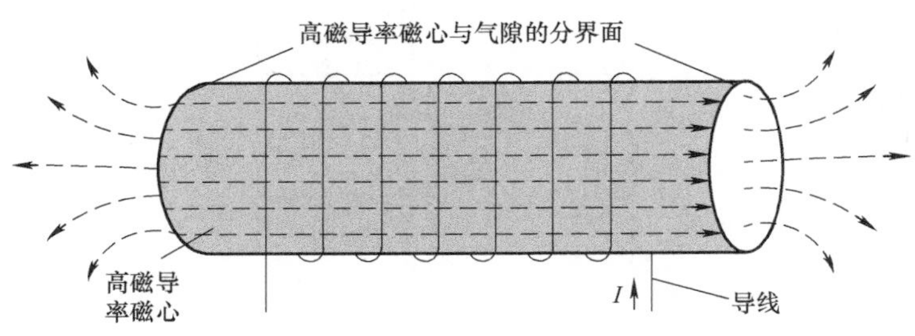

图 4.22　磁棒电感器

事实上，我们可以把磁棒理解为添加了大尺寸气隙的磁心。很明显，任何一个磁棒电感器能够储存的能量都是有限的，这也从侧面回答了：**磁心气隙越大，并不意味着能够储存（转换）的能量越高。**

那么，环形电感器的能量转换又在哪里呢？环形电感器的磁力线在磁环内部形成一个闭合磁路，按理说，磁力线的分布是均匀的（不存在密集与松散之处），磁导率在各处也完全相同，那么按照前述分析思路，环形电感器应该不具备能量转换条件，如图 4.23a 所示。

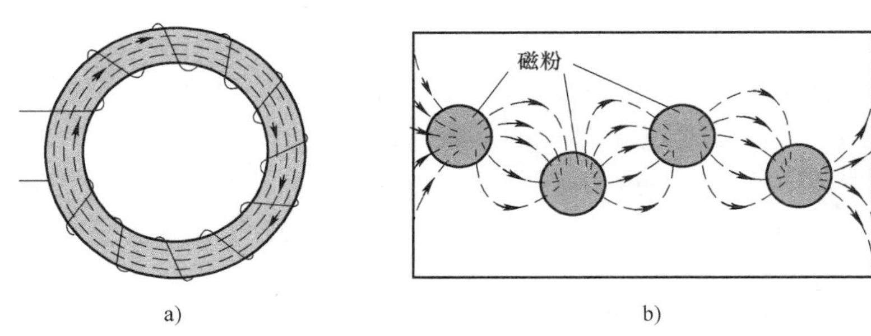

图 4.23　环形电感器中的磁力线分布

a）宏观看到的磁力线　b）微观看到的磁力线

其实分析思路并没有问题，从宏观的角度来看，磁环各处磁力线的确是均匀分布的，但是从微观角度来看却完全不一样。磁心厂商为了方便需要气隙的应用场合，在制造某些类型磁心时会特意添加一些肉眼不可见的微小气隙，我们称为分布气隙（Distributed Air Gap），而 1.7 节中讨论的那些“在高磁导率磁心中添加的气隙”，则称为离散气隙（Discrete Air Gap）。例如，金属磁粉心最常见于磁环形式，其就是磁导率高的磁粉（如铁、镍、钼等）与低磁导率的黏结剂（如树脂）的结合体，后者相当于气隙，它们分布在整个磁心中，改变黏结剂的分量就可以改变整个磁心的有效磁导率（当然，实际情况复杂得多）。

图 4.23b 为微观角度看到的分布气隙对应的磁力线分布示意（实际磁粉的形状并不规则，此处的圆形仅用于示意磁粉与黏结剂的分布结构，空白处表示黏结剂）。磁粉聚集磁通的能力自然比黏结剂要强，所以在磁粉中聚集起来的磁力线会在进入黏合剂时突然散开，本质上与高磁导率中添加气隙的效果相同。

现在可以回答 4.1 节提出的问题：**既然需要往高磁导率磁心中添加气隙，为什么不能从一开始就使用磁导率较低的磁心呢**？答案是：完全可以！例如，“添加分布气隙的磁环”的有效磁导率通常并不大，但其也能够代替“添加离散气隙的磁心”作为电感器磁介质，至少从储能的角度来看并无差别。换句话说，如果某个电感器使用“未添加任何形式气隙的高磁导率磁环”作为磁心，那么其应用场合不太可能是为了高效转换能量（如铁氧体磁珠电感器）。

那么，空心电感器的能量转换之处在哪里？空心电感器的磁心就是空气，而空气的磁导率非常小，线圈内部的磁通虽然会比线圈外部磁通要大一些，但由于磁路处处都是空气，彼此聚集磁通的能力也一样，所以空心电感器看似并不具备磁能转换条件，但真的是这样吗？

4.7 空心电感器的能量储存在哪里

前面已经通过“电感器的能量储存在磁畴”的观点解答了一系列关于磁性元件的应用问题，那么很自然，有人就会问：空心电感器的能量储存在哪里呢？空心电感器可没有磁心呀？

有些人认为：**空心电感器的能量储存在空气里**。

这个观点其实很好反驳，如果将空心电感器制作在塑料（或纸等与空气磁导率相近的材料）里，其储存的能量并不会有所影响，或者说，放在真空中的空心电感器也可以储存能量，也就可以证明该观点的错误。

无法明确“空心电感器储能之地”的原因在于没有透彻理解：**电感器储存的能量到底是什么**？其实只要明白磁场的来源就很容易获悉此问题的答案：**运动电荷**！更确切地说，电感器储存的对象是**定向运动的电荷**！因为定向运动（可以是导体中形成电流的运动电荷，也可以是分子电流的自旋运动）的电荷存在运动的能量（即电荷的动能），而磁场就是由定向运动电荷激发的。

在电感器磁心中，磁畴本质上就是做自旋运动的分子电流，其也属于定向运动的电荷。从电场与磁场的对应关系也可以加深理解：**电容器储存的是静止的电荷，产生的附属物是电场，对应的能量为电势能，而电感器储存的是运动的电荷，产生的附属物是磁场，对应的能量为磁势能**。

也就是说，对于磁心电感器，大部分能量储存在磁心中，而对于空心电感器，能量就储存在导体中，也就是**运动电荷**，磁场只是运动电荷产生的附属品罢了。最简单的电感器是什么呢？不是空心电感器，**而是一根导体（没有匝数），其所储存的能量也是无限的，仅受限于电流的大小**。

明确电感器储存的真正对象，将有助于分析很多不容易直观理解的概念。举个例子，按照以往对式（2.2）的理解，线圈匝数越多，叠加的磁场就越会越大，那么如何理解电感量与横截面面积的关系呢？是因为线圈包围的面积越大，所以聚集的磁通越大？还是因为“导线越长，继而更多的磁场被限制在线圈内部”？似乎不太容易直观理解。如果从“定向运动电荷”角度则简单明了：线圈匝数越多，横截面面积越大，则暂存其中的“定向运动电荷”也更多（储存的动能越大），自然叠加起来的磁通也更大！

那么有人可能会想：照你这么说，将长导线随意揉成一团不也是电感器了？

从电荷动能储存的角度来看，的确如此。但是，这团导线储存的运动电荷的方向是随意的（并不是定向运动），各自产生的磁性也会相互抵消。换句话说，这团导线与尚未磁化的磁畴没有本质的区别，自然也就无法有效完成电感器的作用，如图 4.24 所示。

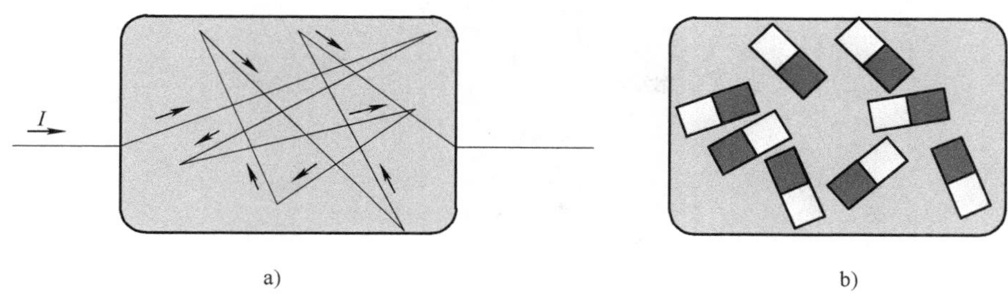

图 4.24　通电导线与磁畴

a）揉成一团的通电导线　b）未磁化的磁畴

相应地，我们将长导线设计成一匝匝整齐的形式，就是为了取得与磁化后磁畴相似的效果，让导线中“定向运动电荷”产生的磁场方向一致（或大体一致），所以，从本质上来说，空心电感器本身就可以理解为（磁化的）磁畴。

为什么空心线圈的纵向长度越小，则电感量越高呢？首先明确一点，**只有贯穿螺旋线圈的磁场才是有效磁场**。对于相同匝数与横截面积的螺旋线圈来说，线圈纵向长度越大，线圈弯曲之处的角度越大，电荷的运动方向越偏离理想角度（$\theta=0$），最终叠加的有效磁场也就越小；反之，线圈纵向长度越小，弯曲之处越小，电荷的运动方向越接近理想角度，叠加的有效磁场也就越大，如图 4.25 所示（实箭头方向与有效磁场方向呈正交，虚箭头代表螺旋线圈的方向）。也就是说，为了使有效磁场最大化，理想情况下，电荷的运动方向应该与有效磁场方向呈正交，如此一来，所有运动电荷产生的磁场完全叠加在一起，相应的线圈纵向长度也最小。如果电荷的运动方向不完全与有效磁场呈正交，那么所有运动电荷产生的磁场中，只有“与螺旋线圈磁场方向一致的磁场分量”才会贡献成为螺旋线圈有效磁场的一部分。

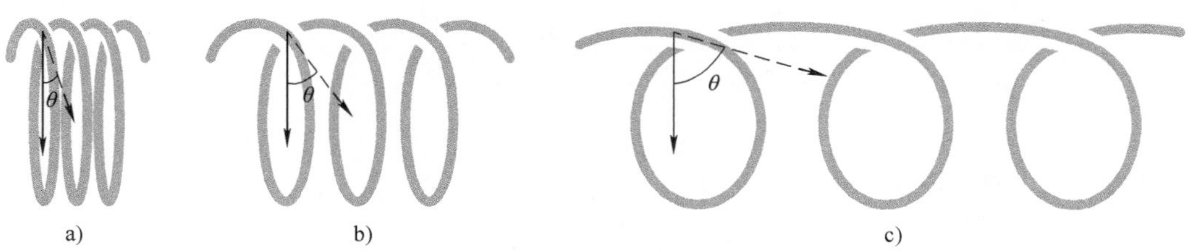

图 4.25　螺旋线圈纵向长度影响电荷的运动方向

a）长度很小　b）长度较小　c）长度很大

我们也可以从能量的角度看待电感器储能。由式（2.1）、式（2.4）可知，电感器储存的能量可表达如下：

$$W=\frac{1}{2}\times(LI)\times I=\frac{1}{2}\Psi I \tag{4.4}$$

也就是说，电感器储存的能量包含磁通与电流两部分，前者表示已经转化为磁能的一部分，后者是运动电荷（电流）的那部分。电流越大，电荷量也就越大，相应的动能也越多。空心线圈的储能量是无限的，仅受限于导线允许流过的电流最大值。

至此，图 4.1 所示的概念分层图可修正如图 4.26 所示。其中，电容器储存的静电荷位于两个导体（平行板）之间或电介质内，而电感器储存的定向运动电荷位于单个导体或磁介质内。

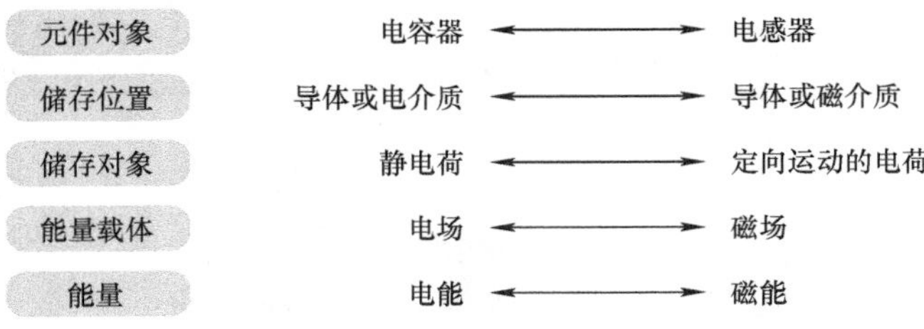

图 4.26　修正的电容器与电感器对应关系

最后，请思考一个问题：假设长度相同的一匝线圈分别绕成圆形、方形、矩形，相应的电感量大小会有什么不同呢？为什么？

第5章 电感器与储能

从电路系统层面来看，电感器的作用就是储存能量（充电）与释放能量（放电），这种简单的认识比较容易为人所接受（因为存在电容器作为类比对象），也足以理解大多数应用电路的工作原理及简单的磁学问题，但试图借此从“诸多看似复杂或矛盾的磁学工程应用现象”中快速找到实质所在却远远不够。

初高中物理对磁学的阐述比较粗浅（甚至未涉及气隙的概念），对于拥有相应知识储备的大多数人而言，一些关于电感器储能的基础问题都可能会引发困惑。例如，磁心饱和后，电感器的储能值为最大还是最小？饱和后的磁心相当于空气，电感器的电感量也会下降到最小，此时相应储能量应该为最小值吗？如果真是如此，在外磁化场提升过程中，能量又在哪里消耗掉了呢？

对于刚刚接触磁性元件设计的开关电源工程师而言，原先不太了解的气隙又会导致更多难以理解的问题。例如，磁心添加气隙相当在磁心上开了一个缺口，其磁畴的数量更少了，能够储存的能量不应该更小吗？为什么添加气隙后的磁心电感器似乎储能量更大了？既然添加气隙后的磁心磁导率下降了，为什么就不能从一开始就选择磁导率较小的磁心呢？如果可以的话，磁心添加离散与分布气隙的性能有何差别？为什么厂商提供大量材质相同而磁导率与尺寸不同的磁心呢？

当以“应用层面的能量储存与释放行为”无法解析某些磁学现象时，尝试从更底层的磁学基础知识中寻找答案是一种不错的思路，因为工程应用通常是从相对完善的基础理论衍生而来。反过来，基础理论也应该（必然）能够成为解决工程应用问题的有力工具，这一点几乎没有例外，关键在于：你能否找到两者之间的关联？

前文已经获取磁能的两种形态（“磁势能”与“磁动能”）及其高效磁能转换条件（本书核心），你已然构建相对完整的磁学知识体系，对磁性元件的理解层次也上升到新的台阶。换句话说，你对电感器的理解已经不再局限于模糊的能量储存与释放，而是从更深刻的能量形态角度看待其磁能管理机制。电感器的核心在于储存“磁势能”并将其转换为“磁动能”。从电路系统的角度来看，电能首先转换为“磁势能”储存起来，而“磁势能”在转换为“磁动能”（能量释放）过程中又借助线圈转换为电能，这就是电感器与电路之间的能量转换关系（其中还涉及转换效率）。换句话说，摒弃模糊的“储能”而代之以“磁势能”与“磁动能”，你将更容易且更直观理解复杂现象背后的本质。

值得一提的是，反激式变换器中的变压器本质上是一个电感器，而不是通常意义上的变压器。另外，为简化描述，磁心电感器涉及的“磁势能”仅考虑占比更大的磁心储能（线圈储能是相似的）。

5.1　磁心饱和后，电感器的储能值为最大还是最小

大多数工程师都有这样直观的认识：**在线圈结构固定的前提下，磁心线圈能够储存的能量肯定会大于空心线圈**。因为根据式（2.2），在线圈匝数、横截面面积、纵向长度固定的条件下，电感器的电感量就取决于磁导率的大小，而磁心进入饱和状态后的磁导率（相当于空气的磁导率）远小于磁饱和前，此时磁心电感器相当于空心电感器，又由于空心电感器的储能量小于磁心电感器（直观认识），所以进入磁饱和状态后的电感器储能值必然为最小，相应的推导过程如图 5.1 所示。

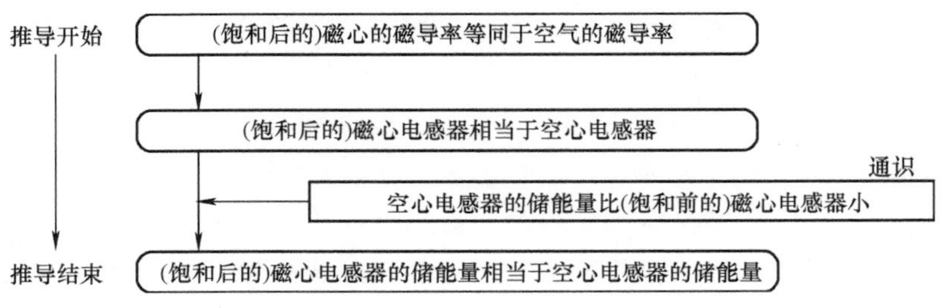

图 5.1　电感器储能值大小的推导过程

也有人认为：储能量不一定是最小值，因为根据式（2.4），电感器的储能量与其电感量及流过其中的电流有关，而电流却是一直呈平方规律增加。因此，进入磁饱和状态后的磁心电感器储能大小取决于电感量与电流哪个变化得更快。换句话说，不同磁心材料的电感器，其饱和后的储能值可能最大，也可能最小。

其实，判断电感器储能大小并没有那么麻烦，从能量形态角度就能够很容易获得正确答案。第 4 章已经详细讨论过，电感器储存的能量形态是“磁势能”，也就是磁通（相当于水的势能）。实际获取某磁心的磁化曲线时，通常先测量磁通，然后根据式（1.1）得到相应的磁感应强度。也就是说，在磁心固定的条件下，我们可以简单认为：**电感器的储能量与磁感应强度是成正比的**。而从图 1.18b 所示磁心的典型磁化曲线可以看到，磁感应强度总是一直上升的，所以自然可以得到这样的结论：**磁心饱和后，磁心电感器的储能值为最大**。

那么图 5.1 所示推导过程存在什么问题呢？犯了“偷换概念”的逻辑错误！因为“进入磁饱和状态的磁心电感器相当于空心电感器”并不等同于“进入磁饱和状态的磁心电感器的储能量相当于空心电感器的储能量”。举个简单的例子，一个小孩子与一个大汉都处于非常饥饿状态，小孩子吃了 2 个包子就饱了，而大汉吃了 10 个包子才饱，如果将他们吃下的包子数量看作电感器储存的能量，（已经吃饱的）两个人储存的能量是一样的吗？答案当然是否定的！因为饱和状态是在不同条件下持续储存能量后所触发的某种状态，不能以某种触发后的状态作为判断储存能量大小的依据。

我们可以根据第 4 章的阐述将磁心电感器分解为线圈与磁心。“饱和”只是针对磁心而言，空心线圈是不会饱和的，其储存的能量（磁感应强度）总是随电流增加而增加，单此一项储能量就能够奠定“磁心线圈储能永远不会为最小值”的基础。磁心电感器的饱和状态是在不断储存能量的过程中逐渐引发的，具体的储能量（储能速度）在各阶段虽然有所不同（相同磁场强度变化量 ΔH 对应不同的磁感应强度变化量 ΔB），但是从起始磁化曲线可以看到，磁感应强度总是会随磁场强度的增加而增加，所以磁心电感器作为磁心与线圈的结合体，即便进入磁饱和状态后，其储能量必然是最大值。

顺便提一下，ΔB 与 ΔH 的比值称为增量磁导率（Incremental Permeability），图 1.21 所示磁导率曲线并非指绝对磁导率，而是指增量磁导率的最大值，也称为可逆磁导率（Reversible Permeability），对应磁化曲线上每个点的切线斜率。

实际上，从式（4.4）更容易理解储能大小的变化趋势。由于电感器的储能量与磁通（磁感应强度）、电流是成正比的，而磁心进入饱和状态后，这两项都处于最大值，自然储能量也处于最大值。

换个角度来讲，如果磁心电感器进入磁饱和状态后的储能量为最小值，而进入饱和前的储能量肯定会大于此最小值，那么，磁饱和前的磁心电感器必然需要损耗一些能量才可以达到磁饱和后的最小值，但是，磁心电感器中哪部分损耗了这么多能量呢？磁化曲线是在磁场强度变化很慢的条件下测量得到的，因此铁损可以忽略，而铜损就是线圈的直流电阻（低频条件下没有趋肤效应与邻近效应），其损耗的能量有多大呢？无论铜损有多大，都不会影响电感器作为储能元件本身的储能量，只不过直流电阻大时储能慢一些而已（就相当于与电感器串联的电阻器起到了限流作用），磁能转换效率会比较低（但并不影响电感器能够储存的能量大小）。所以，既然电感器储存的能量在磁场强度上升期间都不存在下降行为，为什么电感器储存的能量会在上升到一定值后变为最小值呢？很明显不符合能量守恒定律。

5.2　初始磁导率与材料磁导率有何区别

本节讨论一个比较常见的现象：如果你仔细阅读过磁心厂商给出的数据手册，会发现其中似乎给出的都是初始磁导率（Initial Permeability），为什么不给出材料磁导率呢？这两个磁导率参数之间存在什么关系呢？

我们来看看两者在实际应用中的定义。材料磁导率是在小于 5mT（不同厂商略有不同，但同一厂商通常会保持一致，以便进行同类比较）条件下测量得到的磁化曲线的斜率，通常使用符号 μ_m 表示，在磁化曲线上的示意如图 5.2 所示。简单地说，材料磁导率就是在较弱的磁化场条件下测量得到的磁导率。

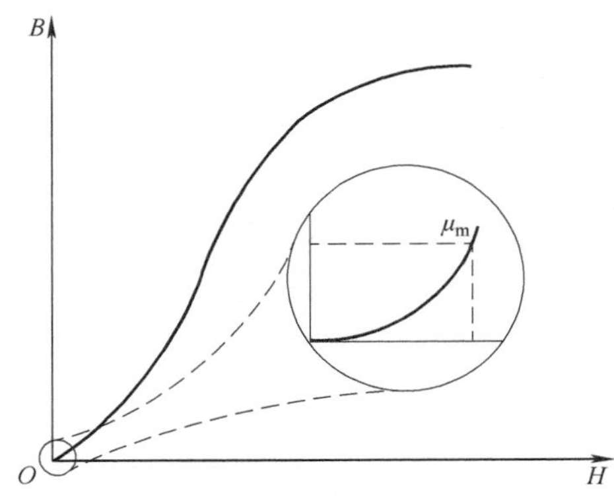

图 5.2　材料磁导率

初始磁导率的定义是在磁化曲线起始端磁导率的极限值，通常使用符号 μ_i 表示，使用公式可表达如下：

$$\mu_i = \frac{1}{\mu_0}\lim_{H \to 0}\frac{B}{H} \tag{5.1}$$

也就是说，初始磁导率是在磁化场为 0（理论上）时表现的磁导率，此时的磁场强度比测试材料磁导率时更弱。虽然两者的磁化场测试条件不同，但是它们反应的都是材料磁导率。那么，哪个磁导率更大一些呢？当然是初始磁导率！因为磁化场越强，气隙对有效磁导率的影响也越大，为什么呢？我们可以使用极限法直观推断出来。

假设某磁心处于适度磁化状态，从磁心内部来看，磁力线会集中进入磁粉材料，并在进入黏合材料时散开，之后再集中进入相邻的磁粉，如图 5.3a 所示。也就是说，磁力线的分布状态是磁粉与黏合材料共同作用的结果，而相应的磁导率就是磁心表现的有效磁导率（包含气隙的影响）。

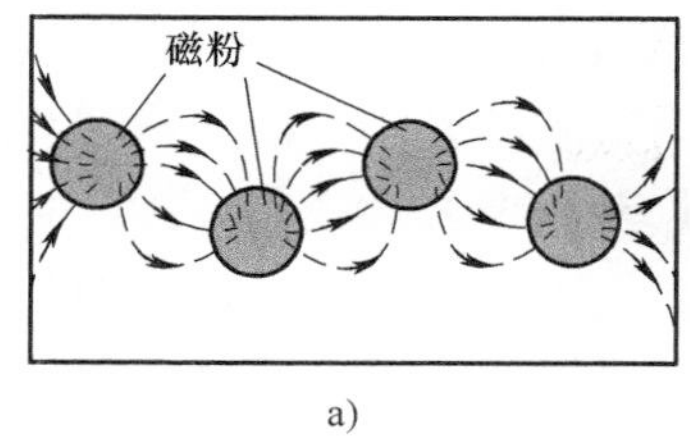

a)

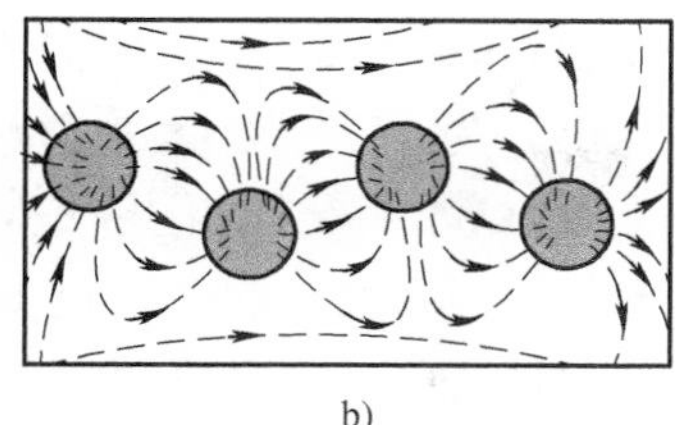
b)

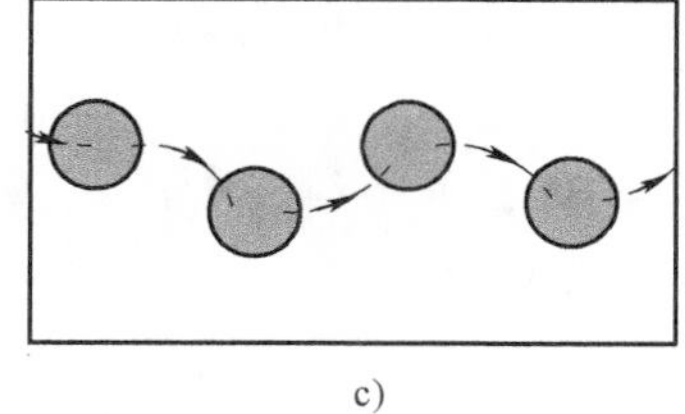
c)

图 5.3　不同磁化场下的磁力线分布

a）适度磁化状态　b）深度饱和状态　c）弱磁化状态

现在将外磁化场逐渐提升并使磁心进入深度饱和状态，在此过程中，磁粉将会逐渐达到其能够聚集磁通的极限而进入饱和状态，此时的磁粉相当于气隙一样，进一步增加的磁力线将会分布在气隙中。换句话说，在高水平的外磁化强度条件下，磁心的特性将更接近气隙，测量得到的磁导率也将与气隙更接近，如图 5.3b 所示；如果反过来，当磁场强度调整得越来越小时，磁力线非常少，可以认为气隙对其影响越来越小，如图 5.3c 所示。换句话说，在低水平的外磁化强度条件下，测量得到的磁心有效磁导率将与磁粉的材料磁导率越来越接近（即越来越大）。当然，气隙完全没有影响是不可能的，当磁场强度趋近于 0 时，磁心的有效磁导率已经达到了极大值（即初始磁导率）。但是请注意，对于添加分布气隙的磁心，绝缘包覆工序中总会在磁粉表面产生致密绝缘层（相当于气隙）以降低涡流损耗，相应呈现的初始磁导率比纯粹的磁粉（完全无气隙）要小得多。

综上所述，弱磁化强度下测量得到的材料磁导率还是存在少许气隙的影响，仍然还算是有效磁导率，但是从数值上看，材料磁导率已经非常接近（略小于）初始磁导率。换个角度来讲，磁心的有效磁导率会随磁场强度增加而逐渐下降，磁心厂商的数据手册通常也会针对“相同材质而有效磁导率不同的磁心”给出类似图 5.4 所示的曲线，相应标记的 14μ、26μ、40μ 等便是初始磁导率。可以看到，当磁场强度很小时，所有磁心的有效磁导率均为初始磁导率（100%），而当磁场强度越来越大时，气隙的影响也会越来越大，相应的有效磁导率会越来越小。

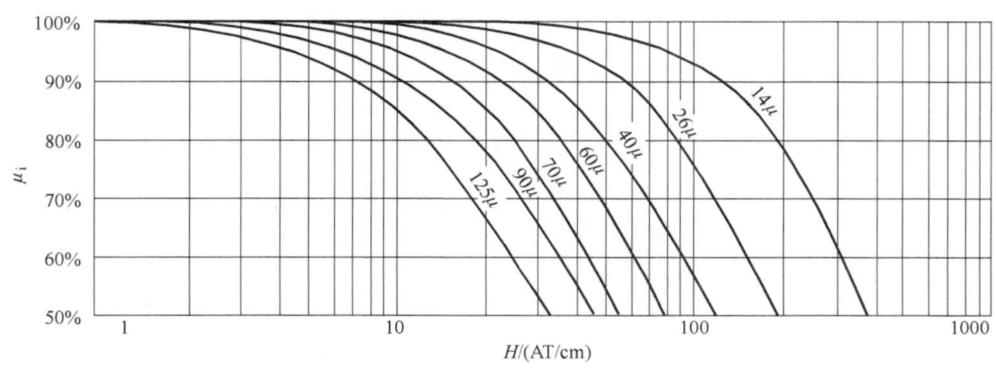

图 5.4　磁化场与初始磁导率的关系曲线

从图 5.4 还可以看到，初始磁导率越大的磁心（对应曲线越靠左侧），相同磁场强度下的磁心呈现的有效磁导率越小，为什么呢？因为对于同材质的磁心，磁导率越大就相当于气隙材料的占比越小，而磁粉材料本身的磁饱和点是固定的。换句话说，在相同磁化场条件下，其产生的磁通也会更大。前面已经提过，磁通越大，气隙又越小，磁心就会越快进入磁饱和状态，因此磁导率越大的磁心，其磁导率会下降得更快。换个角度来讲，磁心中添加的气隙成分越大，相应的磁导率越稳定，这也是添加气隙的原因之一。

当然，实际控制初始磁导率的方式有很多，在热压制成型工艺中控制压力大小就是常用方式，因为压力越大，保压时间越长，磁粉的密度也越高，气隙成分就会越少，相应的初始磁导率自然也会越大。

5.3　磁心的磁畴越少，电感器的储能越小吗

本节回答 4.2 节提出的一个问题：为磁心添加气隙相当于在磁心开了一个缺口，磁畴的数量更少了，按理说，磁心储存的“磁势能”（为简化描述，仅考虑占比更大的磁心储能）也就更小了，那么转换出来的能量（磁动能）不应该越少吗？为什么反激式变换器中的变压器（电感器）添加气隙后，其能够输出的功率更大了？

这个认识存在两个误区：

其一，**磁心添加气隙后的磁畴数量更少了，所以其储存的能量越少**，前面已经明确提过“磁势能”的表现形式是磁通，而**并非**直观上理解的“磁势能”是磁畴储存的能量之和，添加气隙只不过在磁路中取下特定长度的磁心，但是从横截面来看，磁心能够聚集磁通的能力并没有发生变化，相应储存的“磁势能”自然也没有变化。图 5.5 所示磁心的磁畴数量虽然不同，但是从“磁势能”的角度来看并无区别。更进一步，即便磁心的磁畴数量更少，其储存的“磁势能”也并不一定更少，主要还是取决于横截面积。在图 5.6 中，磁心 1 的磁畴数量大于磁心 2，但是磁心 2 能够储存的“磁势能”却更大，因为其横截面面积更大。

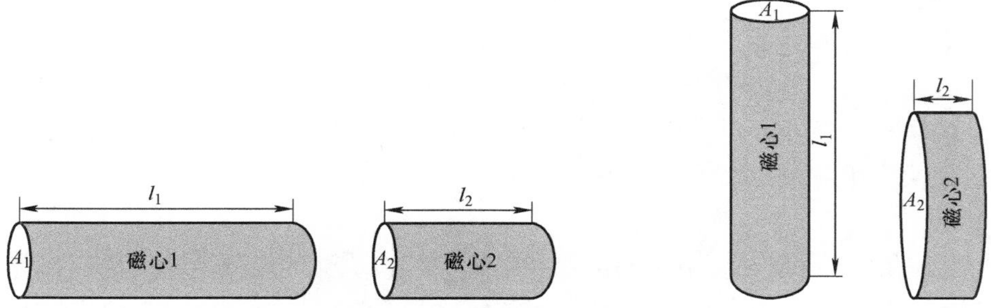

图 5.5　磁畴数量不同的磁心可供转换的能量相同　　图 5.6　磁畴数量更少的磁心 2 能够储存更大的能量

其二，**磁心储存的能量（磁势能）越少（即横截面面积越小），则转换出来的能量（磁动能）越少**。前面已经明确提过：磁能转换效率对“磁动能”的影响至关重要，因此即便磁心储存的“磁势能”更少，转换出来的“磁动能”也并不一定更少。假设同样使用高磁导率磁心设计电感器，即便其横截面面积非常大，但是如果设计不合理（如没有添加气隙），那么其能够储存的“磁势能”的确可能很大，然而转换出来的“磁动能”却可能非常小。相反，如果设计合理（如添加了合适气隙），即便磁心的横截面面积相对更小，但是由于满足了能量高效转换条件，转换出来的“磁动能”却可以更大。当然，“磁动能”的转换上限仍然受限于磁心储存的“磁势能”。

最后请尝试思考一下：假设磁心的材料、结构与横截面面积完全相同，不同磁路长度会对转换出来的能量大小有什么影响呢？

5.4　磁心的磁导率越小，电感器的储能越大吗

前面已经提过，磁心的磁导率越大，在相同的外磁化场条件下，相应的磁通也越大，而磁通就是一种“磁势能”，因此能够得到“磁心的磁导率越大，电感器的储能也越大”的结论。但是在 4.2 节中已经提过，反激式变换器中的变压器（电感器）添加气隙之后，其有效磁导率变小，但变换器的输出功率反而越大，所以能够得到“磁心的磁导率越小，则电感器储能反而越大”的结论，这两者似乎是矛盾的，感觉是否给磁心添加气隙都不会影响储能量，如图 5.7 所示。

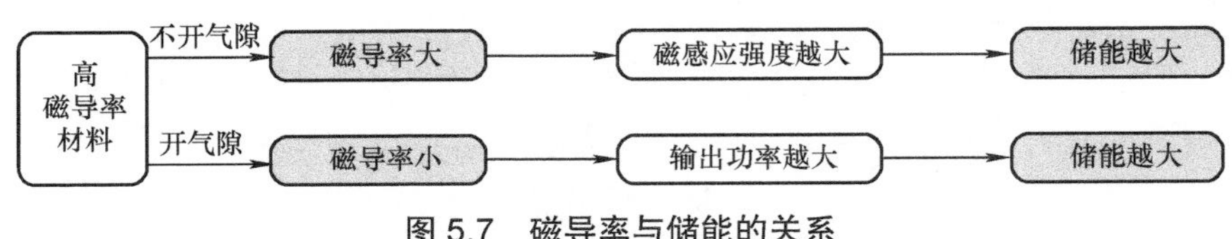

图 5.7　磁导率与储能的关系

实际上，造成这种困惑的主要原因在于对磁能的理解不够透彻。对于电感器而言，如果未给高磁导率的磁心添加气隙，其聚集的磁通越大，相应储存的**能量**当然越大。注意：这里的**能量**指是“磁势能”，但是这种“磁势能”无法有效转换为“磁动能”。当我们为电感器添加气隙之后，整个磁心的有效磁导率下降了，但是电感器将“磁势能”转换为“磁动能”的能力增强了，继而使输出功率提升了。从表面看来，似乎由此得到“磁心的磁导率越小，电感器的储能越大”的结论，但从本质上来讲，高磁导率材料仍然还是决定电感器储能大小的根本原因，因为磁心储存的“磁势能”仍然是输出能量的来源。

总之，“磁心的磁导率越小，电感器的储能越大”是否成立的前提取决于**磁心磁导率小的根本原因**。如果磁心本身就是一种磁导率很小（未添加气隙前即是如此）的材料制造而成，那么无论其是否添加气隙，相应的电感器储能量自然也会很小（因为其本身聚集的磁通就很小），能够转换出来的“磁动能”也很小。如果磁导率小的原因是由于在高磁导率磁心中添加了大量气隙所导致（有效磁导率小），那么高磁导率材料能够用来储存大量“磁势能”，高效磁能转换条件又能够从中转换出大量“磁动能”，因此图 5.7 可修正如图 5.8 所示。

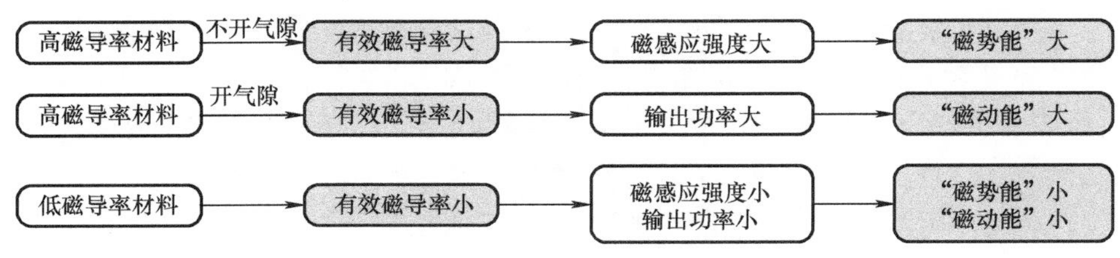

图 5.8　磁导率与气隙导致的不同储能效果

5.5　离散气隙与分布气隙的性能有何差别

从 4.6 节的阐述可知，如果单纯从能量储存的角度来讲，磁心添加离散气隙或分布气隙并无不同，但是两者在其他性能方面存在差异吗？答案当然是肯定的！

添加离散气隙的磁心在进入磁饱和状态后，其有效磁导率会急剧下降，也称为硬饱和（Hard Saturation），而添加分布气隙的磁心则不同，其有效磁导率会逐渐下降，也称为软饱和（Soft Saturation）特性，如图 5.9 所示。

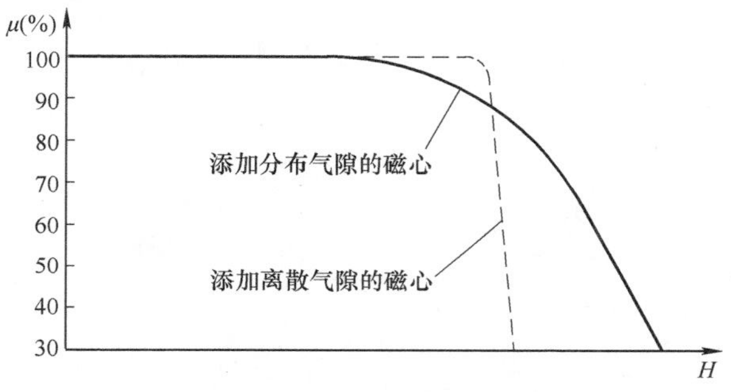

图 5.9　软饱和与硬饱和

从气隙的结构很容易直观理解“软饱和”行为。离散气隙只存在于磁心的一个（或若干个）部位，当磁心材料进入磁饱和状态后，整个磁心的有效磁导率自然会骤降。分布气隙存在于磁心的每个角落，从微观角度来看，磁心中的磁粉大小肯定不会完全相同（实际制造时，通常还会刻意使用尺寸不同的磁粉配比以减小空隙），那么在磁化场逐渐上升的过程中，横截面面积最小的磁粉会率先进入磁饱和状态（也就相当于气隙），如此一来，对于其他尚未进入磁饱和状态的更大磁粉而言，也就相当于往其中添加了更多的气隙，也就能够承受更大的磁化场，相应的过程示意如图 5.10 所示（黑色填充圆圈代表磁粉，空心圆圈代表气隙）。

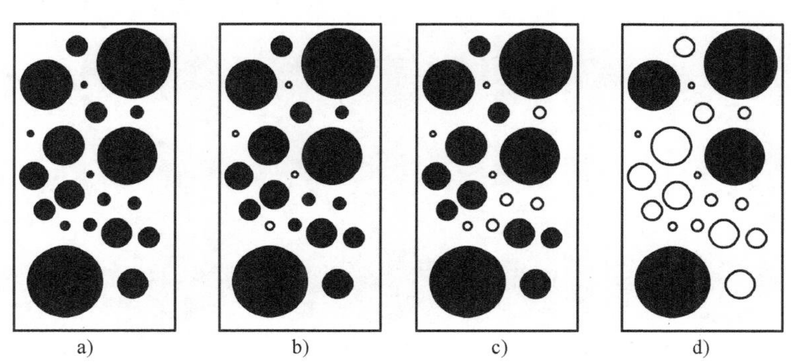

图 5.10　磁心中动态变化的分布气隙

a）未进入磁饱和状态　b）初步进入磁饱和状态　c）进入较深度磁饱和状态　d）进入深度磁饱和状态

也就是说，添加分布气隙的磁心在进入磁饱和状态后，其会随着磁场强度的提升而一直不断地**自动添加更多气隙**（可以理解为一种自动调节气隙大小的机制），磁滞回线的倾斜度也会随之变得越来更小（有效磁导率更小）。

分布气隙在降低铜损方面也有一定的优势。假设磁心需要的储能量相同，在磁心中添加的离散气隙长度必然大于任意单个分布气隙长度，而气隙周围存在边缘磁通。如果边缘磁通穿过线圈，也就很可能会导致一定的铜损。尺寸越大的离散气隙必然导致更大的边缘磁通，将线圈远离气隙一段距离是降低铜损的手段之一，但是磁心的窗口利用率也降低了（能够缠绕的线圈匝数更小）。如果采用分布气隙，由于气隙的尺寸比较小，边缘磁通也更小，再按照图 1.45b 所示方案不贴近磁心绕线，相应的窗口利用率与铜损都将得到优化。

值得一提的是，对于添加分布气隙的同材质磁心而言，（有效）磁导率越小就意味着相应产生的边缘磁通越大，因为其气隙成分也更多（气隙尺寸更大），如图 5.11 所示。

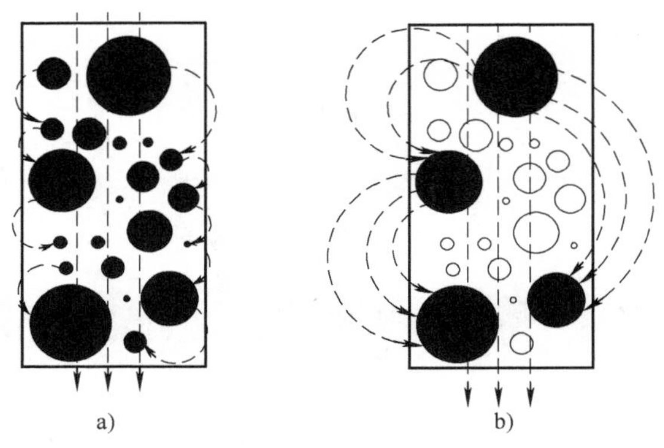

图 5.11　高磁导率与低磁导率磁心的边缘磁通

a）高磁导率磁心的边缘磁通　b）低磁导率磁心的边缘磁通

5.6 尺寸与磁导率不同的磁心为何那么多

有一定磁性元件设计经验的工程师肯定知道，厂商会基于相同材质生产出大量尺寸与磁导率不同的磁心。以添加分布气隙的铁镍钼粉末（Molypermalloy Powder, MPP）磁环为例，美磁（MAGNETICS）公司生产的 MPP 磁环外径范围为 3.65 ~ 165.1mm（细分尺寸超过 30 种），磁导率在 14 ~ 550（细分磁导率超过 10 种）。如果按尺寸与磁导率组合来生产磁心，则相应的磁心数量将超过 300。当然，虽然实际并不是所有尺寸与磁导率都有对应的磁环，但美磁公司提供 MPP 磁环规格总数量还是超过 300（其他材质的磁环虽然并没有这么多，但数量也轻松超过 100）。

为什么要生产这么多磁环呢？主要是因为磁性元件应用的特殊性，其设计结果通常并不是唯一的，即便工作条件完全相同，磁性元件也会由于成本、体积、质量、效率、工艺等因素而有所不同。以“尺寸”与“磁导率”参数进行多样化磁环制造的主要目的是什么呢？从储能的角度来看，就是为了使同系列不同磁环之间的储能量差异连续变化（更全面地覆盖所需储能量，以方便磁性元件设计）。

值得一提的是，“尺寸”与“磁导率”参数的主要调整目的并不相同，前者是为了控制“磁势能”，而后者是为了调整磁能转换条件，也就是控制“磁动能”。从功率电感器的角度来讲，“磁动能”是最终的需求。如果从方便理解的角度，可以这么看待“尺寸”与“磁导率”：**磁导率相同而尺寸不同，那么“磁动能”的转化效率相同，但“磁势能”的大小不同；相反，磁导率不同而尺寸相同，那么“磁势能”大小相同，但“磁动能”的转化效率不同**。

图 5.12 为美磁 MPP 磁环的选型图，对于功率电感器而言，其首要目的便是储能，此储能值可以根据已知条件与式（2.4）计算出来，其值的 2 倍对应选型图中的横轴。当需求的能量计算出来之后，哪些磁环可用呢？或者说，哪些磁环可以满足储能的需求呢？只要在磁导率线上找到能量对应的交叉点，不低于此点的第一个磁环规格就是满足能量需求的**最小磁环**，而“尺寸不小于**此最小磁环**，且磁导率不大于**此最小磁环**”的磁环都是可用的（即磁导率线上满足最小能量需求点右侧的所有磁环）。

举个例子，现在要求的储能量（LI^2）为 10mH/A^2，其与磁导率线相交的最小磁环是 55586（纵轴越往上，磁环外径越大），相应的磁导率为 60，那么纵轴高于 55586 的磁环（磁导率包括 60、26、14）都能够满足能量需求。

需要特别注意的是，图 5.12 所示选型图只是选择部分磁环对应的零件号绘制而成，实际上，相同尺寸的磁环（纵轴）也会对应多种不同磁导率，也是可供选择的磁心（未在选型图中展示）。换句话说，从“磁动能”的角度来看，在一定范围内选择“较小尺寸与较小磁导率磁环”与“较大尺寸与较大磁导率磁环”是等效的（当然，磁导率越大，气隙成分越小，其稳定性相对差一些）。值得一提的是，高磁导率磁环相对不太适合储能需求大的场合，尤其直流成分很大时，因为其会使导致更大的磁导率波动。

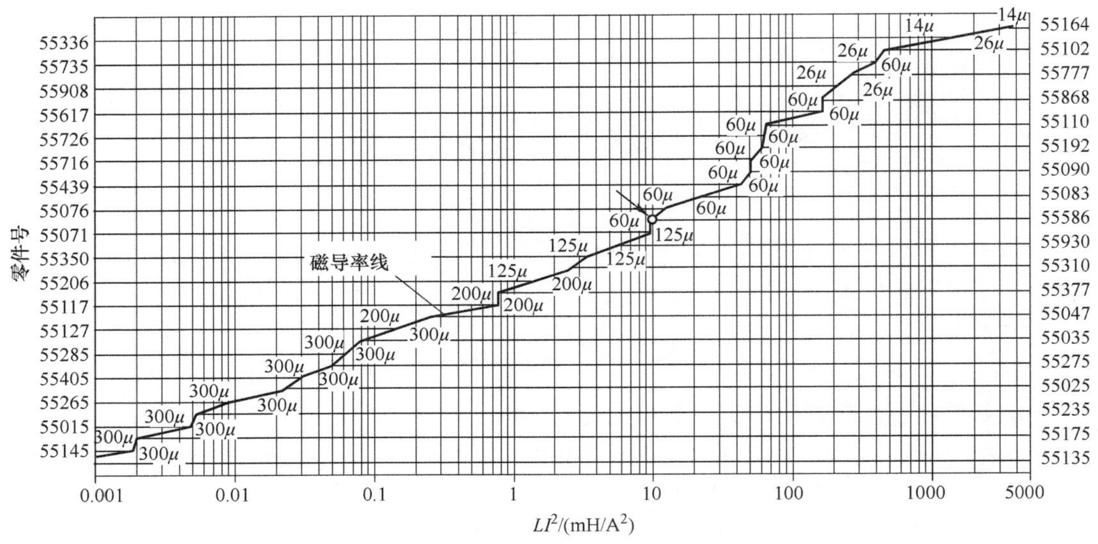

图 5.12　美磁 MPP 磁环选型图

当然，实际进行磁心选型时还需要考虑其他因素。例如，某个尺寸较小的磁环恰好能满足需求，并且窗口利用率也达到了最大值，但这种情况可能会导致较大的电流密度（当然，也能够满足要求），如果后续对电感器温升有着更高的要求，则可以选择尺寸更大的磁环，绕线窗口也更大，也就能够通过使用线径更大的导线降低电流密度。

在实际进行电感器设计时，通常会先选择某个满足最小能量需求的磁环进行设计，之后还需要进行验证，以确保绕线因子、铜损、铁损、温升等因素满足要求。如果某项需求无法满足，就得重新选择磁环进行设计并验证，而多种磁环规格能够让选择的磁心更接近“够用”的目标。

第6章　变压器与功率处理能力

对于毫无实际磁性元件设计经验的大多数人而言，其对变压器的基本认知就是电压、电流及阻抗变换，为简化相关电路的分析与设计过程，很多书都采用理想变压器作为学习工具，这使得不少人直观感觉变压器的设计很简单，只需要根据已知输入与输出电压确定匝比，再根据电流大小选择规格合适的线缆即可。然而，一旦实际项目中使用变压器时，往往突然发现这种“想象”出来的设计方法根本不实用，导致这种情况的主要原因在哪里呢？

对于初步接触磁性元件设计的工程师而言，气隙的引入也同样会引发一些困惑。例如，在反激式变换器中，变压器磁心只有添加气隙才能够输出较大的功率，但是在正激式变换器中，即便使用“规格完全相同且不添加气隙的磁心”也可以输出足够的功率，很明显，磁心是否添加气隙似乎都不会影响输出功率，那么为什么还要添加气隙呢？是不是感觉有点矛盾？

前文已经获取磁能的两种形态（磁势能与磁动能）及其高效转换条件，并且借此解答了一些电感器相关的常见磁学工程问题，那么其是否也适用于变压器呢？答案当然是肯定的。从能量形态角度看待变压器的磁能管理机制，你对变压器应用与设计的理解将会更加深刻。

从磁能形态需求与转换的角度来看，变压器与电感器有着本质的不同，这使得两者在设计与应用方面存在截然不同的要求。电感器侧重磁能**转换**，在结构上应该更注重“磁势能”的储存与“磁动能”的转换，即“通过在高磁导率磁心中添加低磁导率的气隙”创建能量高效转换条件。变压器更侧重“磁动能”的**传输**，为了保证能量传输通道的顺畅，通常不必在磁心中添加气隙（添加气隙反而会阻碍能量传输）。那么，变压器是否需要高效磁能转换条件呢？变压器传输的“磁动能”从何而来呢？传输能量的大小又受到哪些因素制约呢？诸如此类问题就是本章的主要阐述内容。

仍然需要注意的是，本章所述变压器是指正激变换器中的变压器，也是真正意义上的变压器，而反激变换器中的变压器本质上只是一个（带电气隔离的）电感器（既然不是变压器，输入与输出电压之间的关系也就不能根据匝比简单确定）。

6.1 变压器磁心是否储存了能量

从 2.8 节所述变压器基础知识可知，变压器磁心的主要作用是将一次（励磁）线圈产生的变化磁通**传输**至二次线圈。由于气隙呈现的磁阻很大，其非常不利于磁通在磁路中高效传输，所以变压器磁心通常（应该）是没有添加气隙的（或气隙非常小，可以忽略）。

好的，现在考虑这种情况：**假设在磁心磁通处于最大值时突然撤掉输入磁动势，那么正激式变换器中的变压器能够产生很大的能量输出吗？**乍一看，当输入较大磁动势时，相当于变压器磁心储存了较大的能量（即“磁势能”，为简化描述，仅考虑占比更大的磁心储能，线圈储能是相似的），而当输入磁动势撤销时，由于磁心磁畴储存的能量释放，所以输出功率也是存在的。

那么有人可能会想：这跟反激式变换器中的变压器（电感器）输出能量的方式不是一样吗？为什么不这么做呢？如此一来，不添加气隙也能够输出相同的功率呀？何必还要多一道气隙打磨工序自找麻烦呢？

表面上似乎行得通，但细究起来却存在很大的操作障碍，我们从最基本的能量形态角度分析一下就明白了。无论变压器与电感器有何差别，要想在输入磁动势撤销的时候输出足够的功率，关键在于相应的结构是否满足两个条件：

1）储存足够的能量（磁势能），后述简称为“磁能储存条件”。

2）具备“磁势能”高效转换为“磁动能”条件，后述简称为“磁能转换条件”。

反激式变换器中的变压器（电感器）在前半周期输入磁动势的情况下并没有功率输出（二次线圈并没有工作），也就是所谓的“储存能量”阶段（**储存了足够的“磁势能”，满足条件** 1），而后半周期并没有输入磁动势，在此期间，前半周期储存的能量（磁势能）被转换为电能输出（**由高磁导率磁心材料与气隙构成的转换条件，满足条件** 2），所以使用此种变压器（电感器）的反激式变换器才能够输出满足需求的功率。

正激式变换器中的变压器是否同样实现能量高效转换呢？首先分析其是否满足条件 1，很明显答案是肯定的，因为只有足够大的磁通才能够向二次线圈传输足够的能量，就如同足够的水量才能转换出足够的电能。

当然，变压器的一次线圈是交流输入，所以磁心中的磁通是一直变化的，但其总是会存在一个最大值。为简化论述，我们假设变压器在某一时刻储存的“磁势能”达到了最高水平，现在将输入磁动势撤销，处于最大值的“磁势能”能否转换出较大的电能提供给负载呢？或者说，“磁势能”是否能够高效转换成“磁动能”呢？答案是否定的！

前文已经提过，由于变压器磁心的整个磁路中仅存在高磁导率的磁心材料，从磁能转换条件可以推断：与电感器磁心不同，变压器磁心**本身**并不具备高效磁能转换条件，虽然高磁导率的变压器磁心储存了较大“磁势能”，但磁路中并不存在相邻磁导率差别非常大的两种磁介质（漏磁具备高效磁能转换条件，详情见 6.7 节），也就无法转换出足够的能量（磁动能）。

从工作原理来看，正激式与反激式变换器存在很大的不同，那就是：**前者在输入磁动势时，输出也是有功率输出的**。也就是说，由于变压器的结构不具备高效磁能转换条件，当输入磁动势撤销时，可以理解为一次线圈开路，其中并没有回路电流，此时支撑磁心处于高“磁势能”的条件就不存在，也就有往低“磁势能”变化的趋势，但是在“磁势能”往下降的过程中，二次线圈所在闭合回路就会产生电流（如果二次线圈开路，则没有输出功率），该电流会产生反抗“磁势能”下降的趋势，也就减小了“磁势能”变化率（磁动能），所以最终传输到负载的能量其实比较小。

有人可能又会想：还是不对呀！在一次线圈断开期间，反激式变换器中的变压器（电感器）在释放能量过程中，二次线圈同样也会产生反抗“磁势能”下降的趋势，但是输出的能量仍然很大呀！怎么在正激式变换器中就变成了能量很少呢？因为这两种变换器中的“磁动能”来源并不相同，详情且听下回分解。

6.2　为什么磁心是否添加气隙都不影响输出功率

从反激式变换器的基本原理可知，当变压器（电感器）磁心未添加气隙时，变换器几乎无法输出有效的功率，而只有为磁心添加气隙后，变压器的输出功率才能达到较高的水平。然而，使用正激式变换器与相同磁心（不添加气隙）也能够输出相同的功率，那么很明显，磁心是否添加气隙似乎都不会影响输出功率，那么为什么还要添加气隙呢？是不是感觉有点矛盾？

实际上，前述两种现象并不矛盾，只不过大多数工程师被能量输出的表象欺骗了！正激与反激式变换器能否输出较大功率的关键并不在于磁心是否添加气隙，而**在于“磁动能”的来源不同**。

从反激式变换器与正激式变换器的工作原理可以看到，前者在前半周期将能量“储存”在磁心中，并在后半周期将能量“释放”出来，而后者则不同，它的能量储存与释放动作是同时完成的。换句话说，**在正激式变换器的变压器中，不存在单独将“磁势能”储存后再转换为“磁动能”的过程，也就不需要创建磁能转换条件**。

当然，变压器仍然存在输出“磁动能”的过程。当励磁线圈使磁通发生变化时，相应的“磁势能”就发生了变化，也就产生了相应的“磁动能”，而高磁导率磁心对磁通呈现低磁阻，也就能够将“磁动能”传输到二次线圈。换句话说，变压器虽然有储存能量的能力，但本质上，磁心所起到作用只是搬运“磁动能”的功能。也就是说，电感器的“磁动能”是由于高效磁能转化条件产生的，而变压器的“磁动能”由输入磁动势**实时**产生，变压器起到传输“磁动能”的作用，如图 6.1 所示。

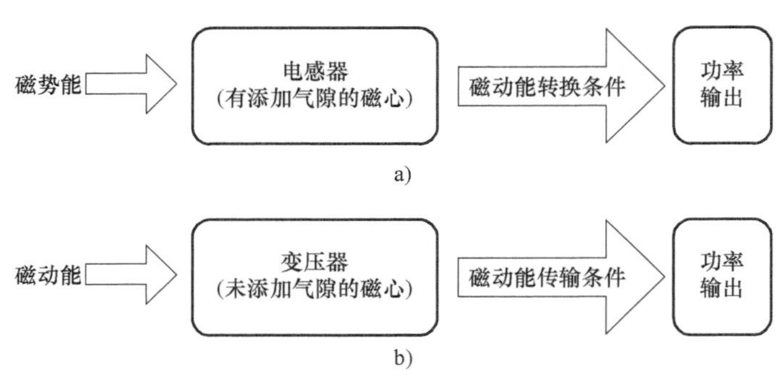

图 6.1　电感器与变压器的功率变换路径

a）电感器的功率输出方式　b）变压器的功率输出方式

变压器的核心功能是能量**传输**，而电感器的核心功能是能量**转换**。正激式变换器中的变压器本身并没有能量转换条件，只有“磁动能”传输能力，所以一次与二次线圈必须同时工作（一个即时发送能量，另一个即时接收能量）。也就是说，变压器二次线圈的“磁动能”来源于一次线圈输入的“磁动能”，磁心则负责将“磁动能”顺利从一次**传输**至二次。反激式变换器输出的“磁动能”是由电感器搭建的环境（水电站）提供的，是变压器（电感器）利用能量转换条件将储存在磁心中的“磁势能”转换而来，其与（真正意义上的）变压器输出的“磁动能”来源方式完全不一样。

综上所述，**变压器能否输出期望功率的关键并不在于磁心是否添加气隙，而在于变压器类型是否与变换器拓扑相匹配**。之所以电感器磁心需要添加气隙，是因为变换器拓扑需要电感器本身结构建立磁能转换条件（输出功率时没有输入磁动势），所以需要在前半周期将“磁势能”储存到电感器，而在后半个周期将“磁势能”转换为“磁动能”。从能量传输的角度来看，输入能量与输出能量是反相的，这正是反激式变换器的本质。之所以变压器磁心不需要添加气隙，是因为变压器不需要磁能转换条件，它输出的“磁动能”是变压器配合输入端外部电路提供的，变压器只是把输入的“磁动能”传输到输出端，所以在磁路上不应该存在磁阻较大的磁介质。从能量传输角度来看，输入能量与输出能量是同相的，这才是正激式变换器的本质。

如果用水电站来类比的话，正激变换器就相当于没有水库的水电站，其用来发电的水势变化率并不是由高低势能差造就的，而是由其他手段提升水压所致。例如，用于发电的水并没有水势差，但是可以使用另外一个增压机将水喷向水轮机。很明显，虽然此时的水并不存在水势差，但是水势变化率依然存在，所以也能够发电（实际当然不会这么做，仅用于理解变压器）。当然，增压机本身应该具备一定的储存水量，其创造水流的能力就相当于变压器输入的“磁动能”（承担了创造水势变化率的另一种道具）。

至此，我们也可以解释前节提到的问题：**为什么在输入磁动势撤销时，正激式变换器无法输出很大能量，而反激式变换器则可以？**因为变压器本身只有传输“磁动能”的能力，当输入磁动势撤销时，“磁动能”也就消失了，在此情况下，磁心中的“磁势能”在释放过程中需要面临二次线圈产生的反抗效果，因此释放的能量是很小的。电感器则不同，其结构本身就能够将储存的“磁势能”高效转换为“磁动能”（不依赖于外部输入的“磁动能”），即便二次线圈也会产生反抗效果，但只要转换“磁动能”的效率足够高，也能够轻松输出可观的功率。

6.3 为什么想象中的变压器设计方法不实用

什么是想象中的变压器设计中呢？对于没有实际磁性元件设计经验的读者来说，对变压器设计的认知基本是这样的：**在已知输入电压、输出电压及输出电流的条件下，改变匝比就能够获得需要的输出电压，如果输出电流更大，只需要提升线圈线径即可（简称"想象中的变压器设计方法"）**。

"想象中的变压器设计方法"确实足够简单，但是在实际工程中却并不实用，为什么呢？请尝试回答以下问题：同样的变压器匝比存在无穷种组合，这些匝比有什么区别呢？以匝比 2∶1 为例，具体的实现有 10∶5、12∶6、14∶7、16∶8 等。你可能会想：匝数越多，铜损也更大。这当然是毫无疑问的！但在实际设计过程中，如何保证匝比相对合适呢？或者说，合适的匝比需要考虑哪些因素呢？是否考虑过选择哪种类型的磁心？多大的磁心才能够输出满足需求的功率呢？在输出功率较大时，磁心是否会出现磁饱和现象呢？如何确定温升不会超过预期呢？工作频率与温升也存在一定的关系，如何确定呢？

很容易预料到，毫无磁性元件设计经验的你很难清晰回答前述类似问题，而"想象中的变压器设计方法"不实用的根本原因在于：其仅考虑了一次与二次线圈的功率承载问题，但却没有意识到，**变压器只是能量的传输媒介**，并没有考虑能量传输能力的问题（就如同使用增压机创建水势来发电，你不能只考虑增压机与发电机的能力，而不考虑水管本身的承受能力）。

如果你足够细心，很容易就会发现，前述所有问题其实都与磁心（水管）有关，而所有前述问题的根本来源也只有一个：**实际变压器并不是理想的！**

为了简化变压器相关电路的分析与设计过程，大多数教材通常使用理想变压器，其主要特点如下：

1）一、二次线圈全耦合，且直流电阻均为 0，磁心损耗为零。也就是说，变压器的输出功率等于输入功能（无任何损耗）。

2）磁心磁导率为无穷大。

第 1 点比较好理解，其表达了"变压器传输效率为 100%"。第 2 点表达的意思就非常深远，正是它才极大简化了理想变压器的分析过程。磁心的磁导率无穷大，也就意味着磁心的储能（磁势能）无穷大，线圈的电感量也是无穷大。为什么这么说呢？磁导率无穷大，也就意味着，对于任何给定的输入磁动势，相应产生的磁通是无穷大的。换句话说，磁心的能量传输能力为无穷大，这也就间接向你暗示：**不要考虑磁心了**。但是在实际变压器设计过程中，磁心的合理选择是变压器设计的关键步骤，甚至可以这么说，选择了合适的磁心，磁性元件的设计就算完成了一半。

那么是否存在某种可以量化磁心能量传输能力的参数呢？答案是肯定的！在工程

应用中，有一种名为“功率处理能力”的参数被广泛应用，厂商提供的磁心数据手册中通常使用符号 W_aA_c 表示，其表示**面积**的参数，顾名思义，其表示两个面积数据的乘积，其中，A_c 表示磁心的有效横截面面积，W_a 表示磁心的窗口面积。很多资料也使用符号 A_p（Area Product）代表磁心的功率处理能力，因此有式（6.1）：

$$A_p = W_aA_c \tag{6.1}$$

图 6.2 给出了一些不同结构磁心相应的 W_a 与 A_c 参数示意。

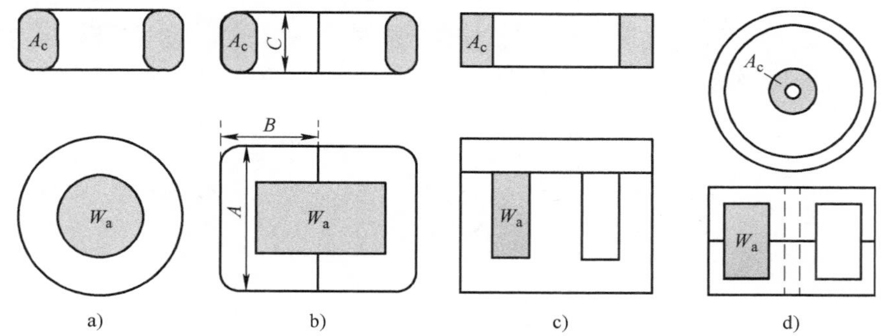

图 6.2　不同结构磁心相应的面积参数

a）环形磁心　b）U 形磁心　c）E 形 /I 形磁心　d）罐形磁心

在材料与结构相同的前提下，磁心的 A_p 值越大，相应的体积通常也会越大，变压器就能够处理更大的功率。如果选择磁心的 A_p 值过小，磁心将没有足够能力处理需要传输的能量，也就可能使磁心进入饱和状态，最终会导致过大的温升（甚至无法正常工作）。

表 6.1 为美磁公司的部分铁氧体 U 形磁心的部分参数（尺寸表达方式：*A*/*B*/*C*，单位：mm），其中，磁通体积约为磁路长度与横截面积的乘积。

表 6.1　U 形磁心的部分参数

类型 / 尺寸	磁路长度 /mm	横截面面积 /mm²	磁通体积 /mm³	W_aA_c/cm⁴
U 11/4/6	29.2	11.5	350	0.02
U 22/21/6	95.8	11.5	4130	0.63
U 25/16/6	83.4	40.4	3370	0.57
U 93/76/16	353	452	160000	91.4
U 102/57/25	308	645	199000	121
U 126/91/20	480	560	268800	286

那么，如何根据变压器的需求获得 A_p 值呢？ A_p 值与视在功率、波形系数、窗口面积利用率、磁感应强度幅值、电流密度及工作频率有关，相应的通用公式如下：

$$A_p = \frac{P_t \times 10^4}{K_fK_uB_mJf}\text{cm}^4 \tag{6.2}$$

式中，K_f 为波形系数（一般方波为 4，正弦波为 4.44）；B_m 是预先设置的最大磁感应强度，实际工作时要避免磁心进入饱和状态；J 为电流密度（单位：A/m^2），其值会影响变压器温升；f 为工作频率（单位：Hz）；P_t 为视在功率（单位：W）；K_u 为变压器磁心窗口面积中铜线所占的比例（因为不可能所有窗口面积都能够填满，而且导线还会存在绝缘层，不同的绕线方式也会影响窗口利用率）。另外，式中分子的“10^4”与所选的面积度量单位有关。

如果想减轻计算工作量，你也可以考虑将数据做成表格（如使用 WPS 或 Excel 软件输入公式即可）。新手则可以使用另一种更简单的办法：**根据需求确定工作频率、变换器拓扑、选定的磁感应强度幅值以及电路所需总功率，然后从厂商提供的典型功率负载能力图中选择规格合适的磁心即可**。

6.4 如何理解变压器的功率处理能力

可能很多工程师仍然还在想：为什么 A_p 值能够代表变压器的功率处理能力呢？或者说，A_p 值为什么仅与磁心有效横截面面积及窗口面积有关呢？我们可以从直观认识与数学推导两种角度去理解。

首先从直观的角度来看待 A_p 值。磁心的功率处理能力就相当于水管承载水量的能力，那么实际水管的水量与两个因素有关：其一，水管的横截面面积，其值越大，单位时间能够通过的水量就会越多，水管的水量处理能力也就越大。磁心也是同样的道理，磁心横截面面积越大，相同磁导率条件下能够聚集的磁通就越大，即能量（磁势能）也越大；其二，水管的水量与进入水管的水压（水动势）有关，压力越大，水的流速就越大，单位时间能够通过的水量也会更多，水管的处理能力也越大。磁心也是如此，横截面面积越大，其能够处理的磁通就越大，但是磁心是否能够聚集足够大的磁通呢？就像现在有一根直径很大的水管，但并不代表通过的水量足够大，因为还取决于水管入口的水动势，相应地，磁心能否聚集足够大的磁通还取决于励磁线圈的磁动势，从式（1.12）可知，磁动势与励磁线圈的匝数及流过其中的电流有关，但是只有前者与物理结构相关。如果一个磁心的体积非常大，但是其窗口面积很小，则励磁线圈的匝数也很小，磁动势也就不可能很大，相应的磁通就不会太大。换句话说，**虽然磁心的横截面面积足够大，但是却并没有被充分利用（浪费了材料），因此并不是合理的磁心结构**。

如果花点时间简单分析式（6.2）的推导过程，也能够很容易看出 A_p 值代表的物理意义。首先说明一点，所谓的“磁心最大处理能力”，是指如果处理的功率大于磁心的最大处理能力，磁心就会进入磁饱和状态，这通常并不是正常工作状态，所以式（6.2）的起点就是一个针对固定电感器不饱和的表达式。

对于一个给定的电感器，能够施加在其两端的最大交流电压有效值 U 与波形因子 K_f、频率 f、匝数 N、横截面面积 A_c 及磁感应强度幅值 B_m 有关，可用式（6.3）表达：

$$U=K_f fNB_m A_c \tag{6.3}$$

如果流过线圈的电流有效值为 I，那么每个线圈的视在功率可用式（6.4）表达：

$$UI = K_f fNB_m A_c I \tag{6.4}$$

假设变压器存在 n 个线圈，则所有线圈的视在功率之和可表达为

$$\sum UI = K_f fB_m A_c \sum_{i=1}^{n} N_i I_i \tag{6.5}$$

式中，“N_iI_i”代表每个线圈的磁动势。对于给定的磁心，其窗口面积总是有限的，能够绕制的匝数 N 也有限（窗口面积限制了 N 值）。另外，N 值又与电流最大值密切相关。如果 N 值过大，线径就会很小，对于给定的电流而言，导线的电流密度就会过大，也就会引发过高的温升，而根据式（1.21），电流密度又受限于导线的横截面面积，因此 N 与 I 都受限于磁心的窗口面积。

以拥有两个线圈且电流密度相同的变压器为例，如果线圈的匝数相等且填满整个窗口，此时导线的电流密度最小，但 N 值却最小，如图 6.3a 所示。如果降低线圈的直径，其 N 值会增大，但是流过导线的电流必然需要减小，因为电流密度有其上限值，如图 6.3b 与图 6.3c 所示。

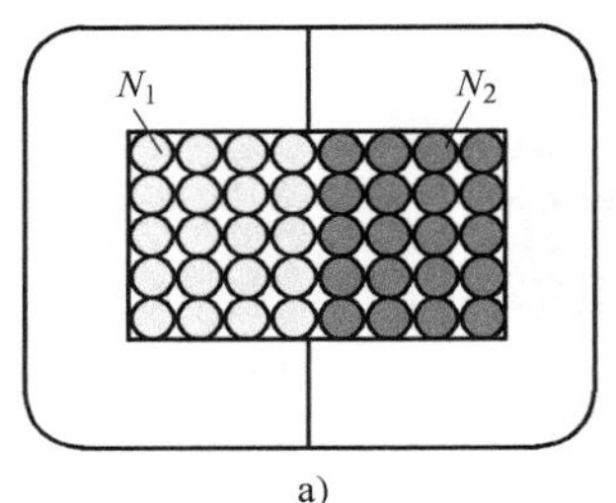

a)

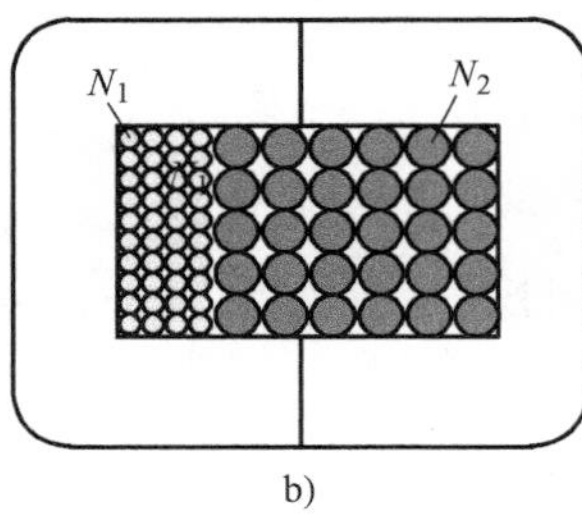

b)

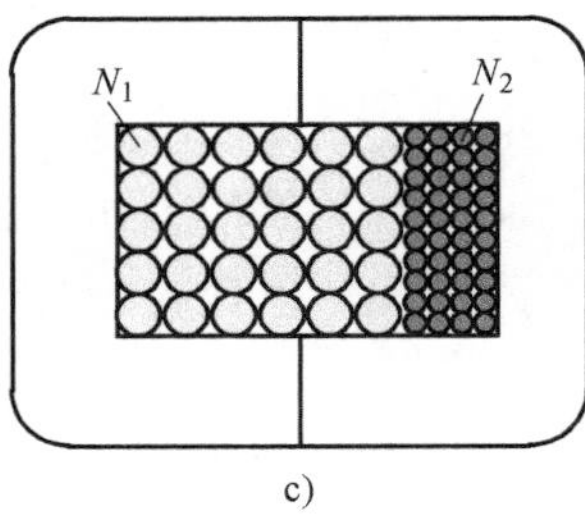

c)

图 6.3　匝数与电流都受限于窗口面积

a）N 最小，I 最大　b）N_1 最大，I_1 最小　c）N_2 最大，I_2 最小

当然，实际绕制线圈时，窗口面积不可能如图 6.3 所示那样 100% 完全被铜线填充，而铜线的总有效横截面面积与磁心窗口面积（最大值）的比值称为窗口利用系数（K_u），其值总是小于 1（0.4 左右较常见）。

很多因素会影响 K_u 值，包括导线本身的绝缘层（其总会有一定的厚度）、绕制方式、加工水平等。例如，图 6.4 所示层叠式绕制方式的窗口利用率比间叠式绕制方式（适用于导体直径较大的场合）要小一些，相应的铜线所占的面积就会不一样（为简化讨论，假设以某种导线填满窗口，实际制造时通常会留有一定的裕量）。

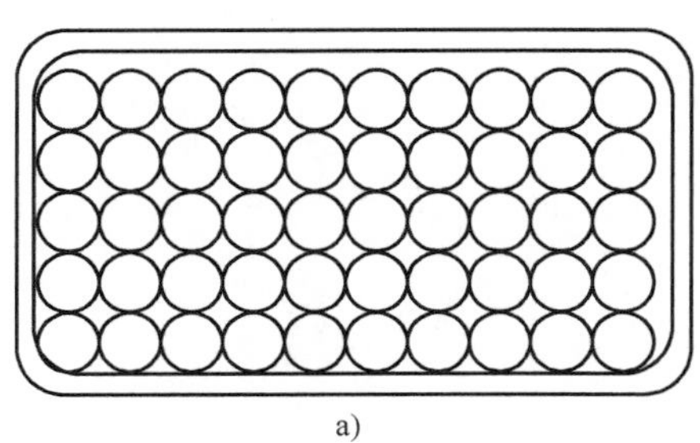
a)

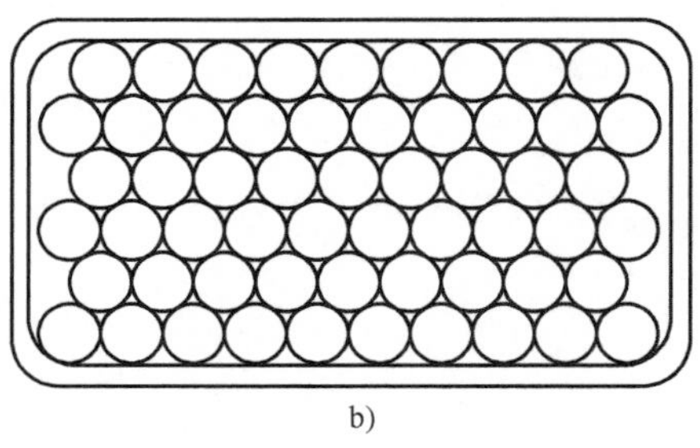
b)

图 6.4　不同绕制方式下的窗口利用率

a）层叠式绕制　b）间叠式绕制

总之，$\sum_{i=1}^{n} N_i I_i$ 可由 $K_u W_a$ 表示，将其代入到式（6.5）再加以整理就能够得到式（6.2），从中可以看到，A_p 值从一开始就是在“**所有线圈的视在功率之和**”的基础上推导，其包含了 A_c 与 W_a 两个参数，所以式（6.2）中的视在功率与 2.9 节所述视在功率的意义不同。磁心 A_p 值计算过程中应该考虑变压器中所有线圈的视在功率之和，而不仅仅是输入或输出视在功率。当然，有些公式直接使用输出功率计算 A_p 值，此时应该至少选择 2 倍 A_p 值的磁心。

值得一提的是，电感器磁心也有 A_p 值的概念，只不过相对变压器而言使用较少。

6.5 为什么频率越高，磁心的体积越小

有经验的工程师会发现这么一个事实：在开关电源输出功率相同的前提下，变压器的工作频率越高，所需的磁心体积更小，这是为什么呢？

有些人可能会这样理解：按照式（6.2）的 A_p 计算公式，工作频率位于公式的分母位置，所以其值越高，计算出来的 A_p 值越小，所需的磁心体积自然也就越小。

根据公式来回答该问题似乎行得通，但是逻辑关系搞错了。因为客观上存在“工作频率越高，磁心的功率处理能量大”的事实，所以才总结得出 A_p 计算公式，而不是先有公式才出现前述事实。如果换个问法：为什么工作频率会处于式（6.2）的分母位置呢？相信很多人回答不上来！

网络上也可以搜索到关于该问题的众多观点，其中之一是：**开关电源的频率越高，不必要的损耗就越小，内部发热量就越小，也就可以把有效输出功率做得更大**。

这个观点很容易反驳。根据前述讨论就很容易明白，工作频率越高，铜损与铁损也越高（高频场合下的主要损耗为铁损），所以总损耗越小是不存在的。事实上，几乎所有厂商都会给出磁心材料损耗与工作频率之间的关系曲线。图 6.5 所示曲线为 100℃条件下某磁心磁感应强度与磁心损耗之间的关系曲线（其他磁心也有相似曲线）。很明显，随着工作频率的提升，磁心的损耗也是增加的。

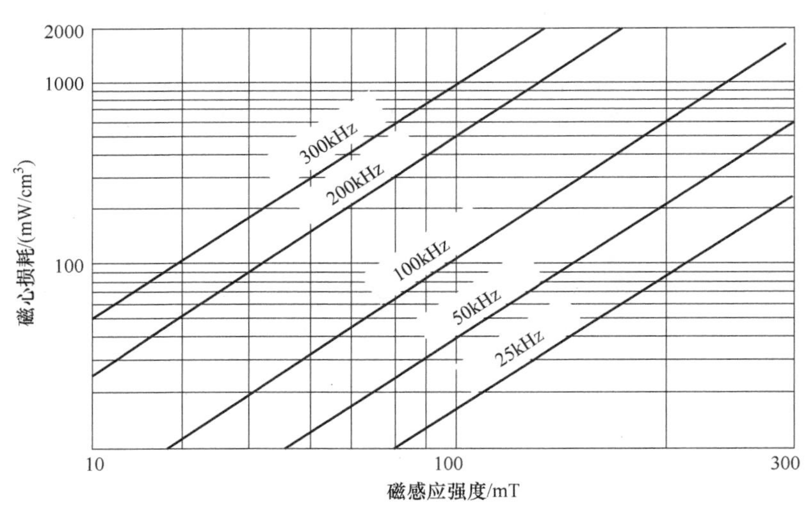

图 6.5 磁感应强度与磁心损耗之间的关系

如果你需要数学公式来说服自己，工作频率与磁心损耗之间的关系可以使用斯坦姆茨公式表达，见式（6.6）：

$$P_{\mathrm{Fe}} = K_{\mathrm{c}} f^{\alpha} B_{\mathrm{m}}^{\beta} \tag{6.6}$$

式中，P_{Fe} 为每单位容量的平均磁心损耗；B_{m} 为磁感应强度幅值（正弦波激励条件下）；α 与 β 是与磁心相关的常数，对于绝大多数常用磁心材料，它们的值都不会小于 1，所以磁心的铁损总是随工作频率上升而上升。

实际上，从磁能形态的角度很容易直观理解“频率与变压器体积（A_{p} 值）之间的关系”。前面已经提过，变压器传输的对象是“磁动能”，也就是磁通变化率（而不是某个量的绝对值），这也就意味着，单位时间内变化的次数越多，传输的“磁动能”就会越大。工作频率越高，单位时间内交换的能量次数也越多，能够输出的潜在功率自然也越大。当然，频率越高，铁损相对也可能会更高，因此磁性元件需要选择（高频应用场合下）铁损相对更小的磁心。

基于同样的道理，变压器允许的磁感应强度与电流密度越大，每次传输的“磁动能”也会越大，此处不再赘述。

6.6 为什么输出功率越大，变压器一次线圈匝数越小

当变压器的磁心规格选定之后，磁心横截面积 A_c 与磁感应强度幅值 B_m 就是确定的，再结合已知的输入电压 U_p 与工作频率 f，就能够计算出一次线圈的匝数，见式（6.7）：

$$N_p = \frac{U_p}{K_f B_m A_c f} \tag{6.7}$$

式（6.7）是由法拉第定律推导而来。以输入交流为正弦波为例，相应的磁通也为正弦规律变化，可表达为

$$\Phi = \Phi_m \sin \omega t \tag{6.8}$$

式中，Φ_m 为主磁通的峰值。根据式（1.4）可得，变化磁通在一次线圈感应的电动势瞬时值为

$$e_1 = -N_1 \frac{d\Phi}{dt} = -\omega N_1 \Phi_m \cos \omega t = E_{1m} \sin\left(\omega t - \frac{\pi}{2}\right) \tag{6.9}$$

式中的 E_{1m} 表示一次线圈感应电动势的峰值，其有效值为

$$E_1 = \frac{E_{1m}}{\sqrt{2}} = \frac{\omega N_1 \Phi_m}{\sqrt{2}} = \frac{2\pi f N_1 \Phi_m}{\sqrt{2}} \approx 4.44 f N_1 \Phi_m \tag{6.10}$$

再结合式（1.1）则有

$$E_1 = 4.44 f N_1 B_m A_c \tag{6.11}$$

2.8 节已经提过，变压器一次线圈的输入电压与其感应电动势是相等的，即有

$$U_p = 4.44 f N_p B_m A_c \tag{6.12}$$

再移项整理则有式（6.7），4.44 为正弦波对应的 K_f 值。

在实际确定一次匝数时，有经验的工程师都知道：在其他条件保持不变的前提下，如果需要更高的输出功率，那么一次匝数应该要减小才行，为什么呢？以下总结了三种常见的观点：

1）输出功率的大小与输入磁动势的大小有关，而根据式（1.12），磁动势与一次线圈的匝数及流过其中的电流大小相关，所以增加匝数或电流都是可以提升输出功率的。

然而，在输入电压不变的条件下，线圈匝数越小，流过其中的电流就越大（因为

电感量下降了），反之亦然，所以从两者的乘积结果来看，似乎并没有影响磁动势。

2）线圈匝数下降时，看似电流上升，但是根据式（2.4），电感器的储能量是以平方规律上升的，所以输出功率会上升。

如果事实真的如此，那么根据式（2.2），N 下降时，线圈的电感量却以平方规律下降，因此，从储能的角度解析“一次线圈匝数的调整方向”似乎也不严谨。

3）匝数通常是在磁心选定后才开始计算的，这也就意味着窗口面积是固定的，虽然 N 越大，理论上也可以提升磁动势，但是 N 越大，线径就会越小，电流密度就会过大，（在同样的输出功率条件下）铜损过大就容易导致温升过大，而温升是变压器设计的一个重要考虑因素，所以往“增加电流的方向”去努力并不太正确。

实际上，从能量角度理解匝数调整方向会更容易一些。首先，有个因果关系要弄明白，**磁性元件设计通常是在匝比及输入电压确定的情况下进行的**。在其他条件相同的情况下，磁心中的磁通越大，其传输的能量就越多。在输入电压与匝比相同的前提下，输出电流自然也就越大，输入电流也就水涨船高。也就是说，我们要的是输入电流上升（而不是下降），这样总的输入功率才会上升，所以 N 必须往下调整。

也就是说，虽然 N 下降会导致 I 上升，看似输入磁动势不变，但关键在于：**在输入电压不变的前提下，输出功率的大小并不是由输入功率决定的，而是由负载决定的**。由于输入电压与匝比是一定的，所以输出电压也是一定的，那么只有负载电流才能决定输出功率，既然需要输出功率越大，输入电流的需求自然也越大。所谓的“变压器输出功率（或容量）”是一种**可能达到**的功率，但变压器实际输出功率是由负载决定的，所以不应该简单地从输入磁动势的角度去看待一次匝数的调整方向。例如，当负载比较轻时，输入电流非常小，相应的磁动势也很小，而当负载比较重时，相应的磁动势会自动变大。

6.7 漏磁如何影响开关电源设计

有开关电源设计经验的工程师都会知道，漏磁会引起电压尖峰，那么它的基本原理是什么呢？所谓的漏磁，是指在一次（励磁）线圈中产生，但却未经过二次线圈的那部分磁通，其通常出现在靠近励磁线圈的位置，如图 6.6 所示。

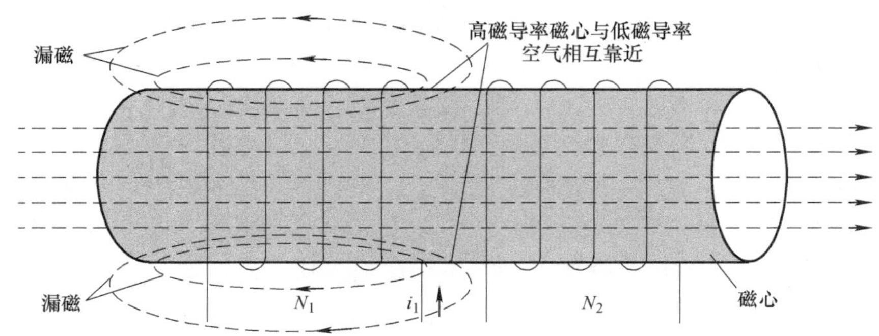

图 6.6　漏磁

很明显，漏磁是从高磁导率的磁心材料直接穿向空气的那部分磁通，所以其结构已经具备高效的磁能转换条件。换句话说，漏磁经过的磁路可以理解为添加了气隙的高磁导率磁心，相关的结构可以等效为一个电感器（也就具备一定的储能能力），我们将其称为漏感。从效果上来看，漏感相当于串联在变压器输入回路中。需要注意的是：**漏感对应的磁通并没有经过二次线圈，其储存的能量也无法传输到二次线圈**。

漏感主要受线圈绕制工艺、线圈之间的耦合系数、磁路几何形状、磁心磁导率等因素影响，虽然其大小通常远小于一次线圈，但是由于磁心与空气建立的磁导率差异很大，漏感瞬间释放的能量（磁动能）也不可小觑。当励磁线圈的回路突然断开时，电流突变会使漏感产生很高的自感电动势，继而在“与励磁线圈直接相连的元件节点”产生电压尖峰，也就可能会损坏元件，所以一般都需要钳位电路限制电压尖峰。典型的钳位电路由电阻器（R）、电容器（C）、二极管（D）组成，也称为 RCD 电路。以图 6.7 所示反激式变换器为例，其中的钳位电路由 R_1、C_1、VD_1 构成，而 L_1 为变压器 T_1 的漏感。

当开关 K_1 闭合时，变压器（电感器）T_1 一次线圈处于能量储存阶段，与此同时，一次线圈的漏感也一样在储存能量。当 K_1 断开时，漏感能量释放（实际还存在二次线圈电压变换到一次线圈的电压，此处忽略以简化描述），如果没有钳位电路，该反向电动势将与 U_{DC} 叠加并施加到 K_1 两端，很容易造成开关的损坏，就如同 3.1 节中讨论的电磁继电器控制电路。

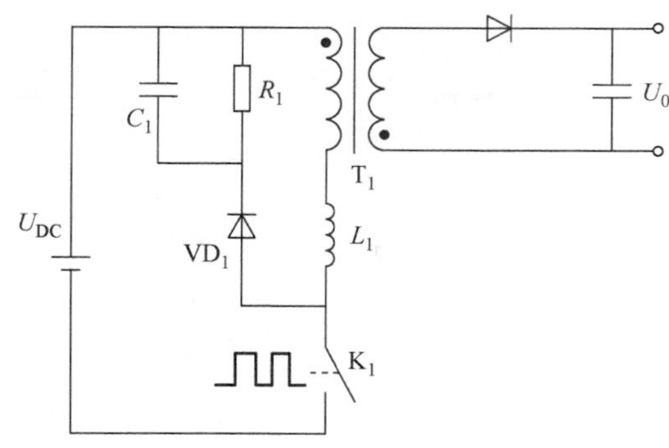

图 6.7　反激式变换器的 *RCD* 钳位电路

在变压器一次线圈并联 *RCD* 钳位电路之后，漏感会在 K_1 断开瞬间释放能量并产生反向电动势。当反向电动势上升到一定程度时（比 C_1 两端的电压高约 0.7V），VD_1 进入导通状态并对 C_1 充电，如图 6.8a 所示。当能量释放到一定程度之后，反向电动势不足以使 VD_1 导通，C_1 储存的能量将被 R_1 消耗掉，如图 6.8b 所示。

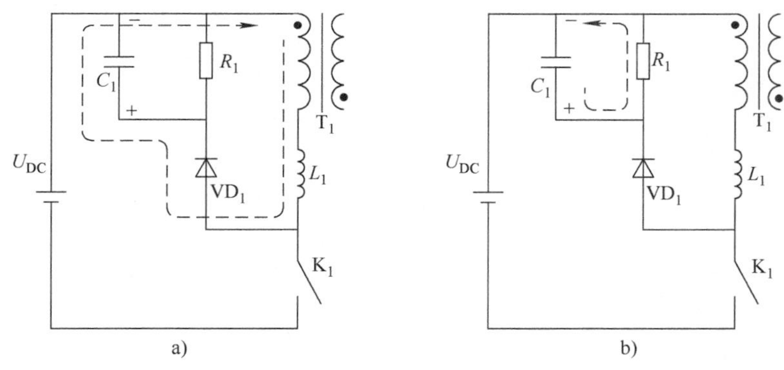

图 6.8　*RCD* 电路释放漏感储存的能量

a）漏感释放能量对电容器充电　b）电容器放电

有人可能会想：为什么要使用 *RCD* 电路，而不是仅使用一个续流二极管呢?

虽说 *RCD* 电路存在的意义是为了释放漏感的能量，但是其对变压器（电感器）本身储存且需要释放给输出的能量也是有影响的。单独续流二极管的钳位能力肯定更强，但一方面其消耗的功率很容易超过上限而损坏，另一方面，输出功率也会急剧下降（影响能量转换效率），为什么呢？因为前文已经提过，反激式变换器就是通过自身结构创建的磁能转换条件将“磁势能”转换为“磁动能”（磁通变化率），也就需要较大的电流变化率，如果使用续流二极管将电流变化率控制到很低的水平，自然输出功率也不会太大。通俗地说，*RCD* 电路就是一个“低配”续流二极管，它允许变压器漏感产生的瞬间高压上升到一定程度（这也是为了同时保证需要的能量能够有效传达到输出），但必须保证不超过开关的耐压值（一般都会保留一定的设计裕量），因此实际设计时需要根据已知条件计算 C_1 的容量。

参 考 文 献

[1] 龙虎 . 电容应用分析精粹：从充放电到高速 PCB 设计 [M]. 北京：电子工业出版社，2019.

[2] 龙虎 . 三极管应用分析精粹：从单管放大到模拟集成电路设计（基础篇）[M]. 北京：电子工业出版社，2021.

[3] 龙虎 . 显示器件应用分析精粹：从芯片架构到驱动程序设计 [M]. 北京：机械工业出版社，2021.

[4] 龙虎 . USB 应用分析精粹：从设备硬件、固件到主机端程序设计 [M]. 北京：电子工业出版社，2022.

[5] 龙虎 . PADS PCB 设计指南 [M]. 北京：机械工业出版社，2023.